U0657963

“十四五”普通高等教育本科系列教材

透平机械原理

主　编　刘爱虢
副主编　曾　文
参　编　刘　凯　马宏宇
主　审　姚秀平

中国电力出版社
CHINA ELECTRIC POWER PRESS

内 容 提 要

本书全面系统地介绍了燃气轮机与汽轮机的基础知识、主要部件的工作原理。全书共八章，第一章概括介绍了燃气轮机与汽轮机系统的工作原理及发展现状；第二章为基础内容，对燃气轮机与汽轮机工作原理涉及的热工基础内容进行了讲解，包括工程热力学、流体力学和传热学三部分；第三章根据热力学原理分析了燃气轮机和汽轮机的基本特性；第四～六章详细介绍了组成燃气轮机和汽轮机的主要部件——压气机、燃烧室和透平的工作原理；第七章和第八章分别介绍了汽轮机和燃气轮机的变工况运行特性。

本书可作为普通高等院校能源动力类相关专业的教材，也可供相关专业研究生及从事电站研究、设计、试验、运行等工作的技术人员和管理人员参考。

图书在版编目（CIP）数据

透平机械原理/刘爱虢主编．—北京：中国电力出版社，2021.3
“十四五”普通高等教育本科系列教材
ISBN 978-7-5198-4120-1

Ⅰ.①透…　Ⅱ.①刘…　Ⅲ.①透平机械－机械原理－高等学校－教材　Ⅳ.①TK14

中国版本图书馆CIP数据核字（2019）第293837号

出版发行：中国电力出版社
地　　址：北京市东城区北京站西街19号（邮政编码100005）
网　　址：http://www.cepp.sgcc.com.cn
责任编辑：吴玉贤（010-63412540）
责任校对：黄　蓓　常燕昆
装帧设计：赵姗杉
责任印制：吴　迪

印　　刷：三河市航远印刷有限公司
版　　次：2021年3月第一版
印　　次：2021年3月北京第一次印刷
开　　本：787毫米×1092毫米　16开本
印　　张：11.75
字　　数：278千字
定　　价：36.00元

前　言

燃气轮机是以连续流动的气体为工质带动叶轮高速旋转，将燃料的化学能转变为机械功的内燃式动力机械，是一种旋转叶轮式热力发动机。汽轮机是一种以蒸汽为工质，并将蒸汽的热能转换为机械功的旋转机械，是现代火力发电厂中应用最广的原动机。

燃气轮机具有效率高、启动快、能快速适应负荷需求变化的特点，用于电站发电时，可带基本负荷、调峰运行和用做备用机组。蒸汽轮机具有较宽广的能源适用性，到目前为止，在电能和供应热能方面，都发挥着极其重要的作用。随着燃气轮机技术不断完善和天然气能源开发应用的比重加大，燃气轮机发展迅速，正在成为世界火电的主要动力和许多国家经济发展的关键技术。为了提高能源利用率、降低污染排放、提高可靠性、缩短建设周期，目前新建电厂及旧电厂的改造通常将燃气轮机和蒸汽轮机组合起来使用，取长补短，形成燃气-蒸汽联合循环。由于燃气-蒸汽联合循环的造价远低于燃煤的蒸汽电站，因而其在各类电站中所占的比重不断加大。在一些工业发达国家，燃气轮机和联合循环机组的装机容量之和已经超过了汽轮机，燃气轮机和联合循环发电在世界范围内已成为电力工业的主力军。

“十三五”期间，我国全面启动了航空发动机和燃气轮机重大专项，突破关键技术、建立产业体系，这就需要大量的工程技术人员和研发人员。本书根据高等院校能源与动力工程专业人才的培养要求，认真分析了燃气轮机与汽轮机原理课程的教学要求，重点突出了燃气轮机与汽轮机的基本结构组成、基本工作原理和基本设计方法等内容，力求通俗易懂，简明扼要，尽量使用大量简单图表来说明问题；同时加入了能反映现代燃气轮机与汽轮机先进技术和发展方向的内容。

全书共分三部分内容，第一部分为基础内容，主要介绍了热力发电厂组成、与燃气轮机和汽轮机工作原理相关的基础知识；第二部分按照燃气轮机与汽轮机的部件组成分别介绍了压气机、燃烧室、透平等部件的工作原理；第三部分从系统的角度介绍了燃气轮机与汽轮机的变工况工作特性。

本书由沈阳航空航天大学航空发动机学院教师与中国航空发动机集团有限公司沈阳发动机研究所经验丰富的技术专家合作编写而成。本书吸取了原有同类教材的一些优点和精髓，根据长期教学经验和热力发电厂的发展趋势对教学内容进行了必要的精简和扩充；将以往在燃气轮机和汽轮机中分别讲述的透平工作原理部分内容糅合在一起，保留了主要内容，并根据目前叶轮机械及热力发电厂的发展趋势，对结构进行了顺序调整，重点介绍了燃气轮机。

本书第一章由曾文编写，第二章由刘凯编写，第三～七章由刘爱虢编写，第八章由马宏宇编写。本书由上海工程技术大学姚秀平教授主审，姚教授对本书提出了许多建议和意见，在此表示衷心的感谢。

由于作者水平所限，书中的不妥之处，请广大读者批评指正。

编者

2021.2

目 录

第一章 概 述

燃气轮机（简称燃机）是利用燃料的化学能转变为燃气的热能，再将热能转变为机械能和电能的原动机。它采用空气作为工质，不需要锅炉、凝汽器、给水处理等大型设备，因此燃气轮机装置比汽轮机装置质量和体积小。汽轮机是利用蒸汽的热能来做功的旋转式原动机。与其他热力发动机相比，汽轮机装置效率低一些，但它具有单机功率大、运行可靠及能使用廉价燃料等优点。

在这一章中，将会对燃气轮机及汽轮机的工作原理、分类及发展历程作简要的介绍。

第一节 燃气轮机工作原理及分类

一、工作原理

燃气轮机是一种将燃料燃烧产生的热能直接转换成机械能的回转式动力机械。现代燃气轮机由压气机、燃烧室和透平（通常也称涡轮）组成，压气机和透平为高速旋转的叶轮机械，是气流能量与机械功相互转换的关键部件。图 1-1 所示为燃气轮机及其工作过程示意。靠透平驱动而旋转的压气机连续地从大气中吸入空气并将其压缩升压，压缩后的空气进入燃烧室，与喷入的燃料混合燃烧，成为高温燃气后流入透平中膨胀做功，做功后的燃气压力降低排入大气中。燃烧加热升温后形成的高温燃气，就像一块石头从低处被提升至高处后具有的势能显著增加一样，其做功能力大大提高，使透平的做功明显大于压气机耗功，有较多富裕的功对外输出以驱动负载。

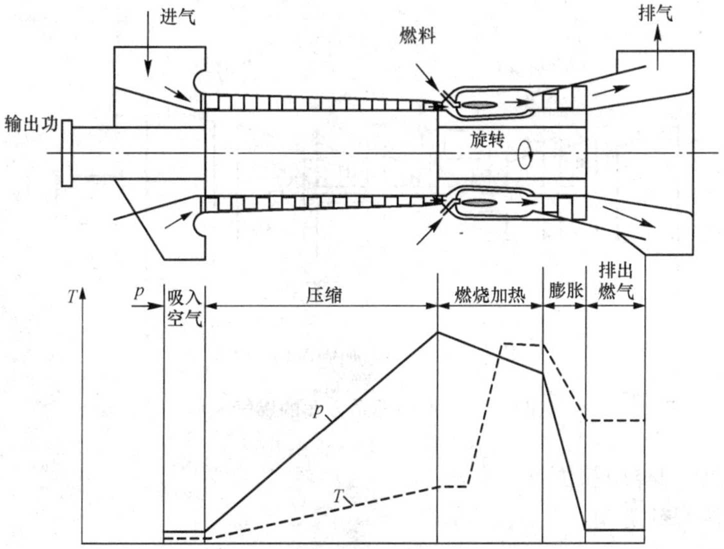

图 1-1 燃气轮机及其工作过程示意

在上述工作过程中，燃烧室燃烧加热过程中的压力近似不变，称为等压燃烧加热循环。

而做功的气体即工质来自大气，最后又排入大气，称为开式循环，这构成了现代燃气轮机工作循环的两个基本特征。

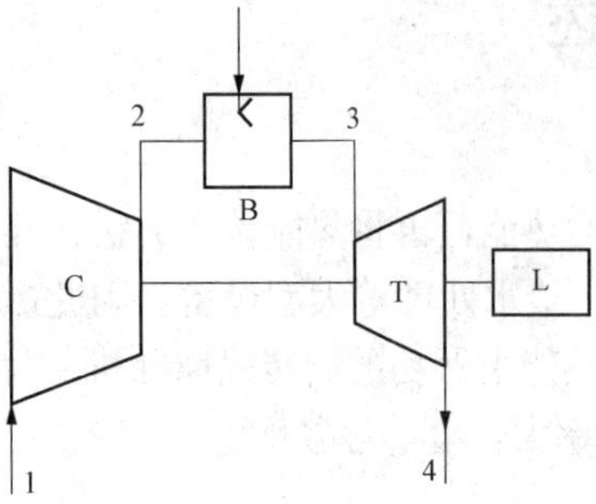

图 1-2 燃气轮机示意简图

可用图 1-2 所示的简图来代表图 1-1 所示的燃气轮机，其中顺着气流方向不断缩小（相当于压缩空气）的图标代表压气机 C，顺着气流方向不断扩张（相当于燃气膨胀）的图标代表透平 T。图中 B 为燃烧室，L 为负载。1 为压气机进口，2 为压气机出口和燃烧室进口，3 为燃烧室出口和透平进口，4 为透平出口。其中 3 处的温度 T_3^* 称为燃气初温，它对燃气轮机的效率有很大影响，效率随着 T_3^* 的提高而提高。

图 1-2 所示为单轴燃气轮机，它只有一个旋转轴。图 1-3 所示为不同轴系方案的燃气轮机。

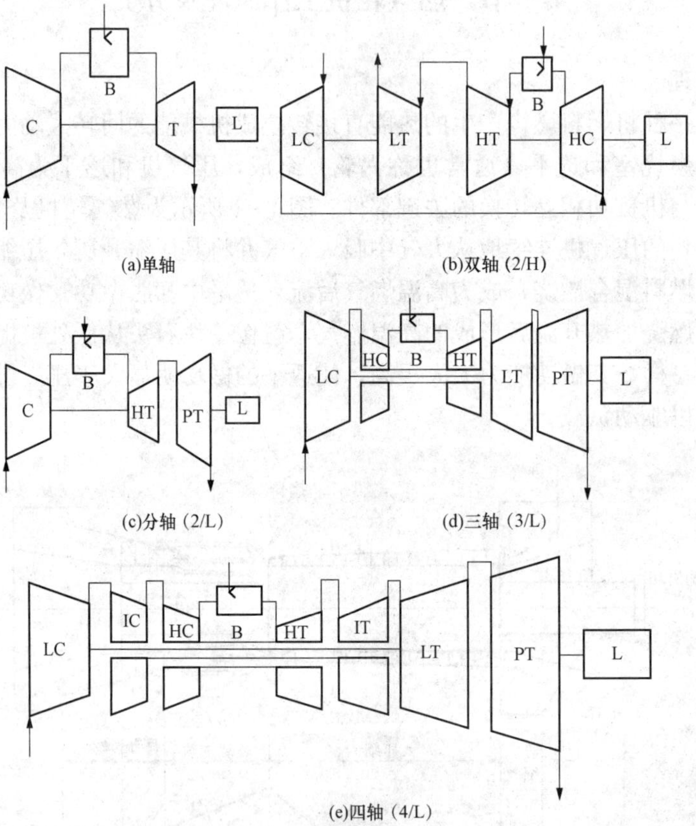

图 1-3 不同轴系方案的燃气轮机

二、燃气轮机的类型和优点

（一）燃气轮机的类型

1. 热力循环类型

（1）等压加热循环与等容加热循环。在燃气轮机早期发展过程中，曾发展过按等容加热循环来工作的燃气轮机，其特点为加热过程是断续的爆燃，燃烧室需进气阀和排气阀。与图

1-1所示的等压加热循环相比较，其燃烧室结构复杂，透平进气压力脉动严重，透平工作效率低影响了机组效率的提高，缺点显著。因此，等容加热循环燃气轮机后来被人们放弃，现用的燃气轮机均按等压加热循环来工作。

（2）开式循环与闭式循环。如图1-1所示，燃气轮机按开式循环工作，工质来自大气又排入大气；而闭式循环的特点是工质与外界隔绝，被封闭地循环使用，第一台闭式循环燃气轮机1940年就投入运行。经多年发展，由于其效率提高受到很大限制，且设备笨重，造价高，至今未被推广应用。因此，除用作特殊功能之外，现用的燃气轮机均为开式循环机组。

（3）现用的热力循环。如图1-1所示，燃气轮机的工质工作过程为一次压缩、一次燃烧加热、一次膨胀做功，这是构成燃气轮机工作必不可少的过程，是最简单的循环，称为简单循环。此外，尚有为改善循环性能的其他热力循环，将透平机高温排气用来加热被压气机压缩后的空气，提高进入燃烧室的空气温度，减少燃烧室中的燃料量，以提高机组效率，称为回热循环。在压缩过程中间对工质进行冷却以减少压缩耗功的间冷循环，以及在膨胀过程中对工质进行再燃烧加热以增加工质膨胀功的再热循环。实用中，还有将这三种循环中任意两种联用或者三种循环联用而组成的热力循环。

（4）复合循环。将燃气轮机循环和其他动力装置循环相联合而组成的热力循环称为复合循环，其目的是取长补短，充分利用能源，提高能源利用率。现广泛应用的燃气-蒸汽联合循环（简称联合循环）就是这种循环过程。

2. 轴系布置类型

图1-2所示为单轴燃气轮机，是最简单的轴系方案。此外，还有将压气机分为两三个串联的机体，将透平分为2～4个串联的机体，以组成分轴、双轴、三轴和四轴等不同轴系方案的燃气轮机，以获得不同的变工况性能。图1-3所示为现用的几种轴系方案的燃气轮机，其中压气机和透平代号中H为高压、I为中压、L为低压、P为动力。各个方案代号的含义：左侧数字为燃气轮机中独立的转轴数目，右侧英文符号为输出功率的压气机和透平机的压力。例如2/LL为有两个转轴，由低压压气机与低压透平轴输出功率。3/L为有3个转轴，由独立的低压动力透平输出功率。

如果纯粹按数学的排列组合来看，形成的燃气轮机轴系方案远不止图1-3所示的几种。但目前使用的仅这几种，故再列出其他的方案无现实意义，不再讨论。在实用的几种方案中，现应用最多的是单轴机组，其次是分轴，再次是3/L与两种双轴机组，而3/LL与4/L现各仅有一种型号。

3. 结构类型

（1）重型结构。工业型燃气轮机广泛采用重型结构，特点是零部件较为厚重，设计时不以减轻质量为主要目标，而以在应用材料性能稍差的情况下机组能达到长期安全工作为目的。其结构的两个特点：机组的静子水平剖分为上下两半，称为水平中分结构，可在现场装拆分解和大修；转子用滑动轴承支承，可有很长的工作寿命。西门子公司、安萨尔多能源公司、美国通用电气、日本三菱为全球四大重型燃机供应商。值得一提的是，上海电气拥有安萨尔多40%股权，是后者唯一的产业股东。2014年收购完成后，上海电气与安萨尔多在燃机研发、制造和服务领域展开全方面战略合作。同时，我国的东方电气集团公司也在研制300MW级重型燃气轮机。

（2）轻型结构。航空燃气轮机（简称航机）是质量最小的轻型结构机组，它用性能较好的材料制造，结构紧凑，质量很小。其结构的一个特点是采用轴向装配方式，即整个静子不是水平中分的，仅局部静子如压气机与气缸分为两半以便拆装；另一特点是转子一律用滚动轴承支承。将航空燃气轮机改型为地面用机组后，原航机结构的特点被保留了下来。当改型后需加装动力透平时，有两种方案，一种是按轻型结构设计，用滚动轴承支承动力透平转子；另一种是按重型结构设计，用滑动轴承支承动力透平机转子，使机组成为轻重结构混合型。另有按地面工作要求设计的、功率为10～20MW及其以下的机组也大多为轻型结构，采用轴向装配，但用滑动轴承支承转子以期达到长寿命的目的，其质量比航机大。轻型机组的大修一般是将其拆下返回制造厂或者维修中心维修。

目前，轻型结构机组最大功率52.9MW，是一台由航机改型的3/LL型三轴燃气轮机。功率大于52.9MW的燃气轮机都是重型结构，且为单轴机组。我国的中船重工703所在引进乌克兰UGT25000燃气轮机的基础上，实现了该型号燃气轮机的国产化，并正着手研制5～50MW功率范围的9类轻型燃气轮机。

（二）燃气轮机的优点

与其他动力机械相比较，燃气轮机的优点显著，主要体现在以下几个方面：

（1）结构紧凑、质量小。重型结构机组单位功率质量为2～5kg/kW，轻型结构机组低于1kg/kW。

（2）体积小，占地面积小。用于车、船等运输机械时可节省空间。

（3）启动快。从冷态启动至带满负荷，视机组功率的大小及结构形式的不同在数分钟至半小时之间，在紧急情况下很多机组的启动时间可缩短一半左右。

（4）安装周期短。对于燃气轮机电站，在做好基础设施等准备工作后，燃气轮机发电机组可在1～2个月内安装好并投入运行发电。

（5）运行平稳，可靠性高。大量机组可靠性达99%，即机组的事故停机率仅为1%。

（6）效率高。现简单循环燃气轮机效率最高已达42.9%，而联合循环机组效率最高已超过60%，后者是目前各种动力机械中所能达到的最高效率值。

（7）污染排放低。NO_x和CO等的排放低于最新标准。

第二节 汽轮机系统及分类

一、汽轮机系统基本组成

汽轮机是以蒸汽为工质，将热能转变为机械能的旋转式原动机，主要系统包括主蒸汽系统、再热蒸汽系统、高低压旁路系统、轴封蒸汽系统、辅助蒸汽系统、真空抽汽系统、凝结水系统、给水系统、循环水系统、汽轮机油系统、汽轮机调节以及保安系统、发电机冷却系统和密封油系统、压缩空气系统等。

二、汽轮机基本结构

汽轮机由静止部分和转动部分组成。静止部分包括汽缸、隔板、喷嘴和轴承等，转动部分包括轴、叶轮、叶片和联轴器等。此外还有汽封和盘车装置等。

三、汽轮机分类及型号

汽轮机可按照工作原理、热力特性、主蒸汽压力等分成不同的种类。

（1）按照工作原理分为冲动式汽轮机和反动式汽轮机。冲动式汽轮机蒸汽主要在静叶中膨胀，在动叶中只有少量的膨胀。反动式汽轮机蒸汽在静叶和动叶中膨胀，而且膨胀程度相同。由于反动级不能做成部分进汽，因此第一级调节级通常采用单列冲动级或双列速度级。如我国引进美国西屋（WH）技术生产的300、600MW机组。目前世界上生产冲动式汽轮机的企业有美国通用公司（GE）、英国通用公司（GEC）、日本的东芝（TOSHIBA）和日立（HITACHI）、俄罗斯的列宁格勒金属工厂等。制造反动式汽轮机的有美国西屋公司、日本三菱公司（Mitsubishi）、英国帕森斯公司、法国电器机械公司（CMR）、德国西门子（SIEMENS）等。冲动式汽轮机为隔板型，如国产的300MW高中压合缸汽轮机；反动式汽轮机为转鼓型（或筒型），如上海汽轮机厂引进的300、600MW汽轮机。

（2）按照热力特性分为凝汽式汽轮机（蒸汽在汽轮机中膨胀做功后，进入高度真空状态下的凝汽器，凝结成水）、背压式汽轮机（排汽压力高于大气压力，直接用于供热，无凝汽器）、调整抽汽式汽轮机（从汽轮机中间某几级后抽出一定参数一定流量的蒸汽对外供热，其余排汽仍排入凝汽器，根据需要有一次调整抽汽和二次调整抽汽之分）。

（3）按照主蒸汽压力分：低压汽轮机——主蒸汽压力小于1.47MPa；中压汽轮机——主蒸汽压力为1.96～3.92MPa；高压汽轮机——主蒸汽压力为5.88～9.8MPa；超高压汽轮机——主蒸汽压力为11.77～13.93MPa；亚临界压力汽轮机——主蒸汽压力为15.69～17.65MPa；超临界压力汽轮机——主蒸汽压力大于22.15MPa；超超临界压力汽轮机——主蒸汽压力大于32MPa。目前各国都在进行大容量、高参数机组的开发和设计，如俄罗斯正在开发的2000MW汽轮机；日本正在开发一种新的合金材料，将使高、中、低压转子一体化成为可能。

（4）此外，汽轮机按汽流方向可分为轴流式、辐流式、周流式汽轮机；按用途可分为电站汽轮机、工业汽轮机、船用汽轮机；按汽缸数目可分为单缸、双缸和多缸汽轮机；按机组转轴数目可分为单轴和双轴汽轮机；按工作状况可分为固定式和移动式汽轮机等。

汽轮机的型号：N—凝汽式；B—背压式；C——次调整抽汽式；CC—两次调整抽汽式；CB—抽汽背压式；CY—船用；Y—移动式；HN—核电汽轮机。

第三节 燃气轮机与汽轮机的发展

一、燃气轮机的发展及应用

1906年第一台效率为3%的燃气轮机问世。20世纪40年代起燃气轮机开始进入工业的各个领域并得到了较为迅速的发展。进入20世纪80年代后，燃气轮机单机容量有很大程度的提高，特别是燃气-蒸汽联合循环技术日渐成熟。按照燃烧室温度不同，目前燃气轮机的主流机型为E级、F级和H级。其中，H级燃气轮机是目前世界上在用的燃烧温度最高、单体功率最大以及效率最高的燃气轮机。经过不断应用最新的研究成果，提高技术水平，目前正在研究最大功率达460MW、燃气初温达1600℃、压气机压缩比约40、单循环效率为43%～44%的重型燃气轮机，其联合循环效率将高达65%；同时也在着手研究未来更加先进的燃气轮机，燃气初温的目标是1700℃。

目前燃气轮机单机效率已达36%～41.6%，最大单机功率已达375MW。组成联合循环机组后，发电效率达55%～60%。联合循环机组已成为发电市场的主流机组。日本三菱公司研制的M501J型燃气轮机组成的联合循环在50%负荷工况下效率依然可以达到55%。

如何保护环境是当今社会发展的一个重大课题，必须在发展时高度重视这一问题，应尽可能减小对人类健康有害的污染物的排放。对于热机来说，主要是NO_x、CO和SO_x等的排放。燃气轮机大多燃用天然气，SO_x排放趋于零，且在对燃料在燃烧室中的燃烧过程采取措施后，NO_x和CO排放也可降至很低的水平，例如采用催化燃烧，NO_x的排放浓度低于$20mg/m^3$，故燃气轮机是污染排放很低的热机，能很好地满足环保的要求。

燃气轮机结构紧凑，为高速回转机械，无往复运动部件，运行平稳，设备较少，系统较简单，使运行有很高的可靠性。燃用天然气和带基本负荷的燃气轮机，可靠性可达99%，相应地联合循环的可靠性可达96%，远高于蒸汽动力装置。

综上所述，可看出燃气轮机是高效率、低污染、可靠性很高、应用面很广的热力机械，已成为热机中的一支劲旅。

今后燃气轮机发展趋势：①进一步提高温度、压力，从而进一步提高机组的功率和效率等性能；②适应燃料多样性的需求；③改变基本热力循环，采用新工质，完善控制系统，优化总体性能；④扩大应用范围。

探索用于未来级燃气轮机的新一代高温材料与冷却技术。研究新一代超级合金、粉末冶金材料、金属基/陶瓷基复合材料，研究单晶合金、超级冷却叶片、热障涂层（TBC）、抗氧化和热蚀的涂层等技术。例如：GE公司H型产品第一级透平叶片采用超级合金（CMSX-4）单晶技术，而后三级透平叶片采用超级合金（GTD111）定向结晶铸造技术。研究综合应用冲击/气膜复合冷却、多孔层板发散冷却、发汗冷却、闭式蒸汽冷却等新型冷却技术，适应新一代燃气轮机更高进口温度的苛刻要求。如德国正在研究以超级合金为骨架、表面为粉末冶金多孔材料和发散冷却的下一代透平叶片，日本研究透平静/动叶片以及转子的蒸汽冷却，并已经取得了阶段性成果。

采用先进的气动设计技术，进一步提高压气机与透平部件性能。研究可控涡设计、自由涡设计、弯扭掠叶片技术、多圆弧叶型、可控扩散叶型、间隙流动控制等技术，减小各类损失。如采用压气机多级可调叶片技术，以保证宽广范围内压气机能够高效工作；如压气机附面层抽吸技术、流动稳定性被动与主动控制技术，大幅度减少多级轴流式压气机的级数/轴向长度/重量，大幅度扩大压气机稳定工作范围等。

拓宽燃料适应范围，进一步降低NO_x等污染物排放。高效低污染稳定燃烧技术始终是燃气轮机的前沿技术。世界各燃气轮机制造商都发展了各自的控制污染排放的技术，投入了很大的力量研究开发干式低污染（DLN）燃烧室，并应用于各自的现代燃气轮机产品中。

扩大应用。首先是扩大已在大量使用中的应用，其中主要是发电部门。由于燃气轮机特别是联合循环的效率已达到很高的水平，污染排放又很低，已在电力工业中得到广泛的应用，在今后必将以更快的速度发展。

燃气轮机作为最先进的热动力装置也表现在它的应用范围广阔，按应用领域可分为电力工业、石油工业、化工及冶金行业、舰船动力、铁路机车及战车等。尤其是在电力工业中，由于燃气轮机发电机组能在无外界电源的情况下快速启动与加载，很适合作为紧急备用电源和电网中尖峰负荷，能较快地保障电网的安全运行。据报道，承担备用电源的燃气轮机主要是功率范围为1.0～5.0MW（少数为10～15MW、30～60MW）的小型燃气轮机，其中绝大多数为轻型燃气轮机，具体见表1-1所列。采用这种小型燃气轮机的移动电站（包括列车电站、卡车及船舶电站）具有体积小、启动快、机动性好等优点，特别适用于无电网的边远地区（城镇）、中小工矿企业。地面燃气轮机在电力领域是使用大户。也有资料表明，目前

表 1-1 2014 年 1—12 月世界燃气轮机发电机组订货统计

功率等级（MW）	台数	总功率（MW）	运行类型			所用燃料				西欧	中东	远东	东南亚和澳大利亚	中亚	北非	中、西、东和南非	北美	中美和加勒比	南美
			备用	调峰	连续	柴油	重油	双燃料	天然气										
1.0～2.0	104	140	88	0	16	23	55	10	16	7	0	90	2	0	0	0	5	0	0
2.0～3.5	38	104	36	0	2	18	10	8	2	0	0	36	0	0	1	0	1	0	0
3.5～5.0	53	220	43	0	10	19	22	4	8	0	0	43	2	0	0	1	7	0	0
5.01～7.5	69	423	5		64	7	0	14	48	5	6	16	5	0	1	0	13	1	1
7.51～10	36	291	0	0	34	0	0	16	20	2	2	2	9	0	3	8	5	0	1
10.01～15	14	175	0	0	8	1	0	2	11	0	0	3	3	0	0	2	3	2	1
15.01～20	39	609	0	0	39	0	0	9	30	3	5	4	2	3	3	5	7	0	0
20.01～30	10	239	0	0	10	0	0	0	10	0	3	1	0	0	0	0	1	4	1
30.01～60	52	2322	0	0	23	0	0	20	32	3	7	13	18	0	5	0	3	0	3
60.01～120	10	804	0	0	10	0	0	3	7	0	2	2	2	0	0	0	2	0	1
120.01～180	42	5890	0	0	38	0	12	4	26	0	18	10	0	3	4	3	2	1	1
>180.01	102	27992	0	11	60	4	6	14	78	0	15	30	4	2	5	0	32	2	7
总计	569	39209	172	11	314	72	105	104	288	20	58	250	47	8	22	19	81	10	16

全世界新增火电容量中，燃气轮机及其联合循环机组占50%以上，德国为2/3。电力专家预言：燃气轮机联合循环电站将成为21世纪电力生产的主要形式，燃气轮机的研制将迎来一个新的高潮。

二、汽轮机的发展

1. 国际上汽轮机的发展状况

（1）1883年瑞典工程师拉瓦尔设计制造出了第一台单级冲动式汽轮机，随后在1884年英国工程师帕森斯设计制造了第一台单级反动式汽轮机。虽然当时的汽轮机和现在的汽轮机相比结构非常简单，但是从此推动了汽轮机在世界范围内的应用，被广泛应用在电站、航海和大型工业中。

（2）在20世纪60年代，世界工业发达国家生产的汽轮机已经达到了500～600MW等级水平。1972年瑞士BBC公司制造的1300MW双轴全速汽轮机在美国投入运行，设计参数达到24MPa，蒸汽温度538℃，3600r/min；1974年西德KWU公司制造的1300MW单轴半速（1500r/min）饱和蒸汽参数汽轮机投入运行；1982年世界最大的1200MW单轴全速汽轮机在苏联投入运行，压力24MPa，蒸汽温度540℃。

（3）目前世界各国都在进行大容量、高参数汽轮机的研究和开发，如俄罗斯正在研究2000MW汽轮机。大容量汽轮机，有如下特点：①降低单位功率投资成本。如800MW机组比500MW汽轮机的千瓦造价低17%；1200MW机组比800MW机组的千瓦造价低15%～20%。②提高运行经济性。如法国的600MW机组比国产的125MW机组的热耗率低276kJ/kWh，每年可节约燃煤4万t。

2. 我国汽轮机发展状况

（1）我国汽轮机发展起步比较晚。1955年上海汽轮机厂制造出第一台6MW汽轮机。1964年哈尔滨汽轮机厂第一台100MW机组在高井电厂投入使用；1972年第一台200MW汽轮机在朝阳电厂投入使用；1974年第一台300MW机组在望亭电厂投入运行。20世纪70年代进口了10台200～320MW机组，分别安装在陡河、元宝山、大港、清河电厂。20世纪70年代末国产机组装机占总容量的70%。

（2）1987年采用引进技术生产的300MW机组在石横电厂投入运行；1989年采用引进技术生产的600MW机组在平圩电厂投入运行；2000年从俄罗斯引进两台超临界800MW机组在绥中电厂投入运行。

（3）上海汽轮机厂是中国第一家汽轮机厂。在1995年开始与美国西屋电气公司合作成立了现在的STC，1999年德国西门子公司收购了西屋电气公司发电部，STC相应股份转移给西门子。哈尔滨汽轮机厂1956年建厂，先后设计制造了我国第一台25、50、100MW和200MW汽轮机，20世纪80年代从美国西屋公司引进了300MW和600MW亚临界汽轮机的全套设计和制造技术，于1986年制造成功了我国第一台600MW汽轮机，目前自主研制的三缸超临界600MW汽轮机已经投入生产。东方汽轮机厂1965年开始兴建，1971年制造出了第一台汽轮机，目前的主要机型为600MW汽轮机。北京北重汽轮电机有限责任公司作为后起之秀，以300MW机组为主导产品，它是由始建于1958年的北京重型电机厂通过资产转型在2000年10月份成立的又一大动力厂，目前两台600MW汽轮机也已经投入生产。

（4）目前中国四大动力厂以300MW和600MW机组为主导产品。

随着航空工业、发电工业、石油工业、舰船制造工业等的发展，我国的燃气轮机和汽轮机工业必然会以更快的速度缩短与国际先进水平的差距。

思考题

1-1　简要回答燃气轮机是什么设备。主要用于哪些领域？

1-2　汽轮机与燃气轮机相比有哪些优点和缺点？

1-3　什么是汽轮机系统？

第二章　热工及流体力学基础

本章概要地论述工程热力学、流体力学和传热学的基本知识，以便为读者进一步学习燃气轮机和汽轮机的工作原理奠定基础。

第一节　工程热力学基础

工程热力学的研究对象是热功转换的规律和方法，以及提高转化效率的途径。

一、工质的状态参数

1. 压力

单位面积上所受的垂直作用力称为压力（即压强）。分子运动学说指出气体的压力是大量气体分子撞击器壁的平均结果。压力的测量通常用压力计。由于压力计本身处于大气压力下，因此压力计的测量值（即压力计的读数）是工质的真实压力与大气压力之差，该差值称为表压力，记作 p_g。工质的真实压力即绝对压力记为 p，它与表压力和大气压力 p_a 之间的关系为

$$p = p_a + p_g \tag{2-1}$$

有时工质的压力低于大气压力，这一低下去的压力差值部分称为“真空”或“负压”，用 p_v 表示。这样，当工质压力低于大气压力时，$p=p_a-p_v$。

绝对压力、表压力、真空和大气压力之间的关系如图 2-1 所示。

国际单位制中压力的单位采用牛/米^2（N/m^2），即 $1m^2$ 面积上作用 1N 的力，称为帕斯卡，符号为帕（Pa）。

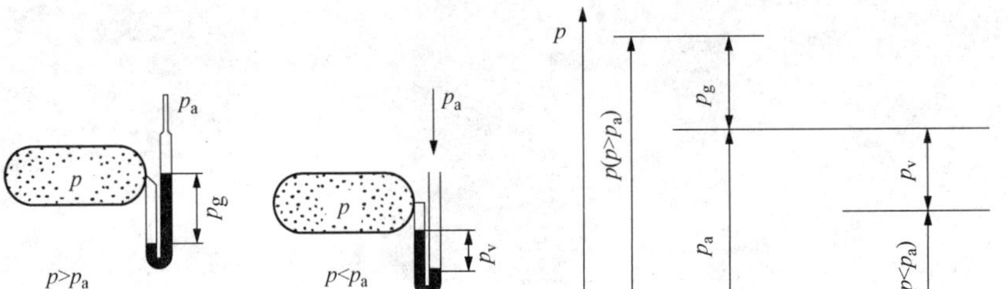

图 2-1　工质的绝对压力、表压力、真空和大气压力的关系

2. 温度

温度是标志物体冷热程度的物理量，它可以用温度计测量。

国际单位制中，热力学温度是 7 个基本单位量之一，用符号 T 表示，单位名称是开尔文，符号为开（K）。按照国际单位制的规定，把水的三相点温度即水的固相、液相、汽相平衡共存的状态点作为单一基准点，并规定该点温度为 273.16K。因此热力学温度单位“开尔文”是水的三相点温度的 1/273.16。

工程上还常用摄氏温标。它规定在标准大气压下纯水的冰点是0℃，沸点是100℃。℃是摄氏温度单位的符号。摄氏温度用t表示，它与热力学温度开尔文的关系为

$$t = T - 273.15 \tag{2-2}$$

由上式可知，t=0℃时，T=273.15K。由此可知，水的三相点的温度为0.01℃。

摄氏温度与热力学温度的温度间隔完全相同，只是起点不同。在一般工程计算中，取$t=T-273$已足够准确。

3. 比体积

单位质量物质所占的体积称为比体积，单位是米^3/千克（m^3/kg）。

根据定义，如果$m$kg物质占有Vm^{3}体积，则比体积v为

$$v = V/m \tag{2-3}$$

单位体积内物质的质量称为密度，用符号ρ表示，单位为千克/米^3（kg/m^3），表达式为

$$\rho = m/V \tag{2-4}$$

比体积与密度互为倒数，即$\rho v=1$。

二、理想气体状态方程

所谓理想气体是指这样一种假想气体：它的分子是不占有体积的质点，分子之间也不存在相互作用力。工程上常遇到的一些气体，当压力不太高，温度不太低时，分子间距离较大，分子之间的相互作用力也很微弱，因此可以近似地把它们当作理想气体。

描述工质状态的三个基本参数即压力、温度和比体积之间存在着一定的依赖关系。

根据实验得

$$\frac{p_1 v_1}{T_1} = \frac{p_2 v_2}{T_2} = \cdots = \frac{pv}{T} = \text{常数}$$

将该常数记作R，就得到

$$pv = RT \tag{2-5}$$

R称为气体常数。R随气体种类不同而异。国际单位制中，R的单位为J/(kg·K)。

式（2-5）是理想气体的状态方程，它联系了压力、温度和比体积这三个状态参数。因此这三个参数不是互相独立的，知道其中两个参数，就可以唯一地确定出第三个参数。

如果气体的质量为$m$kg，其所占据体积为Vm^3，则由$V=mv$可得

$$pV = mRT \tag{2-6}$$

在有关理想气体性质的计算中，采用“千摩尔”（kmol）作为物质量的计量单位是很方便的。根据阿伏伽德罗定律可以得出，各种气体的千摩尔气体常数R_m都一样，为$R_m=8314.3$J/(kmol·K)，称之为“通用气体常数”。因此知道了某种气体的分子量M_r，就可以求出它的气体常数R，即

$$R = R_m/M_r[\mathrm{J/(kg \cdot K)}] \tag{2-7}$$

三、热力学第一定律

热力学第一定律就是研究能量守恒定律在热功转换过程中的具体表现形式。

1. 热力学第一定律在闭口系统中的表达式

根据能量守恒定律，外界加给系统内工质的热量等于工质热力学能的增加和对外界所做的功，对于单位质量的工质，即

$$q = \Delta u + w_1 \tag{2-8}$$

对于无损失的可逆过程，对外界的功可表示为

$$w_1 = \int p \mathrm{d}v \tag{2-9}$$

由表达式可知，这个功是由于闭口系统体积的变化所产生的，因此称之为膨胀功。由定积分可知，在 p-v 图上，膨胀功就是可逆过程曲线与横轴所围的面积，因此 p-v 图又称为示功图。

2. 热力学第一定律应用于开口系统——稳定流动能量方程

所谓稳定流动，是指热力系统在任何截面上工质的一切参数都不随时间而变。稳定流动的条件：进出口处工质的状态不随时间而变；进出口处工质流量相等且不随时间而变，满足质量守恒条件；系统与外界交换的热和功等一切能量不随时间而变，满足能量守恒条件。

(1) 稳定流动能量方程式。图 2-2 所示为一个开口系统的示意。在该开口系统中，有工质流入流出系统，与此同时，随工质的流入和流出也同时发生着工质带进、带出能量。在系统与外界之间，还发生着功量与热量的交换。

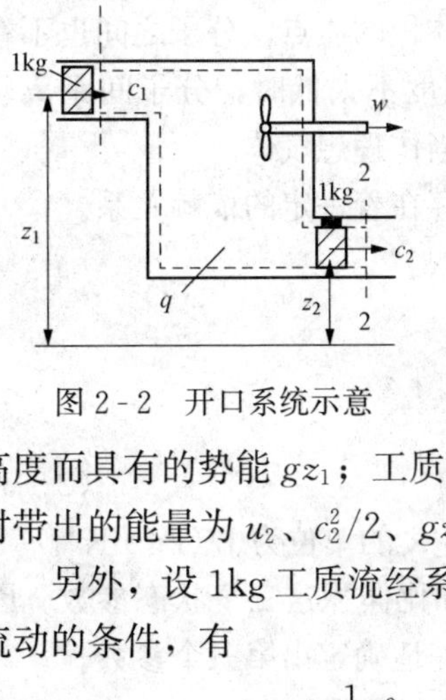

图 2-2 开口系统示意

考虑稳定流动的情况，在该控制体内，既不会有能量的积聚，也不会有能量的减少，因而系统的能量是不变的。

为了使问题简化起见，我们假定流进、流出系统的工质为 1kg。

已知进口截面上，工质的流速为 c_1，状态参数为 p_1、v_1 和 T_1。出口截面上流速为 c_2，工质状态参数为 p_2、v_2 和 T_2。

工质流入系统时带进的能量有下述几项：工质的热力学能 u_1；工质由于具有流速而带有的动能 $c_1^2/2$；工质由于占有一定高度而具有的势能 gz_1；工质流入时受其上游流体所做的推进功 p_1v_1。同理，工质流出系统时带出的能量为 u_2、$c_2^2/2$、gz_2、p_2v_2。

另外，设 1kg 工质流经系统时从外界吸入的热量为 q，对外界所做的功为 w，根据稳定流动的条件，有

$$u_1 + \frac{1}{2}c_1^2 + gz_1 + p_1v_1 + q = u_2 + \frac{1}{2}c_2^2 + gz_2 + p_2v_2 + w$$

移项整理后可得

$$q = (u_2 - u_1) + \frac{1}{2}(c_2^2 - c_1^2) + g(z_2 - z_1) + (p_2v_2 - p_1v_1) + w \tag{2-10}$$

这个式子就是稳定流动能量方程，它是热力学第一定律应用于开口系统的具体形式。

(2) 焓。在分析开口系统时我们看到，当工质发生流动时，必然存在推进功 pv，同时工质必然具有一定的热力学能。因此对于流动工质，u 和 pv 总是同时存在的。为了计算方便起见，我们把这两种能量合并在一起，称为“焓”。1kg 工质的焓用 h 表示，表达式为

$$h = u + pv \tag{2-11}$$

任意质量工质的焓用大写字母 H 表示，即

$$H = U + pV \tag{2-12}$$

式 (2-11) 就是焓的定义式。容易看出，焓的单位与热力学能相同，为 J/kg。由于 u、

p、v 都是状态参数，因此 h 也是状态参数。

引用焓的概念后，忽略重力，式（2-10）可以简化为

$$q=(h_2-h_1)+\frac{1}{2}(c_2^2-c_1^2)+w \tag{2-13}$$

四、理想气体的热力过程

工程热力学中把实际热力设备中的各种过程近似概括为几种典型的过程，即定容、定压、定温、绝热等过程。同时，为了使问题简化，不考虑实际过程中的能量损失而作为可逆过程对待，工质作为理想气体。这种简化使得我们可以用较简单的热力学方法给予分析计算。

为了突出研究过程中热能与机械能转换这一核心问题，重点讨论闭口系统。

1. 定容过程

定容过程即气体在状态变化过程中体积保持不变的过程，即比体积保持不变。

过程方程式为

$$v=\text{常数} \tag{2-14}$$

过程中状态参数之间的关系，根据理想气体的状态方程，有

$$p/T=\text{常数} \tag{2-15}$$

即

$$p_2/p_1=T_2/T_1 \tag{2-16}$$

这就是说定容过程中气体的压力与绝对温度成正比。

此过程中，加给气体的热量全部转变为气体的热力学能，即

$$q=\Delta u=u_2-u_1 \tag{2-17}$$

引用比定容热容，定容过程中的热量还可以表示为

$$q=c_V(t_2-t_1)=c_V(T_2-T_1)=u_2-u_1 \tag{2-18}$$

工质的热力学能只是状态的函数，而与过程无关。因此，两个状态之间工质热力学能之差也只取决于这两个状态，而与这两个状态之间连接一个什么样的过程无关，所以，上边得到的式（2-18）尽管是由定容过程得出的，但它对于定比热容理想气体具有普遍意义。

2. 定压过程

定压过程是工质在状态变化过程中压力保持不变的过程，其过程方程为

$$p=\text{常数} \tag{2-19}$$

过程中状态参数间的关系为

$$v/T=\text{常数} \tag{2-20}$$

即

$$v_2/v_1=T_2/T_1 \tag{2-21}$$

定压过程中工质的比体积与绝对温度成正比。

根据热力学第一定律，可得定压过程的热量为

$$q=u_2-u_1+p(v_2-v_1)=h_2-h_1 \tag{2-22}$$

即定压过程中工质吸收的热量等于其焓增，或放出的热量等于其焓降。

引用比定压热容 c_p，则定压过程的热量为

$$q = c_p(t_2 - t_1) = c_p(T_2 - T_1) = h_2 - h_1 \tag{2-23}$$

焓只是状态的函数，因此在求定比热容理想气体的焓差时，虽然式（2-23）是由定压过程得出的，它对于定比热容理想气体具有普遍意义。对于任何过程，定比热容理想气体的焓差均可由下式求出，即

$$\Delta h = h_2 - h_1 = c_p(t_2 - t_1) \tag{2-24}$$

由

$$q = u_2 - u_1 + p(v_2 - v_1) = c_V(T_2 - T_1) + R(T_2 - T_1) = (c_V + R)(T_2 - T_1)$$

可知

$$c_p = c_V + R \tag{2-25}$$

比定压热容与比定容热容之比称为比热比，用 γ 表示，$\gamma = c_p/c_V$，结合式（2-25）可得

$$c_V = \frac{R}{\gamma - 1},\ c_p = \frac{\gamma R}{\gamma - 1} \tag{2-26}$$

3. 定温过程

工质在状态变化过程中温度保持不变的过程称为定温过程，它的过程方程为

$$T = \text{常数} \tag{2-27}$$

将这一关系结合状态方程 $pv = RT$，可得理想气体定温过程中状态参数间的变化关系为

$$pv = \text{常数} \tag{2-28}$$

$$p_1 v_1 = p_2 v_2 \tag{2-29}$$

即理想气体温度不变时，压力和比体积互成反比。

4. 绝热过程

绝热过程是状态变化过程中任何一段微元过程中工质与外界都不发生热量交换，并且工质内部相互之间也不发生热量传递的过程。因此在过程进行的任何一个微元过程中，恒有

$$\mathrm{d}q = 0 \tag{2-30}$$

整个过程中工质与外界交换的热量当然也为零，即

$$q = 0 \tag{2-31}$$

对于理想气体的可逆绝热过程，可以推得

$$pv^{\gamma} = \text{常数} \tag{2-32}$$

这就是理想绝热过程的过程方程式。由于 γ 是绝热过程方程式的指数，故又称它为绝热指数。可逆绝热过程又称为定熵过程，定熵指数通常以 κ 表示。理想气体的定熵指数 κ 等于比热容比 γ，恒大于 1。因此，可逆绝热过程的方程式可以写为

$$pv^{\kappa} = \text{常数}$$

该式的适用范围为比热容取定值的理想气体的可逆绝热过程。实际上气体的定熵指数 κ 并非定值，通常温度越高，κ 值就越小。所以上式只是近似式。

绝热过程初、终态参数的关系可由状态方程及绝热过程方程式求得。

因为

$$p_1 v_1^{\kappa} = p_2 v_2^{\kappa} = pv^{\kappa} = \text{常数}$$

从而

$$p_2/p_1 = (v_1/v_2)^{\kappa} \tag{2-33}$$

考虑到状态方程可得

$$T_2/T_1=(v_1/v_2)^{\kappa-1} \tag{2-34}$$

和

$$T_2/T_1=(p_2/p_1)^{\frac{\kappa-1}{\kappa}} \tag{2-35}$$

应用上述三个关系式，就可以根据相应的已知条件确定其他参数。

下面讨论开口系统绝热过程中的功。

根据稳定流动能量方程，在绝热过程中，工质对机器所能做的功为

$$w=h_1^*-h_2^*=h_1-h_2+c_1^2/2-c_2^2/2$$

如果忽略流速项，则有

$$w=h_1-h_2 \tag{2-36}$$

这表明，工质在绝热过程中所做的功等于焓降。式（2-36）对理想过程和实际过程都是适用的。对于定比热容理想气体，有

$$\begin{aligned} w &= c_p(T_1-T_2)=\frac{\kappa R}{\kappa-1}(T_1-T_2)=\frac{1}{\kappa-1}(p_1v_1-p_2v_2) \\ &=\frac{\kappa RT_1}{\kappa-1}\left(1-\frac{T_2}{T_1}\right)=\frac{\kappa RT_1}{\kappa-1}\left[1-\left(\frac{p_2}{p_1}\right)^{\frac{\kappa-1}{\kappa}}\right] \end{aligned} \tag{2-37}$$

5. 多变过程

前面讨论的是几种特殊的过程，即在状态变化过程中某一个状态参数保持不变，或者在过程中与外界没有热量交换。实际热机中有些过程所有状态参数都有明显变化，而且与外界交换的热量也不算小，因而难以忽略。这类过程理论上难以分析，但其过程特性可通过实验确定。实验表明，许多过程的 p-v 关系比较接近指数方程式，如取 1kg 工质来研究，过程方程式为

$$pv^n=常数 \tag{2-38}$$

热力学中将符合上式的状态变化过程称为多变过程，n 称为多变指数。

6. 过程综述

将上边讨论的定温、定压、定容、绝热四个基本过程画在同一个压容图上，如图 2-3 所示。这四种基本过程都可看作是多变过程的特例。

对定温过程，$pv=$常数，即 $n=1$，所以多变指数 $n=1$ 的多变过程即为定温过程。

对定压过程，$p=$常数，即 $pv^0=$常数。因此 $n=0$。

对绝热过程，$pv^\gamma=$常数，即 $n=\gamma$。

对定容过程，$v=$常数。多变过程方程可以写作 $p^{1/n}v=$常数。故定容过程中 p 的指数为零，这相当于 $n\to\infty$的情况。

因此可以说，定容过程的多变指数 $n\to\infty$。

由图 2-3 可以看出，多变指数 n 在坐标图上的分布是有规律的。由 $n=0$ 开始沿顺时针方向，n 逐渐增大，由 $0\to1\to\gamma\to\infty$。因此对于任一多变过程，只要知道其多变指数，就能确定过程线在 p-v图上的位置。

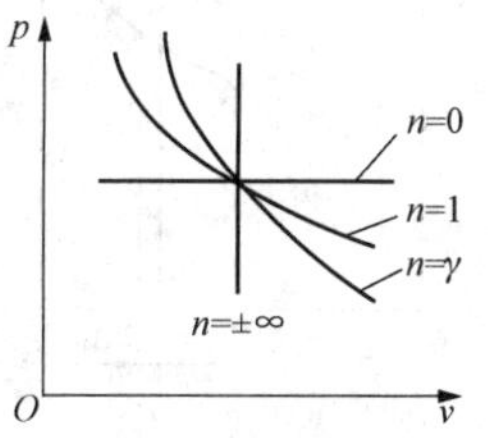

图 2-3　基本热力过程

五、热力学第二定律

热功转化过程中，燃料发出的能量能不能全部转化为机械功呢？几百年来大量热机的运行实践和热力学实验都证明，这是不可能的。任何热机的效率都

不可能达到100%。工质在把所吸收的热量部分转化为机械功的同时，必须对环境放出部分热量。通常我们把工质从中吸取热能的物体称为热源，或称为高温热源；而把接受工质排出热能的物体称为冷源，或称为低温热源。因此热动力装置的工作过程就是工质从高温热源吸取热能，将其中一部分转化为机械能而做功，而把余下的另一部分传给低温热源的过程。这一叙述已包含热力学第二定律的思想。

热力学第一定律说明了能量传递与转化的数量关系，即能量的转化与守恒。但是它没有说明能量的传递方向、条件和深度。热力学第二定律是解决热功转换中过程进行的方向、条件和深度等问题的规律，其中最根本的是关于方向问题。为了说明热力学第二定律，首先引入熵的概念。

1. 熵

由热力学第二定律可以严格导出熵（s）这一参数，对理想的可逆过程，有

$$ds = dq/T \tag{2-39}$$

由熵的定义可知，熵的单位是J/(kg·K)。

熵只是状态函数，对于理想气体，根据热力学关系式，可以推出

$$\Delta s = c_V \ln(T_2/T_1) + R\ln(v_2/v_1) \tag{2-40}$$

由上式可知，两个状态的熵差 $\Delta s = s_2 - s_1$ 与温度（T_1，T_2）和比体积（v_1，v_2）有关，而与过程经过的途径无关，因此理想气体的熵是状态参数。

用 p、v 或 T、p 也可以来计算熵的变化，推导过程与（2-40）类似。

既然熵是状态参数，与热力学能、焓类似，我们关心的只是熵的变化，而熵的绝对值是无关紧要的。因此同样可人为规定熵的零点，例如规定标准状态下即温度为0℃，压力为1个物理大气压时的气体的熵为零，从而任一状态（p，v，T）下的熵值即可按（2-40）求出。

2. 温熵图

温熵图上过程曲线的过程可一般的写成为

$$T = f(s)$$

根据熵的定义，$ds = dq/T$，因此对于一个可逆过程，过程中对工质加入的热量为

$$q = \int_1^2 dq = \int_1^2 T ds \tag{2-41}$$

它就是过程曲线下的面积，如图2-4所示。

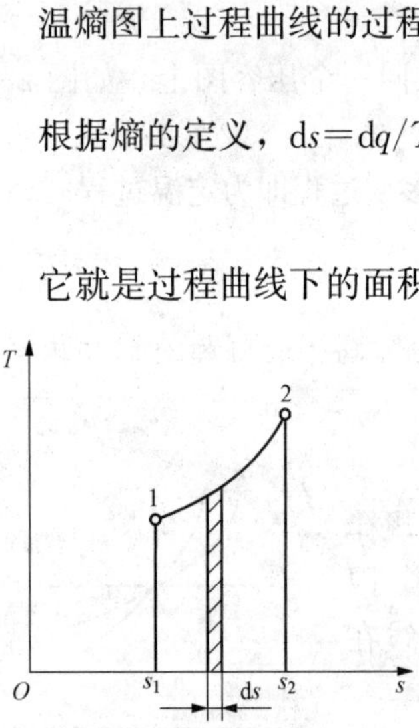

图2-4 温熵图

在 T-s 图中，过程曲线下的面积代表可逆过程中加入到工质的热量，温熵图的重要意义就在于此。因此 T-s 图广泛用于分析热机的工作过程，它能够形象直观地表示出热机工作的经济性。因此温熵图也可以称为“示热图”。

由熵的定义式可知，熵的正负表明了热量传递的方向。工质在任何可逆过程中吸热时，工质的熵必定增大；反之，工质在任何可逆过程中放热时，工质的熵必定减小。由此就可以决定过程曲线在 T-s 图上的走向。显然，在温熵图上，向右的过程熵增大，为工质吸热的过程；向左的过程熵减小，为工质对外界放热的过程。

实际的绝热过程，例如空气在压缩机中被压缩，燃气在透平中膨胀等，都可以认为与外界没有热量交换，因而是绝热过程。但是，由于实际存在的摩擦和涡流等因素影响，过程是不可逆的。摩擦和涡流等损失的效果是使气体热力学能增加（温度升高），其作用等价于从外部加入同等数量的热量，因此实际的绝热过程熵总是增加的。实际绝热过程熵增的大小反映了实际绝热过程偏离理想绝热过程的程度，同时标志着功的损失。例如工质在透平中膨胀做功，由于实际过程进行的不理想，一部分本来可以用来对机器做功的能量消耗在克服摩擦等损失上，因而工质对机器的做功量减小了。

不可逆绝热过程工质的熵必增大，即

$$ds > 0,\ s_2 > s_1 \tag{2-42}$$

将四个基本热力过程画在同一个温熵图上，可以清楚地看清楚它们之间的关系，如图 2-5 所示。

3. 循环

为使连续做功成为可能，工质在膨胀后还必须经历某种压缩过程，使它回复到原来状态，以便重新进行膨胀做功的过程，就称为循环。在状态参数的平面坐标图如压容图或温熵图上，循环的全部过程必定构成一条封闭曲线，其起点和终点重合。整个循环可以看作一个闭合过程。工质在完成一个循环之后，就可以重复进行下一个循环，如此周而复始，就能连续不断地把热能转化为机械能。

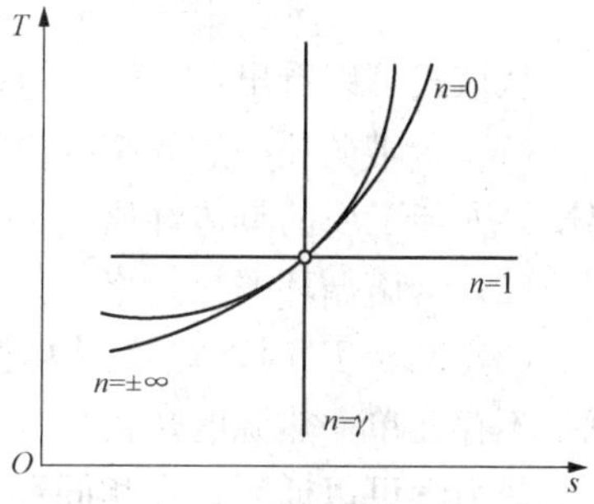

图 2-5　基本热力过程

4. 热力学第二定律

热力学第二定律几种最基本、最常见的叙述方式如下：

（1）热力学第二定律的克劳修斯说法：热不可能自发地、不付代价地、从低温物体传至高温物体。前面讲的逆向循环说明，热量从低温物体传至高温物体的过程是要花费代价的，即机械功的消耗。

（2）热力学第二定律的开尔文表述方式：不可能制造出从单一热源吸热，使之全部转化为功而不留下其他任何变化的热力机。

所谓“不留下其他任何变化”，包括在发动机内部和发动机以外都不能留下其他任何变化，所以该发动机必须是循环发动机，这样工质和发动机本身才能“不留下其他任何变化”。

过去有人曾想制造一种热力发动机，使之从大气或海水里吸收热量而不断对外做功，这种只有一个热源而做功的动力机称为第二类永动机。它并不违反热力学第一定律，但违反了热力学第二定律，是不能实现的。因此热力学第二定律也可表达如（3）所述。

（3）第二类永动机是不可能存在的。上述热力学第二定律的几种说法是等价的。例如，如果能违反第一种说法，那么就可以在热机完成一个自高温热源吸热，对外做功，向低温热源放热的过程之后，使低温热源得到的那一部分热量“自发地、不付任何代价地”从低温热源回到高温热源，这样就做成了从单一热源吸热，使之全部转化为机械能而不留下其他任何变化的热力发动机。可见违反了第一种说法，也就违反了第二种说法，反之也是一样。

5. 卡诺循环

卡诺循环由两个绝热过程和两个定温过程组成，并且过程都是可逆的，如图 2-6 所示。

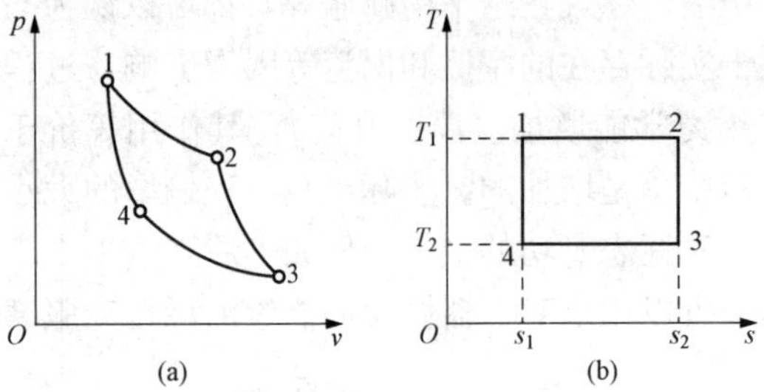

图 2-6 卡诺循环

图 2-6 中，4-1 为绝热压缩过程，过程中工质温度由 T_2 升高到 T_1，以便从高温热源定温吸热。

1-2 为定温吸热过程，工质在温度 T_1 下从热源吸热 q_1。

2-3 为绝热膨胀过程，工质温度由 T_1 降至 T_2，以便在定温 T_2 下向冷源放热。

3-4 为定温放热过程，工质在 T_2 向冷源放热 q_2，回到 4 点，从而完成一个循环。

从温熵图上可明显看出，$q_1=T_1(s_2-s_1)$，$q_2=T_2(s_2-s_1)$（绝对值），因此卡诺循环的热效率为

$$\eta = 1-q_2/q_1 = 1-T_2(s_2-s_1)/T_1(s_2-s_1) = 1-T_2/T_1 \tag{2-43}$$

从该式可以看出：

（1）卡诺循环的热效率取决于工质吸热和放热时的温度，也就是高温热源和低温热源的温度，而与工质的具体性质无关。

（2）卡诺循环的热效率只能小于 1，因为 $T_2=0\text{K}$ 和 $T_1=\infty$ 都是不可能的。

（3）$T_1=T_2$ 时，热效率为零，即在温度平衡的体系中，不可能将热转化为机械功，也就是不存在单一热源的热机。

热力学可以证明，在相同温度范围内工作的一切可逆循环，以卡诺循环的热效率最高，而不可逆循环的热效率又必然低于相应可逆循环的热效率。因此一切循环的热效率必然小于 100%。

6. 理想气体混合物

混合气体的热动力性质取决于组成气体的性质和成分，如果各组成气体都是理想气体，则混合气体也是理想气体，具有理想气体的一切特性，服从理想气体状态方程。

（1）平均分子量和平均气体常数。由于气体分子的热运动，混合气体中各组成气体分子都是均匀弥散的，各组成气体的分子量可能不同，我们假想存在一种单一气体，它的分子总数和总质量正好与混合气体相同，这时这种假想气体的分子量就是混合气体的平均分子量。

如果组成混合气体的各组成气体的质量分别为 m_1，m_2，…则混合气体的质量为

$$m = m_1+m_2+\cdots = \sum m_i \tag{2-44}$$

令比值 $m_i/m=x_i$，它表示第 i 种气体的质量占混合气体总质量的百分数，这样可得

$$\sum x_i = 1 \tag{2-45}$$

分压力定律指出，混合气体的总压力 p 等于各组成气体分压力 p_i 之总和。所谓分压力是指假定该组成气体单独占据混合气体的体积时该组成气体的压力，这样可得

$$p = \sum p_i \tag{2-46}$$

根据理想气体的状态方程，有

$$p_iV = m_iR_iT$$

相加起来，即有

$$V\sum p_i = T\sum m_i R_i$$

混合气体 $pV=mR_cT=R_cT\sum m_i$，注意到 $p=\sum p_i$，可得

$$mR_cT = T\sum m_i R_i$$

两端除以 m，并将 $x_i=m_i/\sum m_i$ 带入，即得

$$R_c = \sum x_i R_i \tag{2-47}$$

因此知道混合气体的各组成气体的质量成分 x_i 及各自的 R_i 值，就可由上式求出混合气体的气体常数 R_c，进而可由通用气体常数求得混合气体的平均分子量，即

$$M_{rc} = R_m/R_c = 8314.3/R_c$$

有时混合气体的成分常以分体积给出，例如燃气轮机中的烟气就是这样。所谓分体积是指在混合气体所处压力下，单独一种组成气体所占据的体积。令

$$V_i/V = z_i \tag{2-48}$$

则

$$\sum z_i = 1 \tag{2-49}$$

已知混合气体的体积成分，则可由下式求出混合气体的平均分子量，即

$$M_{rc} = \sum z_i \mu_i \tag{2-50}$$

进而可求混合气体的气体常数 R_c 为

$$R_c = 8314.3/M_{rc}$$

（2）混合气体的比热容、热力学能、焓和熵。

1）比热容。由定义可知

$$c = \sum x_i c_i \tag{2-51}$$

2）热力学能和焓。理想气体混合物的热力学能等于各组成气体的热力学能之和，理想气体混合物的焓等于各组成气体焓值之和。这也是一种能量守恒关系。对于 1kg 混合气体，可以写出

$$u = \sum x_i u_i \tag{2-52}$$

和

$$h = \sum x_i h_i \tag{2-53}$$

理想混合气体的热力学能和焓也只是温度的函数。

3）熵。在组成混合气体的各组成气体分子互不干扰的情况下，各组成气体的熵之和就是混合气体的熵，即

$$s = \sum x_i s_i \tag{2-54}$$

通过上述讨论，根据给定的各组成气体的成分、性质，就可以求出理想混合气体的各热力参数，进而就可将其像单一成分气体那样，研究其过程、循环、状态变化和热功转换。

7. 水蒸气

工程上所用的水蒸气都是由水在锅炉内定压加热沸腾汽化而产生的。锅炉可以看作一个

联通的大容器，工质在其中流动并吸热。如果忽略相对较小的流动阻力损失，则水蒸气的产生过程就可以看作是一个定压过程。

为了便于说明问题，以封存于气缸活塞中的一定质量的水的定压加热为例，说明水蒸气的产生原理，如图 2-7 所示。

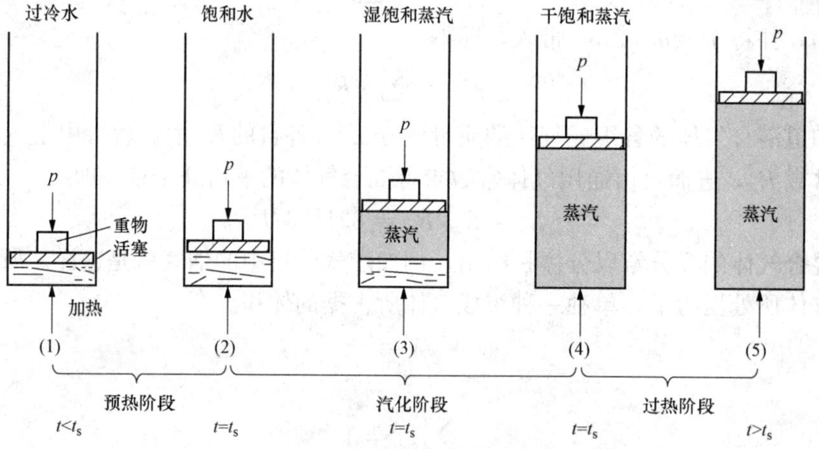

图 2-7 水蒸气定压产生过程示意

在加热开始时，气缸中的水为过冷水，即水温低于饱和温度。所谓饱和温度即一定压力下水沸腾时的温度。随着加热过程的进行，水温升高而达到饱和温度，这时的水称为饱和水。水开始沸腾，一部分水汽化为蒸汽，这时的蒸汽称为饱和蒸汽。这是一个汽、水共存的阶段，随着工质不断地从外界吸收热量，水不断地汽化为蒸汽，蒸汽的比例逐渐增加，水的比例逐渐减少，到了某一时刻，水正好全部变为蒸汽，这时的蒸汽称为干饱和蒸汽。所谓的干饱和蒸汽就是不含液体水的水蒸气。从饱和水变为干饱和蒸汽这一过程中，工质吸热而温度不变（在一定压力下，即压力不变），汽、液两相共存，1kg 饱和水全部变为饱和蒸汽所吸收的热量称为汽化潜热。对干饱和蒸汽继续加热，可以发现此时蒸汽温度升高，比体积增大，此时的蒸汽称为过热蒸汽，即水蒸气的温度超过了在该压力下的饱和温度，其温度超过饱和温度的数值称为过热度。

在 p-v 图上和 T-s 图上可以画出这一过程，如图 2-8 所示。

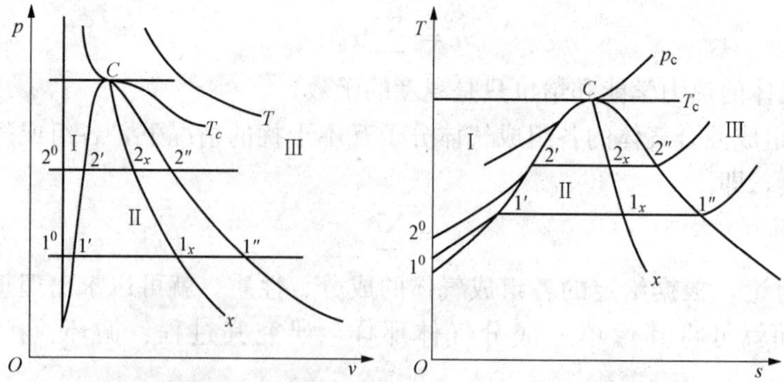

图 2-8 不同压力下水蒸气的产生过程

在另外一个不变的压力下重复上述由过冷水到过热蒸汽的定压加热过程，可以发现过程进程完全类似，不同的只是在较高压力下，饱和水与饱和蒸汽之间距离缩短。当压力高到某一数值时，饱和水与饱和蒸汽两点重合，此时饱和水与饱和蒸汽的状态不再有分别，在此压力下对水加热，当温度达到饱和温度时，水立即全部汽化，不再有汽液两相共存的阶段。再加热时即成为过热蒸汽。此时汽化潜热为零。这一点就称为临界点，水在临界点时，其临界压力 p_{cr} 为 22.12MPa，临界温度 t_{cr} 为 374.15℃，当 $t>t_{cr}$ 时，不管压力多大，再也不能使蒸汽液化。

蒸汽形成过程如图 2-8 所示。图中将各不同压力下饱和水的状态点连接起来，称为饱和水线或称为下界限线。连接各干饱和蒸汽状态点就得到饱和蒸汽线，或称为上界限线。两曲线会合于临界点 C，并将整个坐标平面分为三个区域。下界限线左侧为过冷水，上界限线右侧为过热蒸汽，两线之间为汽、水共存的湿蒸汽区。湿蒸汽的成分用干度 x 表示，即 1kg 湿蒸汽中包含 $x$kg 饱和蒸汽，而其余（$1-x$）kg 则为饱和水。

锅炉中水蒸气的形成过程是一样的，不过这一过程是在锅炉这样一个开口系统中完成的。锅炉中产生的饱和蒸汽在汽包中进行汽水分离后引出到过热器继续加热而成为过热蒸汽，再送到汽轮机中膨胀做功。

水蒸气的基本过程也是定容、定温、定压和绝热四个热力过程。求解的任务基本上与理想气体一样，即求初、终状态参数和热功转换关系，但在方法上与理想气体完全不同。水蒸气不是理想气体，不能应用理想气体的状态方程和其他关系式，而必须根据水蒸气热力性质表和水蒸气的焓熵图进行计算。

第二节　流体力学基础

一、气体一元流动基本方程

流体力学是研究流体平衡和运动规律的科学。所谓流体就是能流动的物质，即当它受到任何微小的剪切力时都能连续变形。流体按照其集态的不同，分为液体和气体。液体由于分子间距离比较小，分子间吸引力较大，因此液体具有一定的体积；气体分子间距离较大，分子间的相互作用力微不足道，因此总是充满它能够达到的全部空间（在通常的工程范围内）。多数情况下，流体力学中把流体作为连续介质，因此表征流体属性的密度、压力、温度等参数及流体运动速度等一般在空间上是连续分布的。

气体的流动有两种情况，一种是在所研究的空间区域各点上，气体的参数、流速等随时间变化，这样的流动称为非定常流动；另一种是气体的参数、流速等不随时间而变，这样的流动是定常流动。显然，这里定常流动就是热力学中所说的稳定流动。流体力学中经常采用的分析方法是研究空间一个固定区域（或相对固定区域）中流动的情况，把流体的性质、流速等作为空间坐标（x，y，z）的函数，因此在不同的空间点上有不同的流动参数，这就是所谓“流场”。流体力学中这种研究问题的方法与热力学中取开口系统作为研究对象的方法是一致的。

实际流体的流动具有空间流动的性质，即流动速度可能在 x，y，z 三个方向都有分量（分速度），这就是所谓的三元流动，这样的空间流动情况比较复杂。作为基础教程，本节所叙述的流体力学主要是气体定常一元流动的一些基本内容。

当气体在管道（等截面或变截面）内流动时，同一截面上气体的密度、流速可能是不一样的，但我们可以取一个平均值，用它来表示整个截面的流动情况。另外，可认为气体只在沿管道轴线方向上有速度，其他方向的流速为零。这样就可以用一元流动的方法来解决问题。

1. 一元流动的连续性方程

在流动管道内任取两个截面，该管道没有分岔，因此在定常流动的条件下，流入截面 1 的气体质量应当等于流出截面 2 的气体质量，即

$$q_{m1} = q_{m2} \tag{2-55}$$

这就是连续方程，它表示了流体力学中的物质不灭定律即质量守恒定律。

如果 1 截面的面积为 A_1、密度 ρ_1、速度 c_1、比体积 v_1；2 截面的面积为 A_2、密度 ρ_2、速度 c_2、比体积 v_2，可得

$$\rho_1 A_1 c_1 = \rho_2 A_2 c_2 \tag{2-56}$$

对于液体，则有

$$A_1 c_1 = A_2 c_2 \tag{2-57}$$

可见液体的流速与截面积成反比。

2. 一元流动的动量方程

动量方程即牛顿第二定律在流体力学中的具体表现形式之一。

如果流体沿平面上的一条弯曲轴线流动，这样，在 xoy 平面上，流速在 x 和 y 方向上有分量，从而

$$\begin{aligned} F_x &= q_m(c_{2x} - c_{1x}) \\ F_y &= q_m(c_{2y} - c_{1y}) \end{aligned} \tag{2-58}$$

即某一方向上流体受到的外力的合力等于流体在该方向上动量的变化率。

3. 一元流动的能量方程

在定常流动的条件下，一元流动的能量方程就是热力学中用于开口系统的稳定流动能量方程。忽略重力，即得

$$q = (h_2 - h_1) + \frac{1}{2}(c_2^2 - c_1^2) + w = h_2^* - h_1^* + w$$

4. 伯努利方程

对不可压缩流体，在没有流动损失的条件下，可得

$$\frac{p}{\rho g} + z + \frac{c^2}{2g} = \text{常数} \tag{2-59}$$

从量纲上看，方程左端三项的单位都是长度单位 m，三项都代表单位质量流体的能量。第一项 $p/\rho g$ 称为压力位能，第二项即重力位能，第三项为动能。无黏定常流动中，流体的动能、位能和压力位能三者的总和沿流动方向为常数，即流动机械能的守恒。

5. 实际（黏性）流体的伯努利方程式

在实际（即有黏性）的流体流动中，在两个计算截面之间，一方面由于黏性的影响，克服摩擦阻力等要消耗一部分机械能；另一方面，流体流动的流道中也可能装有对流体做功的机械，例如风机、水泵等，使流体的机械能增加。考虑到这样一种比较普遍的情况，可以将伯努利方程推广写为

$$z_1+\frac{p_1}{\rho g}+\frac{c_1^2}{2g}+H=z_2+\frac{p_2}{\rho g}+\frac{c_2^2}{2g}+h_w \tag{2-60}$$

式中：H 为外界对流体所做的有效功（用水头 m 表示）；h_w 为 1、2 两个计算截面之间单位质量的流体克服摩擦等损失所消耗的机械能。

二、声速和马赫数

1. 声速

在流体力学中声速是指流体中的微弱扰动在介质中传播的速度，通常用符号 c_a 表示。

根据流体力学基本方程可以导出声速的基本公式为

$$c_a=\sqrt{\frac{dp}{d\rho}} \tag{2-61}$$

对于理想气体，由于声音的传播是微小扰动的传播，因此这一传播过程非常接近于一个可逆的绝热过程即等熵过程，因此引用理想绝热过程方程和状态方程，即得

$$c_a=\sqrt{\frac{dp}{d\rho}}=\sqrt{\kappa\frac{p}{\rho}}=\sqrt{\kappa RT} \tag{2-62}$$

由此可知，声音在气体中的传播速度取决于气体种类及绝对温度。

常温下空气中的声速在 340m/s 左右。对于通常的液体，声速值大约为 1525m/s，远大于气体中的声速。由此可知，声速的大小反映了流体可压缩性的大小，压缩性越小的流体，其声速越大。

2. 马赫数

我们把气体流动的速度 c 与当地声速 c_a 的比值称为马赫数（或马氏数），记为 Ma

$$Ma=c/c_a \tag{2-63}$$

当气流速度小于当地声速时，我们称气体的流动为亚声速流动，即亚声速流动时，$Ma<1$；当气体流动的速度大于当地声速时，则称之为超声速流动，此时 $Ma>1$。

我们简单讨论一下微弱扰动在介质中的传播情况。假定介质是理想气体。

当微弱扰动点源是静止的时候，扰动以球面波的形式向四面八方传播，传播的速度就是声速。不同时刻的扰动波面形成一组同心球面，如图 2-9（a）所示。

当扰动点源以较低的速度（小于声速）做匀速直线运动时，由于扰动波的传播与扰动点源的运动是同时进行的，不过点源的运动速度小于扰动波面运动的速度即声速，这样不同时刻的扰动波面就形成了一组偏心的球面，如图 2-9（b）所示。

当扰动点源的运动速度等于声速时，点源的运动速度与波面的运动速度相等，过去不同时刻扰动所形成的球面波在点源运动方向上与点源等速前进，形成如图 2-9（c）的情况。过去不同时刻扰动所形成的球面波的包络线在图中形成以点源为中心的一个平面。在平面的右侧，可以感受到扰动，而在平面的左侧，则没有扰动的传播。

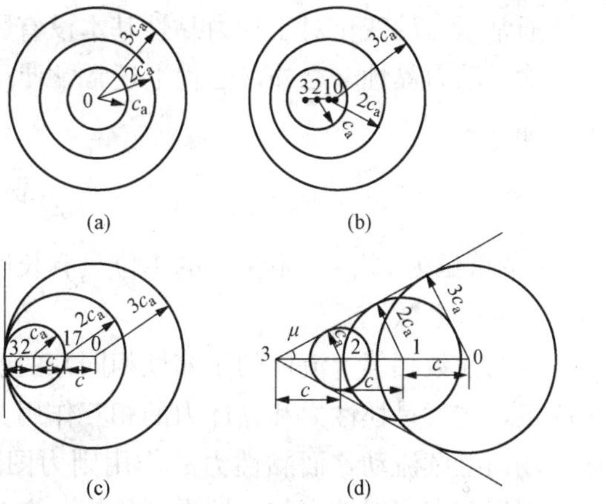
(a)　(b)　(c)　(d)

图 2-9　扰动点源的微弱扰动在空间的传播

当扰动点源的运动速度大于声速即超声速运动时，点源的运动速度大于扰动传播的速度，这样过去不同时刻的各个球面波就同时到达一个锥面，该锥面即各个球面波的包络线，如图 2-9（d）所示，这时可以看到，扰动的前缘形成一个锥面。这个锥面称为马赫锥，锥面的母线即在平面上画出的从点源发出的两条射线称为马赫波，两射线夹角的一半即半锥角称为马赫角，用符号 u 表示。设扰动点源的速度为 c，则扰动点源运动的马赫数为 $Ma=c/c_a$。由这个关系可以得出

$$\sin u = c/c_a = 1/Ma \tag{2-64}$$

根据运动的相对性原理，如果扰动点源不动，气体以相反方向流过时，也会产生同样的扰动传播途径，这样，我们可以看到扰动在亚声速流动和超声速流动中的传播具有完全不同的性质。在超声速流动中，扰动不能逆流上传，而是被局限在一定的区域内，而在亚声速流动中，扰动最终会传遍整个流场。

三、流体的黏性和雷诺数

实际流体都是有黏性的，流体的黏性是指当流体微团间发生相对滑移时产生切向阻力的性质。黏性形成流体的内摩擦，并使流体黏附于它所接触的固体表面。

实验表明，这种内摩擦力的大小与层流中速度的变化率 $\mathrm{d}c/\mathrm{d}y$ 及接触面积 A 的大小以及流体的种类有关，用公式表示，即内摩擦力 F 为

$$F = \eta A \frac{\mathrm{d}c}{\mathrm{d}y} \tag{2-65}$$

对单位接触面积，内摩擦应力为

$$\tau = \frac{F}{A} = \eta \frac{\mathrm{d}c}{\mathrm{d}y} \tag{2-66}$$

这就是牛顿内摩擦定律。

式中：系数 η 为表示黏性大小的系数，称为动力黏性系数，Pa·s。

动力黏度 η 的大小与流体的性质和温度有关。试验表明，温度对流体动力黏性影响很大，温度升高时，液体的动力黏度会下降。对于气体，情况则恰相反，温度升高时气体动力黏度反而增加。

通常压力的变化对于动力黏性基本没有影响。

除了动力黏性 η 之外，工程上还常常使用 η 与 ρ 的比值，称之为运动黏性，用符号 ν 表示，即

$$\nu = \frac{\eta}{\rho} \tag{2-67}$$

ν 的单位为 m^2/s。由于它的单位只有长度和时间的量纲，即具有运动量的量纲，故取名为运动黏性系数。

在马赫数相等（流体的压缩性相同）的前提下，任何流体的流动现象将由矛盾的两个因素决定，这就是惯性力和黏性力的相互作用关系。惯性力的作用力图使流体能够维持原来的速度场而继续流动，而黏性力的作用则力图阻碍这种流动，并力图改变流体原有的运动状态。因而只有当惯性力与黏性力的比值一定时，在几何相似的条件下，流体的速度场才能彼此相似。

根据物理学中有关力学的基本原理得知

$$惯性力 = ma = \rho Va = \rho V \frac{dc}{dt}$$

式中：m 为流体质量；V 为流体体积；ρ 为流体密度；a 为流体的加速度。

至于流体的黏性力已由式（2-65）得出。因此有

$$\frac{惯性力}{黏性力} = \frac{\rho V \frac{dc}{dt}}{\eta A \frac{dc}{dy}} \to \frac{\rho l^3 \frac{dc}{dt}}{\eta l^2 \frac{dc}{dy}} \to \frac{\rho cl}{\eta} = \frac{cl}{\upsilon}$$

这个比值称为雷诺数，记作 Re，它是一个无量纲数，是一个重要的相似准则。

$$Re = \frac{\rho cl}{\eta} \tag{2-68}$$

式中：l 为流道的特征长度，m。

例如对于圆管内的流动，特征长度为管道的内径 d。当采用运动黏性时，显然有

$$Re = \frac{cl}{\nu} \tag{2-69}$$

实验表明，当任何流体流经几何相似的流道时，不论 c、l、ν 如何变化，只要两个流道的雷诺数相同，流体流道的速度场就会彼此相似（对应点上的对应速度成同一比例），而且流道损失系数也相同。

当流体流经几何相似流道时，对于不可压流体，只要雷诺数大于某个临界值，两个流道的速度场就会自动相似，而不要求二者的雷诺数相等，同时流动损失系数也趋向于一个恒定值，不再随着雷诺数的增加而变化。这种现象称为流动处于自动模化的状态。

四、层流与湍流

雷诺通过实验发现，流动存在着两种不同的状态——层流和湍流。

层流流动中，各层流体互不掺混，呈现一种分层流动的状态。而在湍流时，各层流体互相掺混。雷诺实验发现了流动状态与雷诺数的关系，工程上一般取圆管的雷诺数 $Re_{cr}=2000$ 作为临界雷诺数；当 $Re<2000$ 时，流动为层流；当 $Re>2000$ 时，即认为流动已经是湍流。

第三节 传热学基础

热量传递有三种基本方式：导热、对流和热辐射。实际的热量传递过程都是以这三种方式进行的，而且大多数情况下都是这三种热量传递方式同时进行。

一、导热

在物体内部或相互接触的物体表面之间，由于分子、原子及自由电子等微观粒子的热运动而产生的热量传递现象称为导热。导热现象既可以发生在固体内部，也可发生在静止的液体和气体之中。按照热力学观点，温度是物体微观粒子热运动强度的宏观标志。当物体内部或相互接触的物体表面之间存在温差时，热量就会通过微观粒子的热运动或碰撞从高温传向低温。

在工业上和日常生活中，大平壁的导热是最常见的导热问题，例如通过炉墙及房屋墙壁的导热等。当平壁两表面分别维持均匀恒定的温度时，可以近似地认为平壁内的温度只沿着

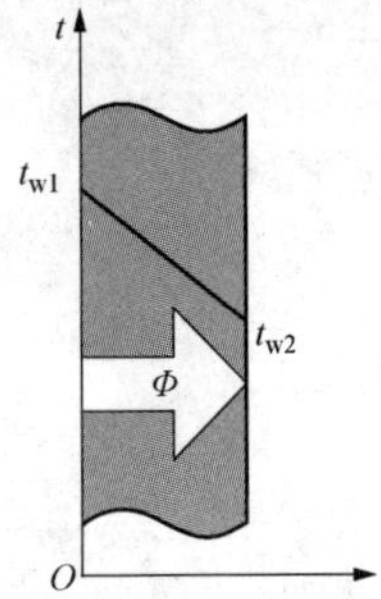

图 2-10 大平壁导热

垂直于壁面的方向发生变化，并且不随时间而变，热量也只是沿着垂直于壁面的方向传递，如图 2-10 所示，这样的导热称为一维稳态导热。

在传热学中，单位时间传递的热量称为热流量，用 Φ 表示，单位为 W。

实验证实，平壁一维稳态导热的热流量与平壁的表面积 A 及两侧表面的温差（$t_{w1}-t_{w2}$）成正比，与平壁的厚度 δ 成反比，并与平壁材料的导热性能有关，可表示为

$$\Phi=\lambda A\frac{t_{w1}-t_{w2}}{\delta} \tag{2-70}$$

式中的比例系数 λ 称为材料的热导率，单位是 W/（m·K）。其数值大小反映材料的导热能力，热导率越大，材料的导热能力就越强。材料的热导率一般由实验测定。

借鉴电学中欧姆定律的表达形式，式（2-70）可改写成“热流＝温度差/热阻”的形式，即

$$\Phi=\frac{t_{w1}-t_{w2}}{\dfrac{\delta}{\lambda A}}=\frac{t_{w1}-t_{w2}}{R_\lambda} \tag{2-71}$$

式中：R_λ 为平壁的导热热阻。

平壁厚度越大，导热热阻就越大；平壁材料的热导率越大，导热热阻就越小。

热阻是传热学中的一个重要概念，它表示物体对热量传递的阻力，热阻越小，传热就越强。

单位时间通过单位面积的热量称为热流密度，用 q 表示，单位为 W/m²。由式（2-70）可得，通过平壁一维稳态导热的热流密度为

$$q=\frac{\Phi}{A}=\lambda\frac{t_{w1}-t_{w2}}{\delta} \tag{2-72}$$

对于工程上经常遇到的圆筒壁导热，可以导出单位长度圆筒壁的热流量为

$$\Phi_1=\frac{t_{w1}-t_{w2}}{\dfrac{1}{2\pi\lambda}\ln\dfrac{d_2}{d_1}}=\frac{t_{w1}-t_{w2}}{R_{\lambda l}} \tag{2-73}$$

式中：d_1、d_2 为圆筒壁的内径和外径；$R_{\lambda l}$ 为单位长度圆筒壁的导热热阻。

二、对流

对流是指由于流体的宏观运动时温度不同的流体相对位移而产生的热量传递现象。显然，对流只能发生在流体之中，而且必然伴随有微观粒子热运动产生的导热。

在日常生活和生产实践中，经常遇到流体和它所接触的固体表面之间的热量交换，如锅炉水管中的水和管壁之间、室内空气和暖气片表面及墙壁面之间的热量交换等。当流体流过物体表面时，由于黏滞作用，紧贴物体表面的流体是静止的，热量传递只能以导热的方式进行。离开物体表面，流体有宏观运动，对流方式将发生作用。所以，流体与固体表面之间的热量传递是对流和导热两种基本传热方式共同作用的结果，这种传热现象在传热学中称为对流换热，如图 2-11 所示。

1701 年，牛顿提出了对流换热的基本计算公式，称为牛顿冷却公式，即

$$\Phi = aA(t_w - t_f) \tag{2-74}$$

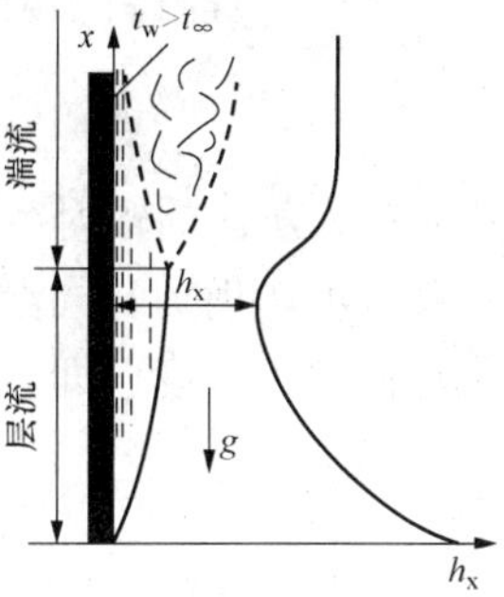

图 2-11　对流换热

式中：t_w 为固体壁面温度；t_f 为流体温度；a 为对流换热的表面传热系数，习惯上称为对流传热系数。

牛顿冷却公式也可以写成欧姆定律表达式的形式，即

$$\Phi = \frac{t_w - t_f}{\dfrac{1}{aA}} = \frac{t_w - t_f}{R_a} \tag{2-75}$$

式中：R_a 为对流传热热阻。

表面传热系数的大小反映对流换热的强弱，它不仅取决于流体的物性（热导率、黏度、密度、比热容等）、流动的形态（层流、湍流）、流动的成因（自然对流或受迫对流）、物体表面的形状或尺寸，还与换热时流体有无相变（沸腾或凝结）等因素有关。因此有关对流换热现象的研究和表面传热系数的确定通常采用理论分析和实验相结合的方法。

三、热辐射

辐射是指物体受某种因素的激发而向外发射辐射能的现象。有多种原因可以诱使物体向外发射辐射能，由于物体内部微观粒子的热运动（或者说由于物体自身的温度）而使物体向外发射辐射的现象称为热辐射。

所有温度大于 0K 的实际物体都具有发射热辐射的能力，并且温度越高，发射热辐射的能力越强，物体发射热辐射时，其内热能转化为辐射能。所有实际物体也都具有吸收热辐射的能力。在物体吸收热辐射时，辐射能又转化为物体的内热能，当物体之间存在温度差时，以热辐射的方式进行能量交换的结果使高温物体失去热量，低温物体获得热量，这种热量传递现象称为辐射换热。

热辐射具有以下特点：

（1）热辐射总是伴随着物体的内热能与辐射能这两种能量形式之间的相互转化。

（2）热辐射不依靠中间媒介，可以在真空中传递。太阳辐射穿过浩瀚的太空到达地球就是典型的实例。

（3）物体间以热辐射的方式进行热量的传递是双向的。当两个物体温度不同时，高温物体向低温物体发射热辐射，低温物体也向高温物体发射热辐射，即使两个物体温度相等，辐射换热量等于零，它们之间的热辐射交换也仍在进行，只不过处于动态平衡的状态而已。

传热学中将吸收全部辐射能的物体，即吸收率为 1 而反射率和穿透率均为 0 的物体称为绝对黑体，简称黑体。

黑体单位时间、单位面积的辐射总能量与绝对温度的四次方成正比，这就是所谓的四次方定律，即

$$E = \sigma_0 T^4 \tag{2-76}$$

或

$$E_0 = C_0 \left(\frac{T}{100}\right)^4 \tag{2-77}$$

式中：δ_0 为黑体辐射常数，数值为 5.67×10^{-8} W/(m^2 · K^4)；C_0 为黑体辐射系数，数值为 5.67W/(m^2 · K^4)。

一般的工程材料辐射能力低于黑体，称之为灰体，将四次方定律用于灰体得

$$E = C\left(\frac{T}{100}\right)^4 \tag{2-78}$$

式中：C 为灰体的辐射系数，其数值视不同材料而定，并永远小于 C_0。

灰体的辐射力与同温度下黑体辐射力之比称为黑度，以符号 ε 表示，这个参数描写物体与黑体的接近程度，即

$$\varepsilon = \frac{E}{E_0} = \frac{C}{C_0} \tag{2-79}$$

ε 由试验确定，于是对于灰体的辐射力可应用式（2-80）计算，即

$$E = \varepsilon E_0 = \varepsilon C_0\left(\frac{T}{100}\right)^4 \tag{2-80}$$

任何实际物体都在不断地发射热辐射和吸收热辐射，物体之间的辐射换热量既与物体本身的温度、辐射特性有关，也与物体的大小、几何形状及相对位置有关。

四、传热过程简介

工程上经常遇到固体壁面两侧流体之间的热量交换，在传热学中，这种热量从固体壁面一侧的流体通过固体壁面传递到另一侧流体的过程称为传热过程。

一般来说，传热过程由三个串联的热量传递环节组成：

（1）热量以对流换热的方式从高温流体传给壁面，有时还存在高温流体与壁面之间的辐射换热，如炉膛内高温烟气与水冷壁之间的热量交换；

（2）热量以导热的方式从高温流体侧壁面传递到低温流体侧壁面；

（3）热量以对流换热的方式从低温流体侧壁面传给低温流体，有时还须考虑壁面与低温流体及周围环境之间的辐射换热。

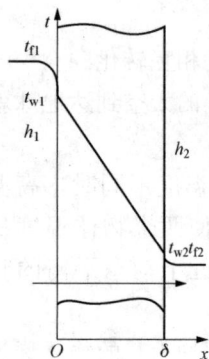

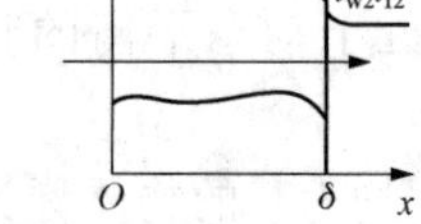

图 2-12 通过平壁的传热过程

以最简单的通过平壁的稳态传热过程为例，如图 2-12 所示，一个热导率 λ 为常数、厚度为 δ 的大平壁，平壁左侧远离壁面处的流体温度为 t_{f1}，表面传热系数为 α_1，平壁右侧远离壁面处的流体温度 t_{f2}，表面传热系数为 α_2，且 $t_{f1} > t_{f2}$。假设平壁两侧的流体温度及表面传热系数都不随时间变化。显然，这是一个稳态的传热过程，由平壁左侧的对流换热、平壁的导热和平壁右侧的对流换热三个串联的热量传递环节组成。这样，根据前面的公式，可以导出

$$\Phi = \frac{t_{f1} - t_{f2}}{\frac{1}{\alpha_1 A} + \frac{\delta}{\lambda A} + \frac{1}{\alpha_2 A}} = \frac{t_{f1} - t_{f2}}{R_{\alpha 1} + R_\lambda + R_{\alpha 2}} = \frac{t_{f1} - t_{f2}}{R_\Sigma} \tag{2-81}$$

式中：R_Σ 为传热热阻。

对于一般的传热过程，我们可以写出

$$\Phi = KA(t_{f1} - t_{f2}) = KA\Delta A \tag{2-82}$$

式中：K 为传热系数，W/（$m^2 \cdot K$）。

对比上面两个式子，传热系数 K 为

$$K = \frac{1}{\frac{1}{\alpha_1} + \frac{\delta}{\lambda} + \frac{1}{\alpha_2}} \tag{2-83}$$

思考题

2-1 工质的状态参数有哪些，分别是如何定义的?

2-2 热力学第一定律的主要内容是什么，第二定律的实质是什么?

2-3 焓、熵是如何定义的，它们是状态参数吗?

2-4 如何定义声速和马赫数?

2-5 层流和湍流在流动特性上有什么差别?

2-6 热量传递有几种方式?

第三章 燃气轮机和汽轮机的热力循环

第一节 燃气轮机简单循环

一、理想简单循环

根据工程热力学介绍的内容，可以把燃气轮机的理想热力循环分解成等熵压缩、等压加热、等熵膨胀和等压放热四个最简单的过程，由这四个过程组成的循环称为燃气轮机的简单循环。通常用图 3-1 来表示一台燃气轮机的方案，其上的数字表示每个热力过程的起点和终点，后面均同此。设定燃气轮机中的工质是理想气体，气体的热力性质和流量不变以及热力过程无损耗的循环，称为理想循环。

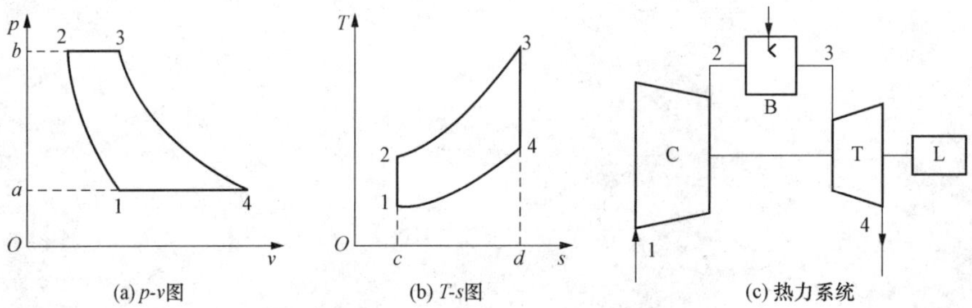

图 3-1 燃气轮机理想简单循环的压容图、温熵图和热力系统示意

理想简单循环的热力过程见图 3-1（a）和（b）。1-2 气体在压气机中等熵压缩，2-3 气体在燃烧室中等压加热，3-4 气体在透平中等熵膨胀做功，4-1 气体排入大气后等压放热。p-v 图和 T-s 图同时画出，可使初学者一目了然地看出各个热力过程的特点，鉴于燃气轮机中习惯于用 T-s 图，故今后各循环只画 T-s 图，仅在有些复合循环中用 p-v 图。

在燃气轮机循环中，一般用比功、热效率和有用功系数这三个指标来分析比较各循环，特别是前两个指标，在循环计算中是必须计算的，并作为确定循环参数的重要依据。

比功是工质经过工作循环，单位质量工质对外界所做的功，单位为 kJ/kg。因此，循环比功的大小表明了工质对外做功能力的大小。在做功量相同时，比功大的循环所需工质的量少，反之就多。对于一台燃气轮机来说，比功表明了单位工质流量输出功的大小。因此，两台功率相同的燃气轮机，比功大的工质流量少，机组的尺寸就可能较小，反之可能较大。

热效率是工质经过工作循环，把加入到循环中的热量转变为输出功的百分数，热效率高时，表明加入的热量利用率高，反之利用率低。

有用功系数是循环中膨胀功（透平机做功）在扣除压缩功（压气机耗功）后转变为输出功的百分数，它的数值实际上就是循环比功与透平做功的比值。鉴于循环比功已能很好地表明工质的做功能力，有用功系数的实用意义明显减弱，故循环计算中一般都不计算有用功系数。这里，仅在本节中简述一下，以后就不再介绍。

理想简单循环四个过程的计算式为

等熵压缩 1-2

$$w_C = c_p(T_2^* - T_1^*) = c_p T_1^*(\pi^m - 1)$$

等压加热 2-3

$$q_1 = c_p(T_3^* - T_2^*)$$

等熵膨胀 3-4

$$w_T = c_p(T_3^* - T_4^*) = c_p T_3^*(1 - 1/\pi^m)$$

等压放热 4-1

$$q_2 = c_p(T_4^* - T_1^*)$$

式中：$m=(\kappa-1)/\kappa$；$\pi=p_2^*/p_1^*$，称为压比。

与图 3-1 相对照，w_C 相当于 p-v 图中 $12ba$ 所围面积，q_1 相当于 T-s 图中 $23dc$ 所围面积，w_T 相当于 p-v 图中 $34ab$ 所围面积，q_2 相当于 T-s 图 $41cd$ 所围面积。理想简单循环的比功

$$w_t = w_T - w_C \tag{3-1}$$

该式表明，比功相当于图 3-1 中 1-2、2-3、3-4 和 4-1 四个过程所围的面积。

把 w_T 和 w_C 代入式（3-1）中得

$$w_t = c_p T_1^*[\tau(1-1/\pi^m) - (\pi^m - 1)] \tag{3-2}$$

式中：$\tau = T_3{}^*/T_1{}^*$，称为温比，是燃气轮机简单循环中最高温度与最低温度之比。

由式（3-2）可以看出，比功随温比和压比而变，将 $c_p = 1\text{kJ/(kg·K)}$，$\kappa=1.4$ 和 $T_1^*=288\text{K}$ 代入式（3-2）可作得图 3-2。该图表明，压比不变时，比功随着 τ 增加而增加，温比不变时比功随 π 的变化有一最大值，相应于该最大值的压比称为最佳压比 π_{wmax}。将式（3-2）进行微分 $dw_t/d\pi$ 并令其等于零，得

$$\pi_{wmax} = 1/\tau^{2m}$$

可用图 3-3 来解释 π_{wmax} 的存在。该图表明，在 T_1^* 和 T_3^* 不变（即 τ 不变）时，π 从小变大，循环从 1234 变为 $12'3'4'$，再变为 $12''3''4''$，即面积先从小变大，后又从大变小。因此，中间必然有一个最大面积，此即为最大比功，相应压比即 π_{wmax}。

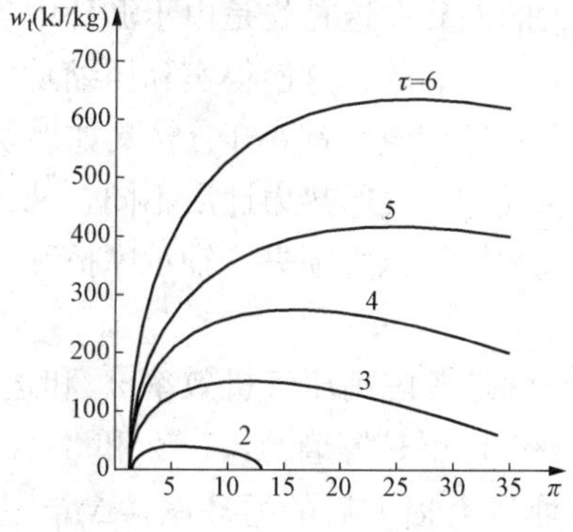

图 3-2　理想简单循环的比功

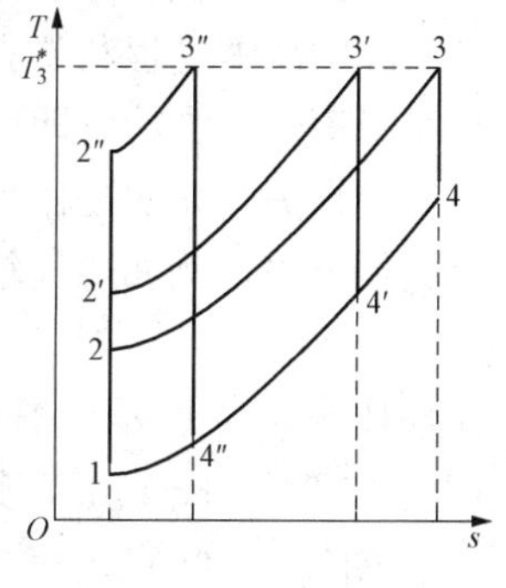

图3-3　温比不变时循环随压比的变化

理想简单循环的热效率为

$$\eta_t = w_t / q_1 \tag{3-3}$$

从式（3-1）可看出，η_t 相当于 T-s 图中 1234 所围面积与 $23dc$ 所围面积的比，把 w_t 和 q_1 的算式代入式（3-3）得

$$\eta_t = 1 - \frac{1}{\pi^m} \tag{3-4}$$

式（3-4）表明，理想简单循环的热效率只与压比有关，并随压比的增加单调递增，由式（3-4）可作出图 3-4。

但是，不能从式（3-4）得出热效率能无限制地增加的结论，因为任何循环的热效率都不可能高于卡诺循环的热效率值（$1-1/\tau$）。将该值与式（3-4）对比，可得到在 $\pi^m=\tau$ 时，理想简单循环的热效率即卡诺循环的热效率。但从式（3-2）知，这时的循环比功为零，即 $T_3^*=T_2^*$，$T_4^*=T_1^*$，膨胀功与压缩功相等，循环对外不做功，因而毫无意义。这说明比功大于零时理想简单循环的压比应小于 $\tau^{1/m}$，即 $\tau^{1/m}$ 是在一定温比下循环压比的极限值，它使热效率随压比升高的增加受到限制。

理想简单循环的有用功系数

$$\varphi = w_t / w_T \tag{3-5}$$

将 w_t 和 w_T 的计算式代入式（3-5）得

$$\varphi = 1 - \pi^m / \tau \tag{3-6}$$

由式（3-6）可得出图 3-5，它表明 φ 随 τ 的增加而增加，随 π 的增加而减少。

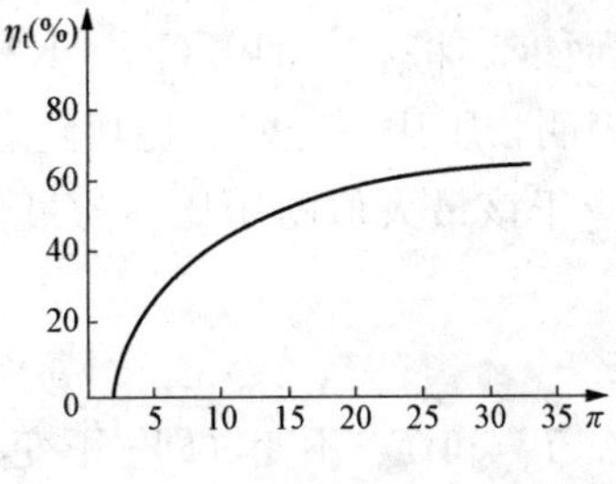

图 3-4 理想简单循环的热效率

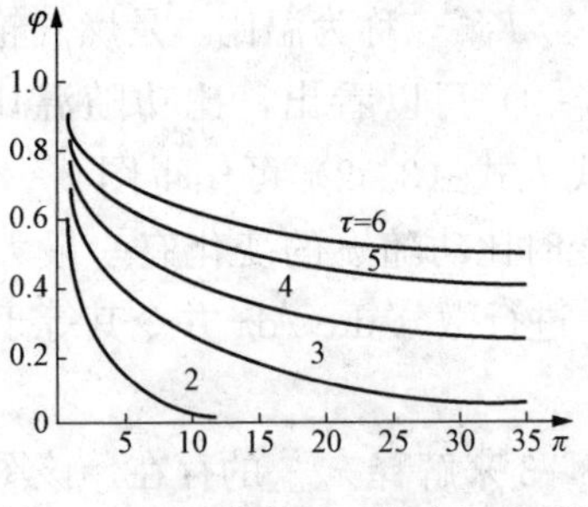

图 3-5 理想简单循环的有用功系数

二、实际简单循环

实际的燃气轮机循环与理想循环存在着较大的差异。这首先是由于循环中各个过程都存在着损失，例如实际的压缩过程和膨胀过程都不是等熵的，这使得实际压缩功大于等熵压缩功，实际膨胀功小于等熵膨胀功，即压气机效率和透平效率都小于 1。又如燃烧室中存在压力损失和燃烧不完全损失。其次是作为工质的燃气和空气的热力性质不同，两者的流量也有差别。此外还有其他损失，例如燃气轮机的进气和排气压力损失、轴承摩擦和传动辅助耗功等机械损失。

实际简单循环如图 3-6 所示。图 3-6（a）就是考虑到压气机效率 η_C 和透平效率 η_T 后循环的变化，即由 $12'34'$ 变成 1234，其中 $1-2'$ 和 $3-4'$ 是等熵的，1-2 和 3-4 是计算 η_C 和 η_T 后的实际过程。图 3-6（b）是再考虑到各处压力损失后的循环图，Δp_1^* 是进气压力损失，它使压气机的进口空气状态由 p_a 降至 p_1^*；Δp_2^* 是压气机出口到透平进口的压力损失，它一般就是燃烧室中的压力损失；Δp_4 是排气压力损失，它使排气压力由 p_a 升至 p_4。

上述的这些变化，使得实际循环的性能与理想循环的性能有较大的差异。图 3-7 所示为实际循环比功，参数 η_B、η_m、μ_{cl}、Φ 等的含义在后面将陆续介绍。该图与图 3-2 图形基本相似，但在相同 τ 和 π 时的比功值下降较多，且 π 较低时下降幅度大，$\tau=2$ 时比功已变为负的，故图上已无这条线。至于 π_{wmax} 仍存在，只是具体的数值与理想循环也有所不同。

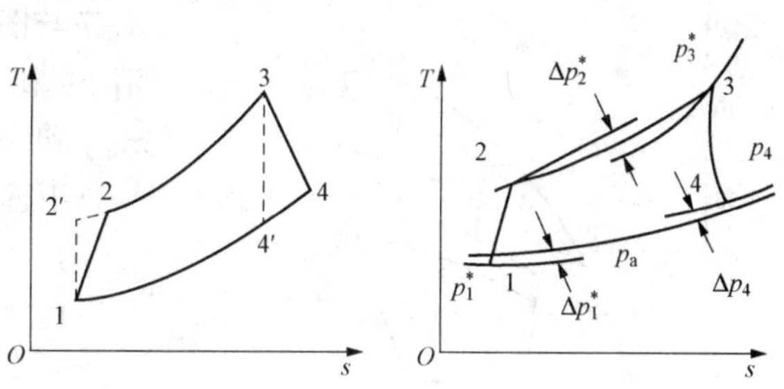

(a)考虑η_C和η_T后的循环　　(b)再考虑各处损失后的循环

图 3-6　燃气轮机实际简单循环

图 3-8 所示为实际循环效率，与图 3-4 相比较有很大的差别。首先是效率不仅与 π 有关，还与 τ 有关，τ 越大效率就越高。其次是在一定的 τ 下，效率有一最大值，相应于该值的压比称为效率最佳压比 $\pi_{\eta max}$。再次是效率值比理想循环的下降较多（指 τ 与 π 相同时），τ 越低时下降得越多。

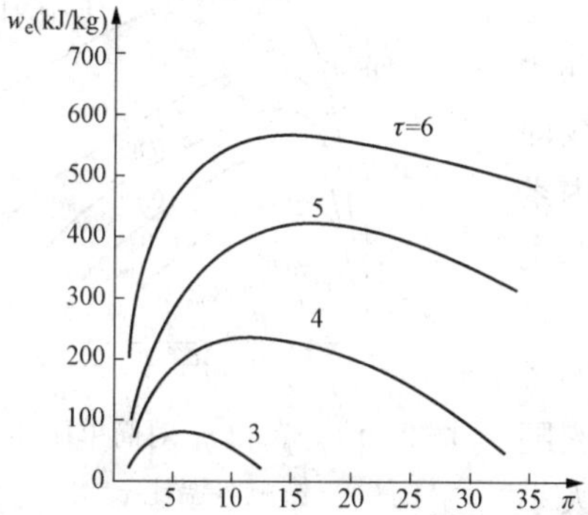

图 3-7　实际简单循环比功

$\eta_C=0.87$；$\eta_T=0.88$；$\eta_B=0.98$

$\eta_m=0.97$；$\mu_{cl}=0.04$；$\Phi=0.94$

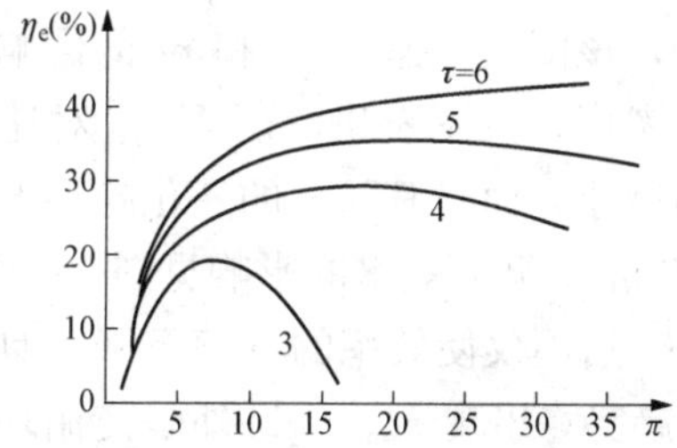

图 3-8　实际简单循环效率

$\eta_C=0.87$；$\eta_T=0.88$；$\eta_B=0.98$

$\eta_m=0.99$；$\mu_{cl}=0.04$；$\Phi=0.94$

由图 3-8 可见，温比对实际循环的性能影响很大，特别是对效率的影响，这促使人们不断努力提高燃气初温 T_3^* 以提高效率。当然，降低 T_1^* 也可以提高 τ，从而提高效率，但 T_1^* 一般就是大气温度，它是人们所不能控制的。不过从这里可以看出，在 T_3^* 相同的情况，燃气轮机在冬季和寒冷地区使用时效率较高，而在夏季和热带地区使用时效率较低。

此外，实际循环存在着两种最佳压比，即 π_{wmax} 和 $\pi_{\eta max}$，在同一 τ 值时它们的数值不同，比较图 3-7 与图 3-8，可看出 $\pi_{wmax}>\pi_{\eta max}$，且相差较多。

在计入上述因素后，对循环计算所得的比功是实际的有效输出，相应的热效率也是实际的有效效率。为区别于理想循环，改变比功和效率的下标，写为 w_e 和 η_e，图 3-7 和图 3-8 即按此标注，以后也同此。至于有效效率，就是一般所说的燃气轮机效率或称机组效率，有时简称效率。

还可以用一张图同时表达比功、效率与压比、温比的变化关系，即图 3-9。该图是将图

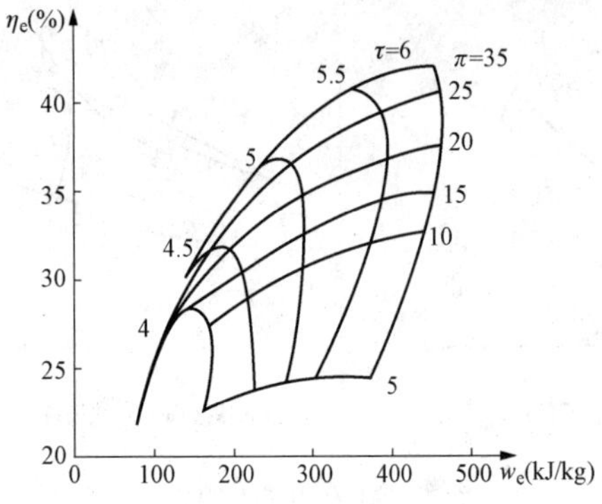

图 3-9　实际简单循环的效率和比功

3-7 与图 3-8 合并而得。从图 3-9 中同样能够看清 w_e 和 η_e 随着 τ 和 π 的变化而变化的情况以及 π_{wmax}和 $\pi_{\eta max}$的数值。

下面分析各种因素对实际循环性能的影响。

1. 压气机和透平效率

压气机的实际压缩功为

$$w_C = c_p(T_{2s}^* - T_1^*)/\eta_C = c_p T_1^*(\pi^m - 1)/\eta_C \tag{3-7}$$

式中：T_{2s}^* 为等熵压缩的出口温度，K。

透平的实际膨胀功为

$$w_T = c_p(T_3^* - T_{4s}^*)/\eta_T = c_p T_3^*(1 - 1/\pi_T^m)/\eta_T \tag{3-8}$$

式中：T_{4s}^* 为等熵膨胀的出口温度，K；$\pi_T = p_3^*/p_4$ 为透平膨胀比。

在无压力损失时，$\pi_T = \pi$。循环输出的比功仍然是（$w_T - w_C$），只是由于 w_T 小于理想循环的数值，w_C 大于理想循环的数值，使 w_e 比理想循环的 w_t 显著减小，同时导致 η_e 大大低于 η_t。η_C 和 η_T 对循环比功的影响见图 3-10，其中取 $\eta_C = \eta_T = 1.0$ 这条线即理想循环，该图仅考虑了 η_C 和 η_T 的影响，其他因素的影响未考虑。从图看出，η_C 和 η_T 对比功的影响主要使其值减小，而对其随 π 的变化趋势无影响。

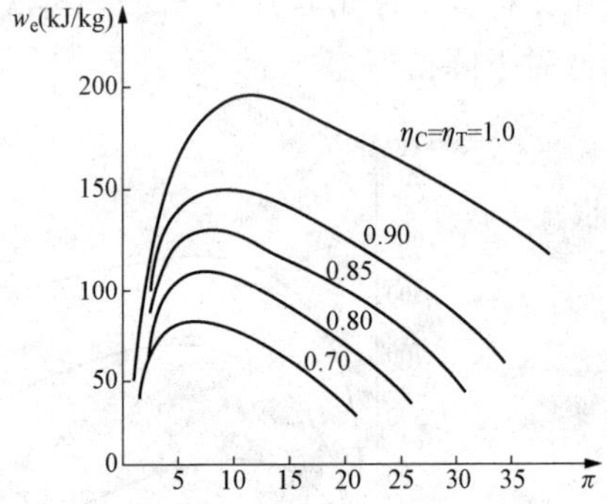

图 3-10　η_C 和 η_T 对简单循环比功的影响（温比 $\tau=4$）

η_C 和 η_T 对循环效率的影响见图 3-11，它说明考虑 η_C 和 η_T 后不仅使效率的数值下降，且改变了它随 π 的变化趋势，出现 $\pi_{\eta max}$。另外是使循环效率的大小与温比有关，见图 3-12。由此可见，导致实际循环效率呈图 3-8 所示变化状况的根本原因是 η_C 和 η_T 的影响。

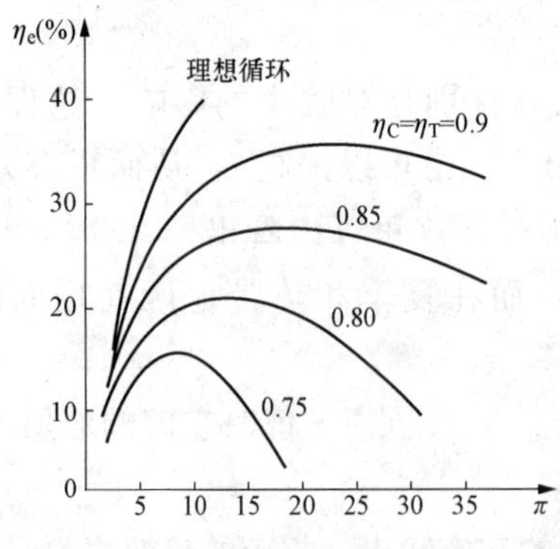

图 3-11　η_C 和 η_T 对简单循环效率的影响（温比 $\tau=4$）

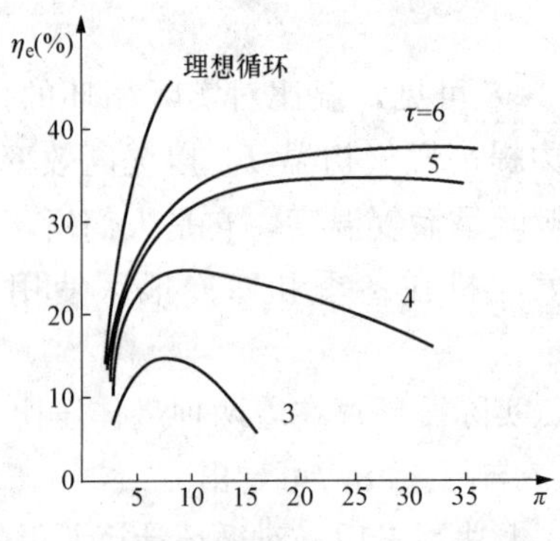

图 3-12　η_C 和 η_T 小于 1 时温比对循环效率的影响 $\eta_C = \eta_T = 0.85$

再比较 η_C 和 η_T 值变化时对循环比功和效率影响的大小。鉴于 $w_T > w_C$，因而在 η_C 和 η_T 变化相对量相同时，η_T 对 w_e 的影响比 η_C 的影响大，可见，提高透平效率对改善循环性能的影响比提高压气机效率的影响大。

目前，压气机和透平效率的范围一般如下：

轴流式压气机 $\eta_C = 0.85 \sim 0.90$；

离心式压气机 $\eta_C = 0.75 \sim 0.85$；

轴流式透平 $\eta_T = 0.85 \sim 0.92$；

向心式透平 $\eta_T = 0.75 \sim 0.88$。

2. 燃烧室效率

燃烧室效率（η_B）是工质在燃烧室中实际获得的热量（即温度升高）与加入燃烧室中的燃料完全燃烧时所放出的热量之比值。由于存在着不完全燃烧和散热损失，因而 $\eta_B < 1.0$。通常散热损失很小，可忽略，即 η_B 的大小取决于不完全燃烧的程度。目前，η_B 的一般范围为 0.96～0.99，多数达 0.98 左右，可见已达到很高的水平。

η_B 主要影响循环效率，它使工质在燃烧室中达到要求的温升时，实际所需的燃料量大于理论所需的量，故 η_B 下降时 η_e 降低。

η_B 对循环比功的影响是通过对工质流量差别的影响，即 η_B 影响所需的燃料流量，而燃料流量的大小将影响工质流量的差别，进而影响比功。但是，燃料流量一般仅占空气流量的 1%～2%，因而燃料流量变化对比功的影响很小，甚至基本无影响。鉴于此，从循环效率的计算公式可看出 η_B 变化的相对量，就是它对 η_e 影响的相对变化量。

3. 压力损失

通常，用压力损失系数 ξ 和压力保持系数 Φ 来描述压力损失。对于简单循环，存在的压力损失有进气压力损失 Δp_1^*、燃烧室压力损失 Δp_2^* 和排气压力损失 Δp_4，其压损系数分别为

$$\xi_1 = \frac{\Delta p_1^*}{p_a} = \frac{p_a - p_1^*}{p_a} \tag{3-9}$$

$$\xi_2 = \frac{\Delta p_2^*}{p_2^*} = \frac{p_2^* - p_3^*}{p_2^*} \tag{3-10}$$

$$\xi_4 = \frac{\Delta p_4}{p_4} = \frac{p_4 - p_a}{p_4} \tag{3-11}$$

压力保持系数分别为

$$\Phi_1 = \frac{p_a - \Delta p_1^*}{p_a} = 1 - \xi_1 \tag{3-12}$$

$$\Phi_2 = \frac{p_2^* - \Delta p_2^*}{p_2^*} = 1 - \xi_2 \tag{3-13}$$

$$\Phi_4 = \frac{p_4 - \Delta p_4}{p_4} = 1 - \xi_4 \tag{3-14}$$

由上述可得

$$p_1^* = p_a - \Delta p_1^* = \Phi_1 p_a$$
$$p_3^* = p_2^* - \Delta p_2^* = \Phi_2 p_2^*$$
$$p_4 = p_a + \Delta p_4 = p_a / \Phi_4$$

进一步得

$$\pi_T = \frac{p_3^*}{p_4} = \frac{\Phi_2 p_2^*}{p_a/\Phi_4} = \frac{\Phi_2 p_1^* \pi}{p_a/\Phi_4} = \Phi_1 \Phi_2 \Phi_4 \pi \tag{3-15}$$

令

$$\Phi = \Phi_1 \Phi_2 \Phi_4 \tag{3-16}$$

Φ 为诸压力保持系数的乘积，是总的压力保持系数，即有

$$\pi_T = \Phi \pi \tag{3-17}$$

该式表明，由于压力损失使 $\pi_T < \pi$，透平出功减少，导致循环的比功和效率下降。图 3-13 和图 3-14 所示为压力损失对循环性能的影响。通常，简单循环燃气轮机的压力保持系数为 0.92～0.96，它导致比功和效率的下降还是较多的。

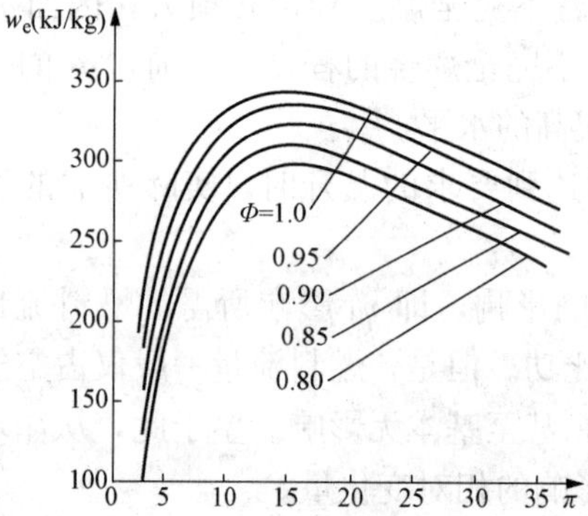

图 3-13　压力损失对比功的影响
$\eta_C = 0.87$，$\eta_T = 0.88$，$\eta_B = 0.98$，$\tau = 5$

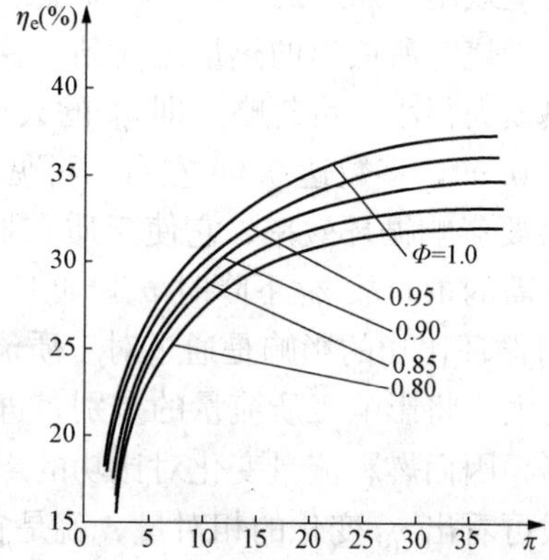

图 3-14　压力损失对效率的影响
$\eta_C = 0.87$，$\eta_T = 0.88$，$\eta_B = 0.98$；$\tau = 5$

4. 工质流量的差别

在燃气轮机中，压气机的进口空气流量 q 与透平的进口燃气流量 q_T 是不一样的。首先是要从压气机中引一部分空气去冷却透平，当燃气初温高，透平采用冷却叶片时，这部分冷却空气量可达到压气机进口空气流量的 10% 以上；其次是要从压气机中抽气来密封轴承润滑油以及其他的漏损等；再次是在燃烧室中加入燃料。因此透平进口流量为

$$q_T = q + q_f - q_{cl} \tag{3-18}$$

式中：q_f 为燃料流量，kg/s；q_{cl} 为冷却空气和漏气等流量值之和，kg/s。

这时燃烧室中的燃料空气比为

$$f = \frac{q_f}{q - q_{cl}} \tag{3-19}$$

将式（3-19）代入式（3-18）得

$$q_T = (1 + f)(1 - \mu_{cl}) q \tag{3-20}$$

式中：$\mu_{cl} = q_{cl}/q$。

在燃气轮机中，f 值一般不超过 0.02，μ_{cl} 值则视 T_3^* 的高低和冷却状况的不同在 4%～12% 内变化。因此，进入透平的燃气流量要比压气机中的空气流量小，减少了透平中的工质流量，使透平总的出功减少，导致循环的比功和效率下降。

由于 q 和 q_T 的数量不同，而从式（3-7）和式（3-8）算得 w_C 和 w_T 是各自相应于单位质量空气和燃气的数值，使得 w_T 和 w_C 的值不能直接加减运算。通常，是把 w_T 换算成相应于单位质量空气的数值，以 q_T/q 乘以 w_T 后就完成了这一转换，这时的循环比功为

$$w_e = \frac{q_T}{q} w_T - w_C = (1+f)(1-\mu_{cl}) w_T - w_C \tag{3-21}$$

式（3-21）清楚地表明计入工质流量差别后循环比功的变化。通常 $q_T/q<1$，故 w_e 和 η_e 下降。

这里要着重说明透平叶片冷却对 η_e 的影响。一般来说，叶片冷却效果好的 T_3^* 高，η_e 高。但若冷却效果的改善仅是靠加大冷却空气量来实现时，还要考虑到冷却空气量增大对 η_e 下降的影响。到一定程度后，就可能出现 T_3^* 虽然在提高，而 η_e 却反而下降的情况，图 3-15 所示就是一例。该图虚线图形每条线的 π 和 t_3^* 与实线的数值相对应。由虚线所示的压比与效率的关系可以看出，在一定的冷却方式下，t_3^* 由 1140℃提高到 1205℃时，$\pi=30$ 的 η_e 升高已经很少，$\pi=16$ 的 η_e 已下降了。

因此，必须不断改进透平叶片冷却技术，即在提高冷却效果的同时，使冷却空气量增加较少或很少，这样才能使 η_e 得到显著提高。

还需说明，用于冷却透平叶片的空气，还要流入透平，并在流入该级后继续做功。而按式（3-21）来计算时，q_{cl} 部分是完全不做功的，使 q_{cl} 较大时的计算误差较大。为计入冷却空气在透平中做功的影响，可引入等效流量的概念。

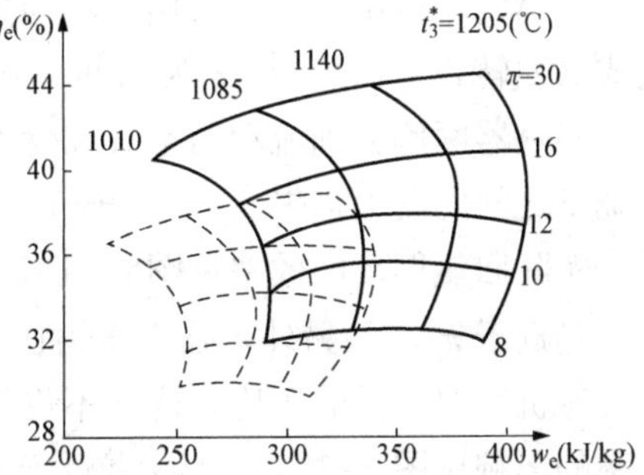

图 3-15 透平冷却空气消耗对燃机性能的影响

——无冷却空气（理想的）---有冷却空气

5. 机械损失

在燃气轮机中，还有轴承摩擦和传动、辅机等机械损失，可用机械效率 η_m 来计入这部分的损失。

机械损失可以放在 w_C、w_T 或 w_e 中来考虑，视计算者的习惯而定。本书放在 w_e 中来考虑，这时式（3-21）改写为

$$w_e = [(1+f)(1-\mu_{cl}) w_T - w_C] \eta_m \tag{3-22}$$

式中 η_m 值一般可取为 0.99。在辅机传动有特殊需要时，η_m 值将降低，可视具体情况来确定。由于机械损失使 w_e 和 η_e 降低，因而在设计燃气轮机时应尽可能地减少这部分的损失。

6. 工质热力性质的差别

空气与燃气的组成成分是不一样的，它们的热力性质不同，即在同样的温度下其焓值不同。为使循环计算得到的 w_e 和 η_e 值准确，除需考虑比焓随温度的变化外，还应考虑工质不同的影响。目前，国内广泛应用吴仲华先生编写的《燃气的热力性质表》来计算气体的热力性质，为使它适应在计算机上的运算，现已将其拟合成多项式。

在计入上述因素后，就可得到实际循环的比功 w_e，进而可得到实际循环有效效率。这时有效效率仍为对外做功与加入热量之比，即

$$\eta_e = \frac{q w_e}{q_f Q_{net}} = \frac{w_e}{f(1-\mu_{cl}) Q_{net}} \tag{3-23}$$

式中：Q_{net} 为燃料的低位发热量，kJ/kg。

第二节 燃气轮机复杂循环

与其他热机相比较，燃气轮机的比功及效率较小，导致在同样的功率下其工质流量大，

限制了功的提高，是否能采取措施来提高比功和效率呢？答案是肯定的。充分利用燃气轮机尾气的热力学能，采用回热循环可提高效率。在压缩过程中冷却工质（简称间冷）和在膨胀过程中再加热工质（简称再热）均能有效地提高循环比功。此外，采用间冷再热还可提高燃气轮机效率。

一、回热循环

燃气轮机的回热循环通过回热器用尾气的热量来加热压气机出口的空气，使压气机出口空气温度进一步升高，降低燃烧室燃料消耗量实现燃气轮机效率的提高。通常用一个系数来说明回热的有效程度，即回热度σ，它等于实际回热量/理想回热量，其近似表达为

$$\sigma=\frac{T_{2a}^{*}-T_{2}^{*}}{T_{4}^{*}-T_{2}^{*}} \tag{3-24}$$

在燃气轮机中，一般采用板式回热器，σ为0.75～0.90。仅在某些微型燃气轮机中用再生式（回转式）回热器，σ为0.90～0.92。

回热器两侧分别流动的空气和燃气在管道中一样存在着压力损失，故加大了从压气机到燃烧室之间的压力损失Δp_{2}^{*}和排气压力损失Δp_{4}。

实际回热循环的效率见图3-16，从图可以看出，回热循环的$\pi_{\eta\max}$比简单循环的大大下降，趋近于$\pi_{w\max}$。另外，临界压力比的数值低于相同τ下简单循环的$\pi_{\eta\max}$。可见回热循环燃气轮机宜取较低的压比，这样不仅效率高，且能避免高压比压气机研制的困难。回热度对效率的影响见图3-17，η_e随σ增大而提高，$\pi_{\eta\max}$一值则有所下降。不同σ时的η_e曲线随着π的增大最终汇合在一起，该汇合处的压比即临界压比。

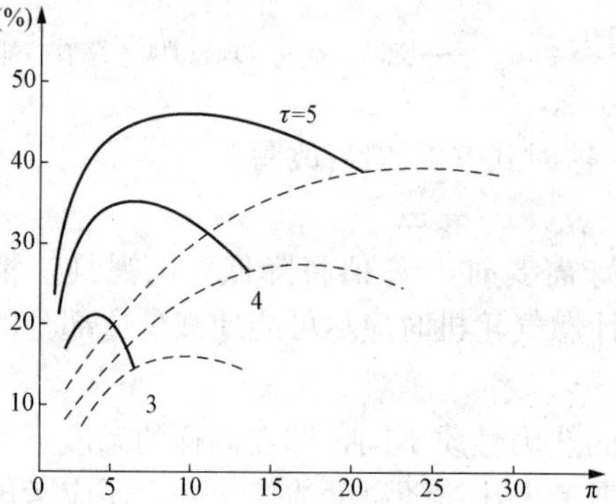

图3-16　实际回热循环效率

（实线为$\sigma=0.75$，虚线为$\sigma=0$）

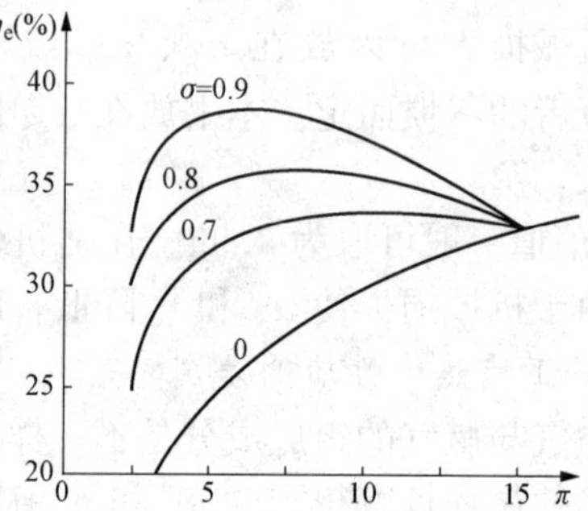

图3-17　回热度对效率的影响

（$T_3^*=1040$℃）

采用回热循环虽可较多地提高燃气轮机效率，但目前主要应用在微型燃气轮机上。其他类型燃气轮机上应用较少的原因有以下几点：①回热器的体积和尺寸较大，运行中回热器常需清洗，使维护费用增加；②近二十多年来简单循环燃气轮机发展迅速，机组效率已达到36%～42.9%的高水平；③燃气-蒸汽联合循环和燃气轮机联供系统迅速发展，使能源的利用率达到更高的水平。

二、间冷循环

在压缩过程中，把工质引至冷却器冷却后，再回到压气机中继续压缩以完成压缩过程，此即间冷循环。这种燃气轮机的方案见图3-18，其中的IC是中间冷却器，由于它的应用使

压气机分为低压（LC）和高压（HC）两个部分。在理想的情况下，从间冷器出口的工质温度已冷却到与进入燃气轮机时的 T_1^* 温度相同。理想的间冷循环见图 3-19（a），$T_1^* = T_{11}^*$，无压力损失，图中阴影部分的面积就是采用间冷后增大的比功。这时循环的比功为

$$\begin{aligned} w_t &= w_T - (w_{LC} + w_{HC}) \\ &= c_p(T_3^* - T_4^*) - c_p[(T_{21}^* - T_1^*) + (T_2^* - T_{11}^*)] \end{aligned} \tag{3-25}$$

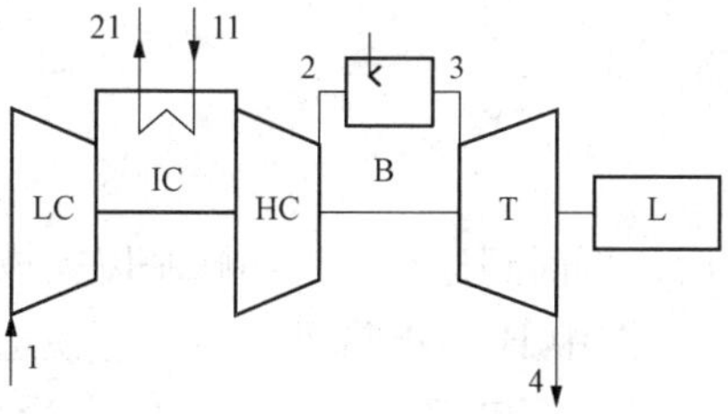

图 3-18　间冷循环燃气轮机

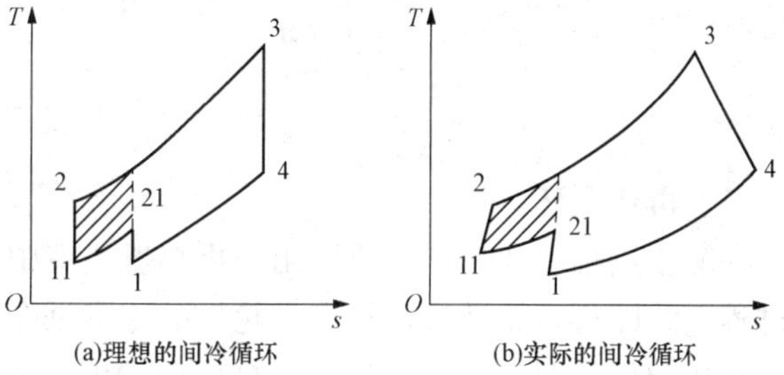

图 3-19　间冷循环

显然，工质被引出冷却时压力高低不同，图中阴影线部分的面积大小也将不同，使比功的增大值不同，这当中必然存在着使比功增加最多的最佳引出压力，此即 LC 与 HC 之间的最佳压比分配，在把式（3-25）演化为 $w_t = f(\pi, \pi_{LC})$ 的关系式后，将 w_t 对 π_{LC} 微分，再令 $dw_t/d\pi_{LC} = 0$ 就得到了

$$\pi_{LC} = \pi_{HC} = \sqrt{\pi} \tag{3-26}$$

式（3-26）为理想间冷循环最佳压比分配，这时循环比功最大。式中的 π 为总压比 $\pi = \pi_{LC} \cdot \pi_{HC}$。

上述过程是把压缩过程分为两段，采用一次间冷时的情况。当把压缩过程分为多段，并采用多次间冷时，可更多地增大比功，这时同样存在着最佳压比分配的问题。可以证明，当采用 n 段压缩，$(n-1)$ 次冷却时每段压缩的压比 $\pi_i = \sqrt[n]{\pi}$ 时，w_e 最大，其中 π 为总压比。

理论上，间冷次数无穷多时，压缩过程就变为等温压缩，压缩耗功降至最低，循环比功增加最多，实际上这是做不到的。

理想间冷循环的加热量和热效率的计算公式与理想简单循环的相同。不同的是由于采用间冷，使 T_2^* 温度降低，燃烧室需加入更多的热量。

实际的间冷循环，由于间冷器中有传热温差，因而一般 $T_{11}^* > T_1^*$。采用水来冷却的间冷器，两者相差 15～20℃。另外工质在间冷器中有压力损失，使得各段中的压比要比理想的高，才能在压缩终了达到所需的压力 p_2^*，导致各段压缩的压比的乘积大于总的压比。对于图 3-18 所示的燃气轮机，即有 $\pi_{LC} \cdot \pi_{HC} > \pi$ $(\pi = p_2^*/p_1^*)$。显然，这两个因素减少了采用间冷后的比功增大量。实际间冷循环见图 3-19（b），其中有阴影线的是比功增大的部分。

实际间冷循环的性能见图 3-20。与简单循环相比较，比功增加较多，且 $\pi_{\eta max}$ 也提高了一些，效率随 π 的变化曲线要比简单循环的平坦，$\pi_{\eta max}$ 提高很多，即在高的压比范围效率高于简单循环的。可见，间冷循环宜选取较高的压比，这样不仅比功可增加较多，又能获得较高的效率。

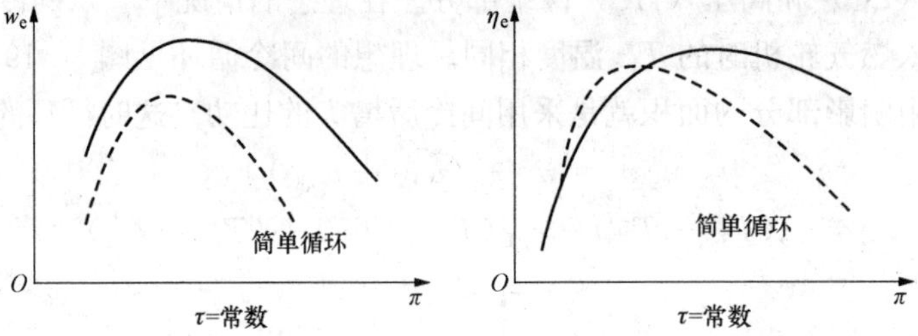

图 3-20 间冷循环性能

三、再热循环

在膨胀过程中间，把工质引出至再热燃烧室中加热后，再回到透平中继续膨胀以完成膨胀过程，此即再热循环。这种燃气轮机的方案见图 3-21。图中 B_2 是再热燃烧室，它使透平分为高压和低压两个部分。为使再热后比功增加得多些，再热后工质的温度 T_5^* 应尽量高，$T_5^*=T_3^*$ 为最好。理想再热循环见图 3-22（a），$T_5^*=T_3^*$，燃料完全燃烧，且无压力损失。图中有阴影线的面积就是采用再热后增大的比功，这时循环的比功为

$$\begin{aligned} w_t &= (w_{HT}+w_{LT})-w_C \\ &= c_p[(T_3^*-T_4^*)+(T_5^*-T_6^*)]-c_p(T_2^*-T_1^*) \end{aligned} \tag{3-27}$$

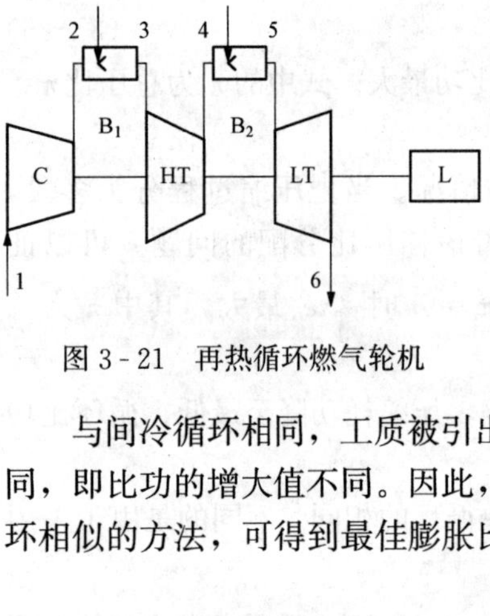

图 3-21 再热循环燃气轮机

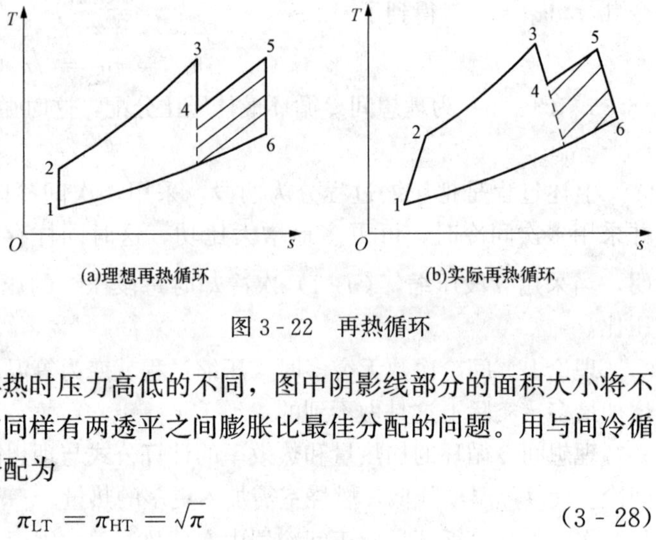

图 3-22 再热循环

与间冷循环相同，工质被引出再热时压力高低的不同，图中阴影线部分的面积大小将不同，即比功的增大值不同。因此，它同样有两透平之间膨胀比最佳分配的问题。用与间冷循环相似的方法，可得到最佳膨胀比分配为

$$\pi_{LT}=\pi_{HT}=\sqrt{\pi} \tag{3-28}$$

式中：π 为总压比即总膨胀比，$\pi=\pi_{LT}\cdot\pi_{HT}$。

与间冷循环相同，也可把膨胀过程分为多段，并采用多次再热，以更多地增大比功。同样可得到最佳膨胀比分配为 $\pi_{i1}=\sqrt[n]{\pi}$，其中 n 为膨胀段数，则再热为（n-1）次。

理论上，再热次数无穷多时，膨胀过程就变为等温膨胀，膨胀功达到最大，循环比功增加最多。当然，与无穷多次间冷一样，无穷多次再热也是做不到的。

再热循环的加热量 q_1，由于有再热燃烧室而使计算公式与简单循环的有所不同。对于理想再热循环为

$$q_1=c_p[(T_3^*-T_2^*)+(T_5^*-T_4^*)] \tag{3-29}$$

该式表明再热后循环的加热量增加了。循环热效率仍可用式（3-3）计算。

实际的再热循环，再热燃烧室中有压力损失并存在不完全燃烧，这影响循环比功的增加和效率的提高。实际再热循环见图 3-22（b），有阴影线的是比功增大的部分。

实际再热循环的性能见图 3-23。循环比功比简单循环大很多，π_{wmax} 也高一些。与图 3-1相比较，再热循环的比功增加得更多些。原因是气体的热力性质——在相同压比下温度高时比焓降大，这使再热循环图（见图 3-22）的阴影线部分的面积比间冷的大，即比功增加更多。而效率，在高的压比范围内效率高于简单循环，$\pi_{\eta max}$ 也高很多。因此，再热循环宜选取较高的压比，使比功增加更多且效率较高。

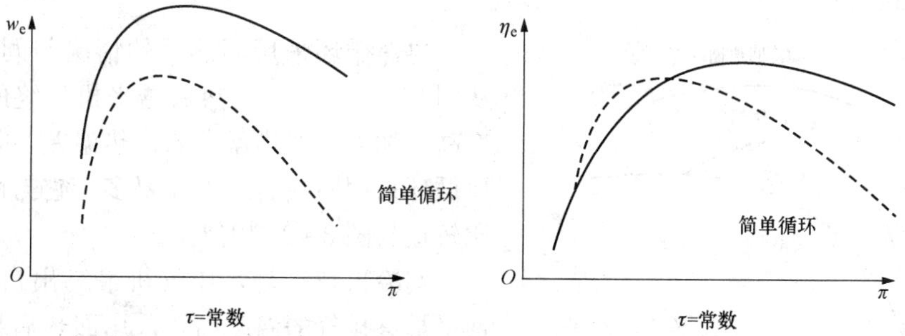

图 3-23　再热循环性能（τ=常数）

实用的再热循环燃气轮机只用一次再热。再热后工质的温度 T_5^*，一般取 $T_5^*=T_3^*$。但在 T_3^* 很高时，为了减少再热燃烧室冷却结构设计的困难（因其进口工质的温度已很高），可取 $T_5^*<T_3^*$。例如一台试验性的大功率燃气轮机，采用再热 $T_3^*=1300$℃，$T_5^*=1124$℃。

四、间冷再热循环

间冷再热循环见图 3-24，其图形面积比上面两种循环进一步增大，即比功增加更多。与简单循环相比较，性能变化趋势仍与图 3-20 和图 3-23 相同，比功不仅增加更多，π_{wmax} 提高也多些，在高压比范围内效率提高得也要多些，而 $\pi_{\eta max}$ 提高得更多。

实用的间冷再热燃气轮机都不是单轴的，而是双轴甚至是三轴的。如图 3-25 所示是曾经应用较多的一种双轴燃气轮机，它由低压轴输出功率带动发电机用于电站。这种燃气轮机在循环计算时，先确定两个串联压气机的压比 π_{LC} 与 π_{HC}，一般取 $\pi_{LC}\leqslant\pi_{HC}$，在选定 T_3^* 和 T_5^* 后就能从高压轴的功率平衡得到高压透平的膨胀比 π_{HT}，接着就可算出 π_{LT}。

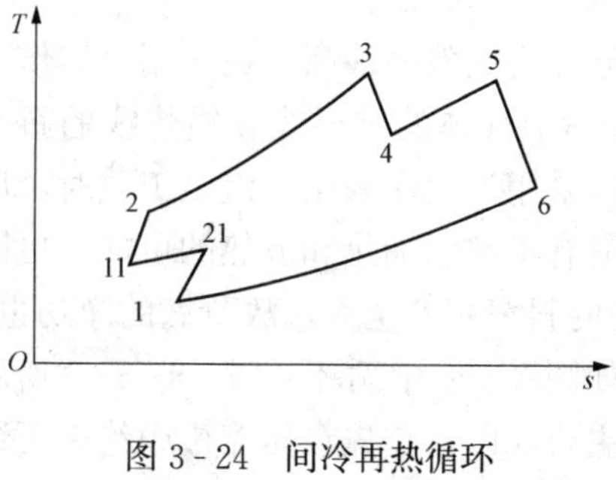

图 3-24　间冷再热循环

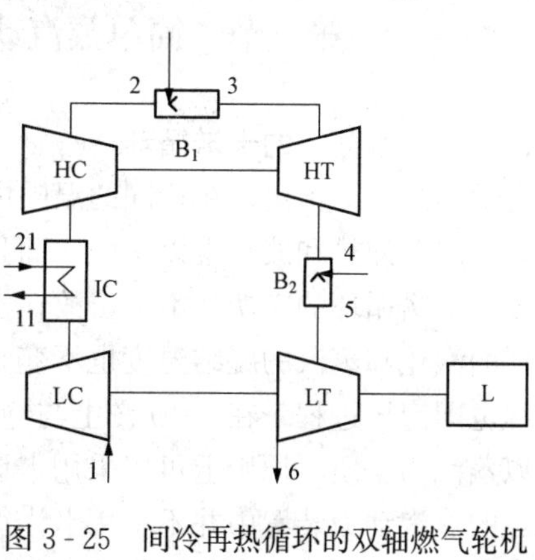

图 3-25　间冷再热循环的双轴燃气轮机

五、带回热的复杂循环

回热能提高简单循环的效率，对于复杂循环，回热同样能提高效率，而且效果更显著。先讨论间冷循环采用回热时的情况。从图 3-19 可看出，间冷后 T_2^* 降低，采用回热时回热器中的传热温差（$T_4^* - T_2^*$）将比简单循环的大。若回热度相同，传热温差大的回收热量多，因而效率将比简单循环采用回热后的提高要多，见图 3-26。从该图看出，间冷回热循环的 $\pi_{\eta\max}$ 虽然比只有回热的高，但仍比简单循环的低不少，这是人们所希望的。20 世纪 50 年代，人们就开始发展舰用间冷回热循环燃气轮机。WR-21 舰用燃气轮机即采用间冷回热循环，$\eta_e = 43\%$。

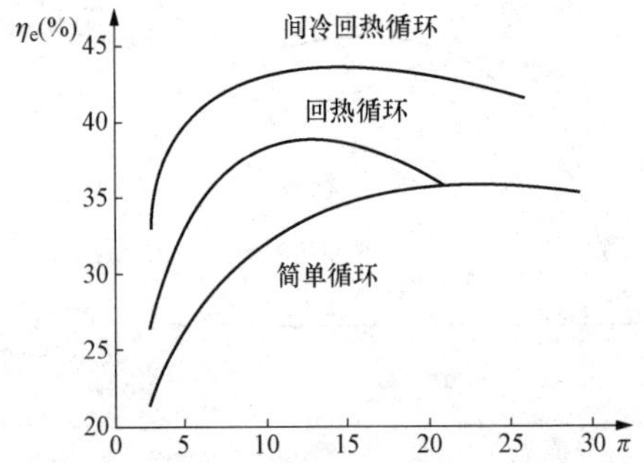

图 3-26 几种循环的效率比较

再热循环采用回热后的情况与间冷的类似。从图 3-24 看出，再热后透平机最终的排气温度变高，加大了回热器中的传热温差，效率也比简单循环采用回热后的提高要多。它与简单循环的比较也与图 3-26 相似。

间冷再热循环，压气机最终出口的温度低，透平最终排气的温度高，采用回热后显然能更多地提高效率。在相同的 π 和 τ 下，其效率将高于采用间冷回热循环和再热回热循环的效率。因此，间冷再热回热循环不仅比功大，且效率高。

在理想情况下，压缩和膨胀的段数很多时这种循环趋于等温压缩和等温膨胀，见图 3-27。若这时回热度为 1.0，则循环效率为 $(1-1/\tau)$，此即卡诺循环的效率，当然这是做不到的。

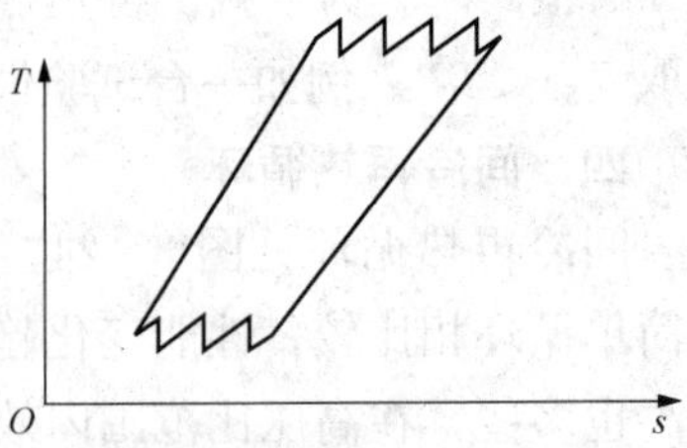

图 3-27 多次间冷再热循环

由于间冷再热回热循环能达到较高的比功和较高的效率，在 20 世纪 40 年代人们就着手发展这种循环的燃气轮机。20 世纪 40 年代后期，两台采用这种复杂循环的燃气轮机在瑞士制成并投入运行，功率分别为 13MW 和 27MW，效率都达到 30%以上，在当时非常引人注目。但由于系统复杂，运行中回热出现过重大故障，故未有继续发展。

第三节 简单蒸汽动力装置循环——朗肯循环

一、工质为水蒸气的卡诺循环

热力学第二定律指出，在相同的温限内，卡诺循环的热效率最高。在采用气体作工质的循环中，因定温加热和放热难以实施，而且在 p-v 图上气体的定温线和绝热线的斜率相差不多，以至卡诺循环的净功并不大，故在实际上难以采用。但在采用蒸汽做工质时，压力不变时液体的汽化和蒸汽的凝结温度也不变，因而也就有了定温加热和放热的可能。更因这时定温过程也即定压过程，在 p-v 图上与绝热线之间的斜率相差也大，故所做的净功也较大。所以，以蒸汽为工质时原则上可以采用卡诺循环，如图 3-28 中循环 6-7-8-5-6 所示。然而在实际的蒸汽动力装置中并不采用卡诺循环，其主要原因：首先在压缩机中绝热压缩过程 8-5 难以实现，因状态 8 是水和蒸汽的混合物，压缩过程中压缩机工作不稳定；同时状态 8

的比体积比水的比体积大，需用比水泵大的压缩机。其次，循环局限于饱和区，上限温度受制于临界温度，故即使实现卡诺循环，其热效率也不高。再次，膨胀末期，湿蒸汽干度过小，即含水分很多，不利于动力机安全。实际蒸汽动力循环均以朗肯循环为基础。

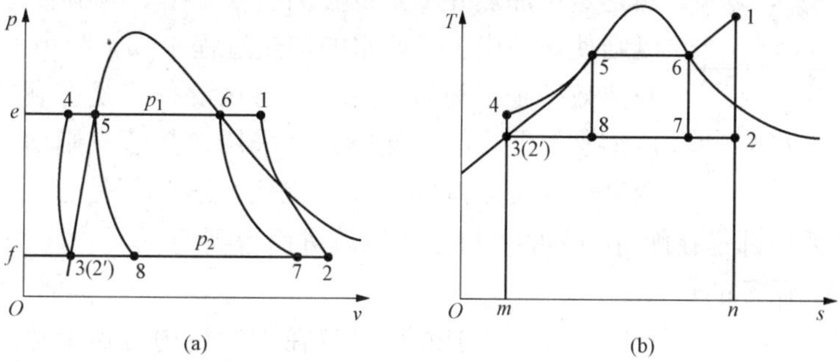

图 3-28　水蒸气的朗肯循环

二、朗肯循环及其热效率

简单蒸汽动力装置流程示意如图 3-29 所示，其可逆的理想循环——朗肯循环的 p-v 图和 T-s 图如图 3-28 所示。图 3-29 中 B 为锅炉，燃料在锅炉中燃烧，放出热量，水在锅炉中定压吸热，汽化成饱和蒸汽，饱和蒸汽在蒸汽过热器 S 中定压吸热成过热蒸汽，如过程 4-5-6-1。高温高压的新蒸汽（状态 1）在汽轮机 T 内绝热膨胀做功，如过程 1-2。从汽轮机排出的做过功的乏汽（状态 2）在凝汽器 C 内等压向冷却水放热，冷凝为饱和水（状态 3），相应于过程 2-3，这是定压过程，同时也是定温过程。凝汽器内的压力（通常即汽轮机排出乏汽的压力，称为背压）很低，现代蒸汽电厂凝汽器内压力可低至 4～5kPa，其相应的饱和温度为 28.95～32.88℃，仅稍高于环境温度。3-4 为凝汽水在给水泵 P 内的绝热压缩过程，压力升高后的未饱和水（状态 4）再次进入锅炉 B 完成循环。在利用原子能、太阳能等作为热源的蒸汽动力装置循环中，蒸汽发生器取代锅炉，产生的新蒸汽通常是饱和蒸汽或稍稍过热的蒸汽。目前我国已建或在建及规划中的核电站以压水堆型为主，压水堆核电厂二回路的系统简图如图 3-30 所示。水在蒸汽发生器中预热、汽化生成饱和蒸汽，过程中压力近似为定值。蒸汽发生器由经过堆芯的一回路冷却剂提供热量。典型的压水堆核电厂二回路蒸汽循环的 T-s 图如图 3-31 所示，除新蒸汽参数外，与图 3-28 所示循环没有实质差异。

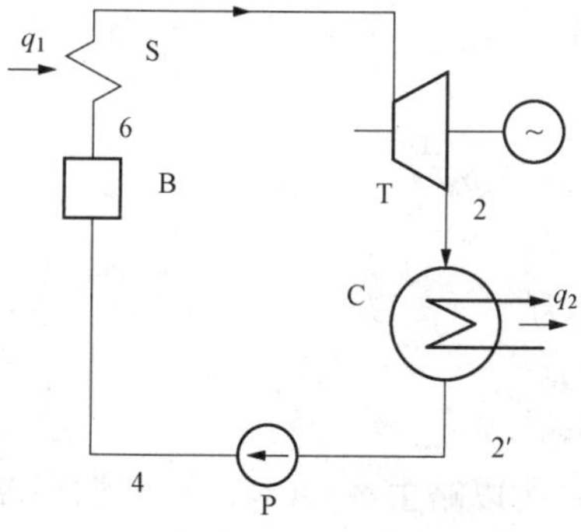

图 3-29　简单蒸汽动力装置流程

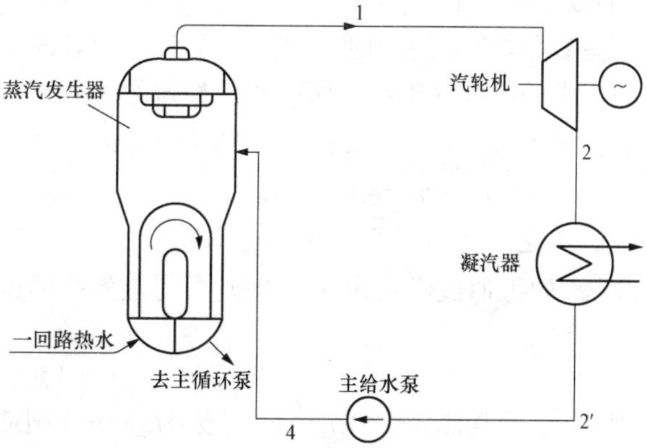

图 3-30　核电厂朗肯循环流程示意

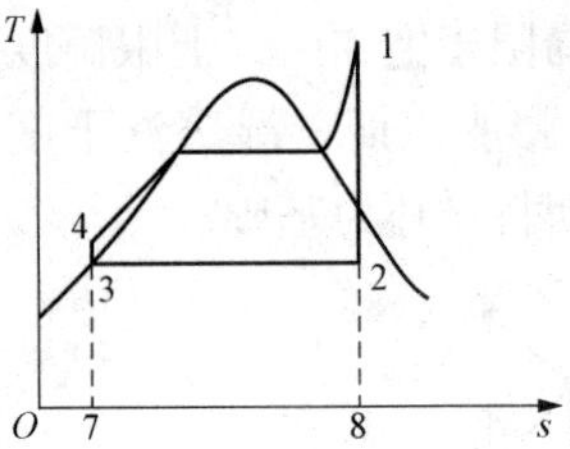

图 3-31 二回路蒸汽循环的 T-s 图

朗肯循环 1-2-3-4-5-6-1（见图 3-28）与水蒸气的卡诺循环主要不同之处在于乏汽的凝结是完全的，即乏汽完全液化，而不是止于点 8。此外，采用了过热蒸汽，蒸汽在过热区的加热是定压加热并不是定温加热（见图 3-28 中过程 6-1）。完全凝结使循环中多一段水的加热过程 4-5，减小了循环平均温度，对热效率是不利的。但是对简化设备却是有利的，因压缩水比压缩水汽混合物方便得多。采用过热蒸汽则增大了循环的平均温度，并使乏汽的干度也提高，这些都是有利的。现今各种较复杂的蒸汽动力循环都是在朗肯循环的基础上予以改进而得到的。

下面分析朗肯循环的热效率。

参见朗肯循环的 p-v 图和 T-s 图，1kg 新蒸汽在汽轮机内可逆绝热膨胀做出的技术功为

$$w_t = h_1 - h_2 = A_{e12fe}$$

乏汽在冷凝器中向冷却水放出的热量为

$$q_2 = h_2 - h_3 = A_{m32nm}$$

凝结水流经水泵，水泵消耗的功为

$$w_p = h_4 - h_3 = A_{e43fe}$$

新蒸汽从热源吸热量为

$$q_1 = h_1 - h_4 = A_{m4561nm}$$

循环净功为

$$w_{net} = w_t - w_p = (h_1 - h_2) - (h_4 - h_3) = A_{1234561} \quad (p\text{-}v \text{ 图})$$

循环净热量为

$$\begin{aligned} q_{net} &= q_1 - q_2 = (h_1 - h_4) - (h_2 - h_3) \\ &= (h_1 - h_2) - (h_4 - h_3) = A_{1234561} \end{aligned} \quad (T\text{-}s \text{ 图})$$

所以循环热效率为

$$\eta_t = \frac{w_{net}}{q_{net}} = \frac{q_1 - q_2}{q_1} = \frac{w_t - w_p}{q_1} = \frac{(h_1 - h_2) - (h_4 - h_3)}{h_1 - h_4} \tag{3-30}$$

式中：h_1 为新蒸汽的焓；h_2 为乏汽的焓；$h_3(=h_{2'})$ 和 h_4 分别为压力为 p_2 的凝结水和压力为 p_1 的过冷水的焓。

这些参数可利用水和水蒸气的热力性质图表或计算程序确定。

由于水的压缩性很小，所以水流经水泵消耗的压缩功 $w \approx 0$，又因可认为绝热，即 $q = 0$，因此 $\Delta u = u_4 - u_3 \approx 0$。这样，水泵功 w_p 的近似值为

$$w_p = h_4 - h_3 = (u_4 + p_4 v_4) - (u_3 + p_3 v_3) \approx (p_4 - p_3) v_3 = (p_1 - p_2) v_2$$

式中：v_2 为乏汽压力下饱和水的比体积。

将 w_p 的近似值代入式（3-30）可得热效率的近似式为

$$\eta_t = \frac{h_1 - h_2 - (p_1 - p_2) v_{2'}}{h_1 - h_3 - (p_1 - p_2) v_{2'}} \tag{3-31}$$

因为 w_p 通常比式中（$h_1 - h_2$）或（$h_1 - h_3$）小得多，所以略去 w_p（与此对应循环 T-s 图上状态 3 与 4 重合）对计算准确度的影响很小，而对分析计算循环热效率变化的大致趋势

大为方便。这样，式（3-31）可进一步简化为

$$\eta_t = \frac{h_1 - h_2}{h_1 - h_3} \tag{3-32}$$

当循环的初压力 p_1 很高时，水泵功 w_p 约占汽轮机做功的 2%。在较粗略的计算中，仍可将水泵功忽略不计，但在较精确的计算时，即使初压力不高，也不应忽略水泵功。

蒸汽动力装置中各设备的尺寸与装置蒸汽的消耗量密切相关，所以在蒸汽循环设计计算时，需要计算装置每输出单位功量所消耗的蒸汽量，即汽耗率。通常汽耗率用 d 表示，理想可逆条件下的汽耗率——理想汽耗率 d_0（单位为 kg/J）为

$$d_0 = \frac{D/3600}{P_0} = \frac{1}{h_1 - h_2} \tag{3-33}$$

式中：D 为蒸汽消耗量，kg/h；$P_0 = D(h_1 - h_2)/3600$ 为动力装置输出的功率，W。

三、有摩阻的实际循环

以上讨论的是理想的可逆循环。实际上蒸汽在动力装置中的全部过程都是不可逆过程，尤其是蒸汽经过汽轮机的绝热膨胀与理想可逆过程的差别较为显著。以下讨论仅考虑到汽轮机中有摩阻损耗的实际循环。

如果考虑到汽轮机中的不可逆损失，则理想循环中的可逆绝热过程 1-2 将代之以不可逆绝热过程 1-2_{act}。这样在循环中 q_1 不变，而 q_2 增大，故循环热效率必下降。

由于摩擦，蒸汽经过汽轮机时实际所做的技术功为

$$w_{t,act} = h_1 - h_{2,act} = (h_1 - h_2) - (h_{2,act} - h_2)$$

与可逆膨胀相比，所少做的功等于在凝汽器中多排出的热量（$h_{2,act} - h_2$）。值得指出的是，由于 2_{act} 与 2 状态不同，故少做的功并不就是不可逆膨胀过程的做功能力损失。做功能力损失仍应由 $T_0 s_g$ 计算。

与燃气轮机相仿，汽轮机内蒸汽实际做功 $w_{T,act}$ 与理论功 w_T 的比值称为汽轮机的相对内效率，简称汽轮机效率，以 η_{ri} 表示，则

$$\eta_{ri} = \frac{w_{t,act}}{W_T} = \frac{h_1 - h_{2,act}}{h_1 - h_2} \tag{3-34}$$

因而有

$$h_{2,act} = h_2 + (1 - \eta_{ri})(h_1 - h_2) = h_2 + (1 - \eta_{ri})\Delta h_0 \tag{3-35}$$

式中：$\Delta h_0 = h_1 - h_2$ 称为理想绝热焓降。

汽轮机相对内效率由生产厂据大量试验结果提供，近代大功率汽轮机相对内效率为 0.85～0.92。

1kg 蒸汽在实际工作循环中做出的循环净功称为实际循环内部功，用 $w_{net,act}$ 表示，$w_{net,act} = w_{t,act} - w_{p,act}$。如忽略水泵功，表示为

$$w_{net,act} \approx w_{t,act} = h_1 - h_{2,act}$$

则循环内部热效率（汽轮机绝对内效率）η_i——蒸汽在实际循环中所做的循环净功与循环中热源所供给的热量的比值，为

$$\eta_i = \frac{w_{net,act}}{q_1} = \frac{h_1 - h_{2,act}}{h_1 - h_3} = \frac{h_1 - h_{2,act}}{h_1 - h_2}\,\frac{h_1 - h_2}{h_1 - h_3} = \eta_{ri}\eta_t \tag{3-36}$$

若进一步考虑轴承等处的机械损失，则汽轮机输出的有效功，即轴功为

$$w_s = \eta_m w_{t,act}$$

其中，η_m 为机械效率。将式（3-34）代入，得

$$w_s = \eta_m \eta_{ri} w_t \tag{3-37}$$

或用轴功率表示为

$$p_s = \eta_m \eta_{ri} p_0 = \eta_m \eta_t \frac{D(h_1 - h_2)}{3600} \tag{3-38}$$

上式是忽略水泵功时循环输出净功率表达式。

式中：$P_0 = D(h_1 - h_2)/3600$ 是汽轮机理想输出功率，W；D 为蒸汽消耗量，kg/h。

以实际内部功率 P_i 为基准时的耗汽率，称内部功耗汽率，用 d_i 表示为

$$d_i = \frac{D}{P_i} = \frac{1}{h_1 - h_{2,act}} = \frac{1}{\eta_{ri}(h_1 - h_2)} = \frac{d_0}{\eta_{ri}} \tag{3-39}$$

若考虑有效功，则有效功耗汽率为

$$d_e = \frac{D}{P_s} = \frac{1}{P_0 \eta_{ri} \eta_m} = \frac{d_0}{\eta_{ri} \eta_m} \tag{3-40}$$

第四节 汽轮机的中间再热循环

上节分析指出，朗肯循环中提高新蒸汽压力 p_1 可以提高循环热效率 η_t，但如不相应提高温度 t_1，将引起乏汽干度 x_2 增加，产生不利后果。为此将朗肯循环作适当改进，新蒸汽膨胀到某一中间压力后被抽出汽轮机，导入锅炉再热器 R 中，使之再加热，然后再导入汽轮机继续膨胀到背压 p_2。这样的循环称为再热循环，其设备简图如图 3-32 所示，图 3-33 所示为再热循环的 T-s 图。

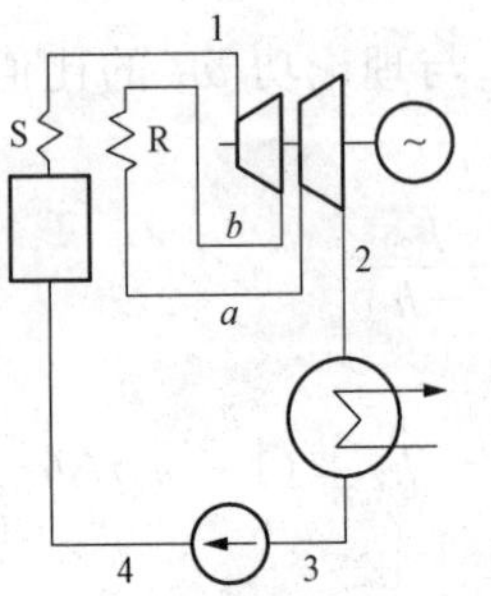

图 3-32 再热循环设备简图

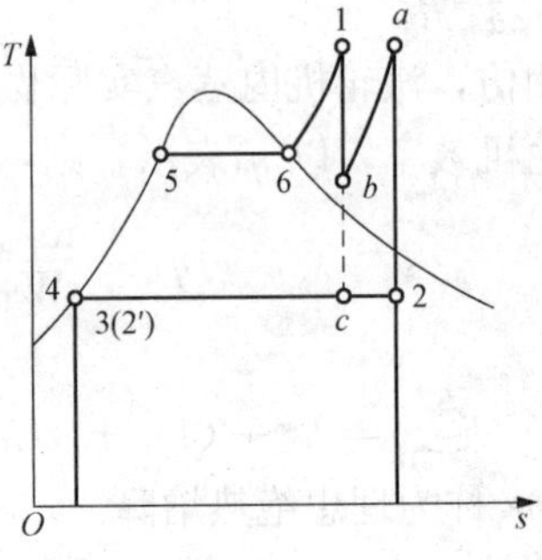

图 3-33 再热循环的 T-s 图

从图 3-33 可以看出，如不进行再热，蒸汽膨胀到背压 p_2 时的状态为 c；而再热后膨胀到相同的背压时的状态却为点 2，湿度降低，这样可避免由于提高 p_1 而带来的不利影响。这对于太阳能热力发电、地热能发电、压水堆发电等利用饱和蒸汽或微过热蒸汽的装置尤为重要。

下面讨论再热对循环热效率的影响。

循环所做的功（忽略水泵功）为

$$w_{net} = (h_1 - h_b) + (h_a - h_2)$$

加入的热量为

$$q_1 = (h_1 - h_2) + (h_a - h_b)$$

热效率为

$$\eta_t = \frac{w_{net}}{q_1} = \frac{(h_1 - h_b) + (h_a - h_2)}{(h_1 - h_2) + (h_a - h_b)} \tag{3-41}$$

由式（3-41）不能直接判断再热循环的热效率较基本循环效率提高还是降低，但由 T-s图（见图3-33）可以看到，当再热的中间压力较高时，因循环放热温度不变，但增加了高温加热段，使循环平均加热温度提高，而使 η_t 提高；若中间压力过低，有可能使循环平均加热温度降低，而使 η_t 降低。但中间压力取的高对 x_2 的改善较少，根据已有的经验，中间压力在（20%～30%）p_1 范围内对 η_t 提高的作用最大。选取中间压力时必须注意使乏汽湿度在允许的范围内，此为再热的根本目的，切不能只考虑提高 η_t 而忘其根本目的。

在采用再热循环后，因为每千克蒸汽所做的功增加，故耗汽率可降低，使通过设备的水和蒸汽的质量减少，从而减轻水泵和凝汽器的负荷。另外，因管道、阀门及换热面增多，增加了投资费用，且使管理运行复杂化。

第五节　汽轮机的给水回热循环

朗肯循环热效率不高的主要原因是水的加热及水蒸气的过热过程不是定温的，尤其是经水泵加压后进入锅炉的水是未饱和的，温度较低，传热不可逆损失极大，加热过程的平均温度不高，致使热效率低下。回热循环是利用蒸汽回热对水进行加热，消除朗肯循环中水在较低温度下吸热的不利影响，以提高热效率。

从概括性卡诺循环及定压加热燃气轮机装置循环可以知道，回热就是把本来要放给冷源的热量用来加热工质，以减少工质从热源的吸热量。但是在朗肯循环中乏汽温度理论上等于进入锅炉的未饱和水的温度，因此不可能利用乏汽在凝汽器中传给冷却水的那部分热量来加热锅炉给水。目前工程上采用的回热方式是从汽轮机的适当部位抽出尚未完全膨胀的，压力、温度相对较高的少量蒸汽，去加热低温凝结水。这部分抽汽并未经过冷凝器，没有向冷源放热，而是加热了冷凝水，达到了回热的目的。这种循环称为抽汽回热循环。现代大中型蒸汽动力装置毫无例外均采用回热循环，抽汽的级数由2～3级到7～8级，参数越高、容量越大的机组，回热级数就越多。

为了分析方便，以一级抽汽回热循环为例进行讨论。其计算原则同样适用于多级回热循环。

混合式一级抽汽回热循环装置示意如图3-34所示，循环的 T-s 图如图3-35所示。每千克状态为1的新蒸汽进入汽轮机，绝热膨胀到状态 0_1（p_{0_1}，t_{0_1}）后，从汽轮机中抽出 αkg，将其引入回热器。剩下的（$1-\alpha$）kg蒸汽在汽轮机内继续膨胀到状态2，然后进入凝汽器，被冷却为凝结水（$2'$），再经给水泵加压到 p_{0_1}，进入回热器。在其中被从汽轮机抽出的蒸汽加热成压力为 p_{0_1} 的饱和水，并与 αkg抽汽凝结的水汇成1kg压力为抽汽压力的饱和水（状态 $0_1'$）。然后被水泵加压进入锅炉，加热、汽化、过热成新蒸汽，完成循环。

注意到工质经历不同过程时有质量的变化，因此，T-s 图上的面积不能直接代表热量。尽管如此，T-s 图对分析回热循环仍是十分有用的工具。

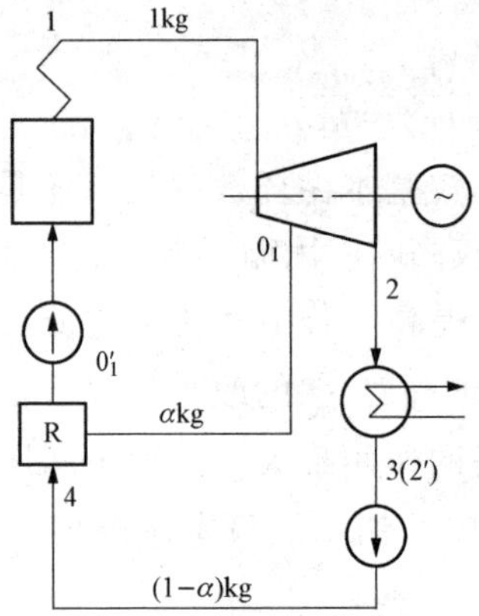

图 3-34　一级抽汽回热循环流程

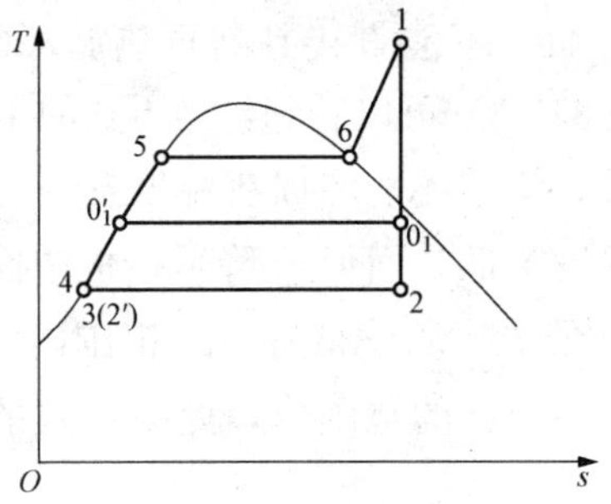

图 3-35　一级抽汽回热循环 T-s 图

思考题

3-1　试绘出理想燃气轮机循环的 T-s 图，并说明图上的哪些面积表示单位质量工质从高温热源吸收的热量、对外所做的功以及向低温热源放出的热量。

3-2　什么是燃气轮机的简单循环？它由哪几个基本过程组成？

3-3　理想的简单循环和实际的简单循环有什么差别？

3-4　燃气轮机有哪些主要的热力参数和性能指标？

3-5　简单循环燃气轮机的效率 η 与压比 π 和温比 τ 之间有什么样的关系？

3-6　何谓燃气轮机的比功、热效率和有用功系数？它们各有什么作用？

3-7　什么是最佳压比？简单循环和实际循环的最佳压比有何差别？

3-8　试说明燃气轮机存在哪两个最佳压比，为什么会存在这些最佳压比，它们的相对大小如何？

3-9　试分析透平叶片冷却对 η_e 的影响情况。

3-10　在燃气轮机循环的过程中，为什么要采用间冷和再热的措施？它对燃气轮机的效率有何影响？

3-11　再热循环燃气轮机的最佳压比与同一温比下的简单循环燃气轮机的最佳压比是否相等？若不相等，它们的相对大小如何？

3-12　什么是内部功汽耗率？

3-13　汽轮机的中间再热循环和给水回热循环会提高汽轮机的哪些性能指标？

第四章 压 气 机

第一节 压气机级的工作原理

一、动力式压气机的形式及燃气轮机对压气机的要求

压气机是从周围大气吸入空气并将其压缩升压的设备，是燃气轮机的重要组成部分。在燃气轮机中，压气机负责连续不断地向燃烧室提供高压空气。根据气体分子运动学说得知，作用在一个容器壁面上的气体压力（压强）的大小与单位时间内撞击在容器壁面单位面积上的气体分子的次数和动量有关。因而，压气机的原理是使单位容积内气体的分子数目增加，或者使气体的分子彼此靠近。

使气体分子彼此靠近而增压的方法，常见的有两种。

第一种方法是在活塞式压气机中实现的。通过活塞的运动，使封闭在气缸中的空气容积减少，气体分子彼此靠近，以此达到压缩增压的目的。这种利用气体容积的减少来达到增压目的的压气机，通常又称为容积式压气机。其特点是供气压力可以提得较高，但是供气量却较小，且是周期性的断续供气，还伴随着往复运动的振动。

第二种方法是用动力式压气机，靠高速旋转的叶片对气体做功来实现压缩增压的，故又称为动力式压气机。

1. 动力式压气机的形式

燃气轮机常用的压气机为动力式压气机，常用的形式有以下三种：

（1）轴流式压气机。轴流式压气机是指气体在压气机内的流动方向大致平行于压气机旋转轴的压气机。它是本章讨论的重点。

（2）离心式压气机。离心式压气机也称为径流式压气机，是指气体在压气机内的流动方向大致与旋转轴相垂直的压气机。

（3）混合式压气机。混合式压气机是指同一台压气机内，同时具有轴流式与离心式工作轮叶片。一般轴流级在前，离心级在后。

轴流式压气机的空气流量可以很大，而且多级轴流式压气机的效率又比较高，一般为84%～89%。因此在近代大功率燃气轮机中，都毫无例外地采用多级轴流式压气机来压缩气体。通常在第一级动叶前还有一列静止固定的叶片，称为进口导流叶片（进口导叶），它用来控制进入第一级动叶前的气流方向。如果不用进口导叶，那么气体一般以轴向进入第一级动叶流道，这种情况称为轴向进气。在压气机末级静叶之后，一般还有1列或2列静止叶片，称为整流叶片（出口导叶）。其作用是使最末级静叶出来的气流完全转为轴向，然后送入环形扩压器（出口扩压器），在出口扩压器中，气流将继续减速，使气流的压力进一步得到提高。当气流离开出口扩压器后（或者再经过一个排气管），就可以送往燃烧室，与燃料混合，参与燃烧过程。

2. 燃气轮机对压气机的要求

（1）效率高。压气机效率的高低直接影响燃气轮机的效率。在相同的压比下，提高压气

机效率可增加燃气轮机的出力。

(2) 单级压比高。提高单级压比可减少压气机的级数、质量、加工量和金属消耗量。应注意在提高级压比时，可能由于叶栅负荷加大，在非设计工况中容易发生叶片脱流现象。

(3) 单位面积流通能力大。加大此流量可以缩短压气机进口叶片的高度并降低燃气轮机的质量，有利于解决大功率燃气轮机中压气机设计和制造的困难。

(4) 压气机特性与涡轮机特性相匹配。压气机的流量、功率、压比和转速在燃气轮机各工况下都能与涡轮机的特性相适应。

(5) 稳定工况区宽。对变转速的燃气轮机尤为重要。燃气轮机各种运行工况应有一定的喘振裕度，通常额定工况的喘振裕度大于10%。

(6) 具有良好的防喘振措施。燃气轮机在启停过程和低转速运行时，如不采取措施，压气机可能会在不稳定工况区内工作。常采取的措施是压气机级间放气、安装可调导(静)叶。

本章重点围绕轴流式压气机的增压原理、如何提高压气机的工作效率、压气机的特性曲线、防喘振措施以及离心式压气机的增压原理等进行讨论。

二、压气机的级及速度三角形

压气机的“级”是压气机中能量交换的基本单元，一个工作叶轮加一组位于其后的静叶，就组成轴流式压气机的一个级。在多级轴流式压气机中，由一级一级地串联在一起组成的流道，通常称为压气机的“通流部分”，它是轴流式压气机的核心。

为了使讨论的问题简化，首先来分析一种简单的流动情况，即认为气流是沿着圆柱面流动的。用两个相邻近的圆柱面（相距 dr）切出一薄层气流的叶片（见图 4-1），这段叶片常称为基元叶片。dr 这段动叶栅和静叶栅的总和称为“基元叶栅”。因 dr 很小，故可略去沿叶片高度气流参数和速度的变化，因而在基元叶栅中的流动和在平面叶栅中的流动是相同的。因此，就可进一步把基元叶栅展平，得到“基元级”。从基元级着手来研究压气机中的流动与工作原理可带来很大的方便。引入基元级的概念后，就可利用研究平面叶栅中气流流动的方法来研究压气机基元级的工作原理。

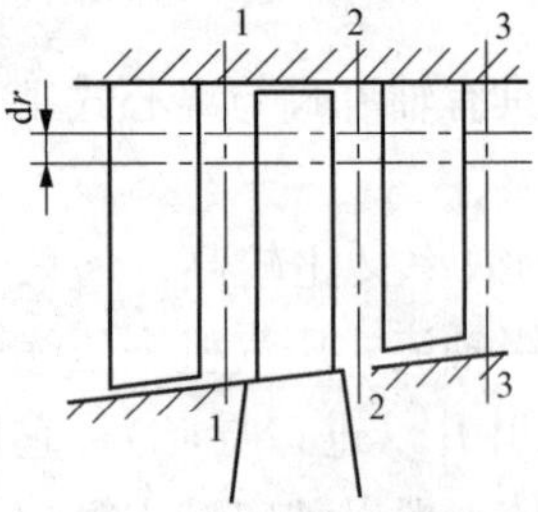

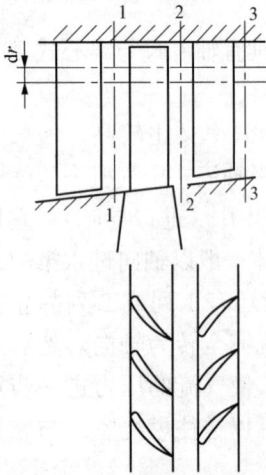

图 4-1 轴流式压气机的基元级

在压气机的方案设计中，常常以平均半径处的基元级参数计算代替整个级的计算。

此外，在分析基元级的流动时，我们还略去气流参数沿周向的不均匀性，认为在动叶和静叶的轴向间隙的气流具有轴对称性。

在压气机级中，通常把动叶前、后和静叶后的截面分别定为1—1、2—2 和 3—3 截面（见图 4-1）。截面的状态参数以相应的下标表示，如 c_1、c_2、c_3 表示 1—1、2—2、3—3 截面气流的绝对速度。

从能量守恒和转化的观点来看，动能与压力之间是可以相互转化的。例如在 2—2 截面上具有一定压力 p_2 的气流，以很高的速度 c_2 流过一个通道截面积不断增大的扩压流道时，假如这时与外界没有热能和功量的交换，在亚声速流动情况下，随着气流速度的不断降低，气体的压力会逐渐增高。根据稳定流动能量方程

可以得到它们之间的转化关系，即

$$\frac{p_2}{\rho_2}+\frac{c_2^2}{2}=\frac{p_3}{\rho_3}+\frac{c_3^2}{2} \tag{4-1}$$

$$\frac{p_2}{\rho_2}+\frac{c_2^2}{2}=\frac{p_3}{\rho_3}+\frac{c_3^2}{2}+\Delta h_r \tag{4-2}$$

式（4-1）适用于可逆的理想流动过程，式（4-2）则适用于有不可逆的能量损失 Δh_r 的实际流动情况。在上述的两种流动过程中，假如气流流动的起始条件一样，而且最后都减速到同一流速 c_3，显然在实际流动过程中所能达到的压力 p_3 就要比理想的流动过程低一些。

基元级静叶栅通流截面就是设计成截面积不断增大的扩压通道。因此，假如能向压气机的基元级的静叶栅连续不断地提供高速流动的气流，就可以使气体达到增压的目的。而这个任务就是由装在静叶栅前做高速旋转的动叶栅来完成的。

下面就从气流流过基元级动叶栅时气流流速的变化关系出发，来讨论这个问题。

图 4-2 表示轴流式压气机的动、静叶栅及气流流过叶栅时的速度三角形。速度三角形是根据相对速度 w、绝对速度 c 和圆周速度 u 合成的关系画出来的。在压气机的级内，气流以绝对速度 c_1 流入动叶栅，c_1 与叶轮旋转平面的夹角用 α_1 表示。当气流进入动叶栅时，由于转子的转动，必须考虑相对于旋转叶片的速度，即相对速度 w。在平均直径处，动叶栅以圆周速度 $u=\pi d_m n/60$ 在转动（式中 d_m 为动叶平均高度处的直径，称为级的平均直径；n 为压气机的转速），当以旋转叶轮为参照物时，进入叶栅的气流速度就不是 c_1，而是气流与动叶栅的相对速度 w_1，其与叶轮旋转平面的夹角用 β_1 表示，即动叶进口气流方向角。气流在动叶通道内改变方向后，在离开动叶时，其相对速度用 w_2 来表示，它与叶轮旋转平面的夹角用 β_2 表示，即动叶出口气流方向角。气流在动叶内加速后，以绝对速度 c_2 离开动叶栅流入静叶栅，c_2 与叶轮旋转平面的夹角用 α_2 表示，即动叶栅出口气流方向角。气流在静叶栅内降速增压后以绝对速度 c_3 离开静叶栅。

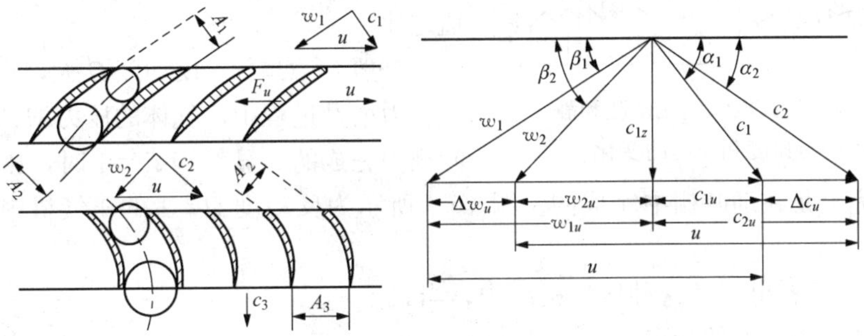

图 4-2　轴流式压气机动、静叶栅及速度三角形

从速度三角形的图中可以看出：当气流流过动叶栅后，气流的绝对速度是增大的，在流过静叶栅后，气流的绝对速度就减小了，即

$$c_2>c_1 \text{ 和 } c_3<c_2$$

这是因为在压气机中，动叶栅是有意识地设计成为由叶片的内弧表面朝着叶片的运动方向的，当气流流过动叶栅时，气流作用在动叶栅上的气动力切向分量 F_u 是与动叶的运动方向相反的，而动叶栅对气流的作用力的切向分量就与动叶的运动方向 u 正好一致，这时的轴功就通过叶轮上的动叶传递给气流，转化成气流的动能，促使气流的绝对速度 c_2 增高。由

此可见，在压气机中，是从外界通过叶轮上的动叶对气体连续不断地做功，才能使气流的绝对速度 c_2 增高，这也就实现了向压气机的静叶连续不断地提供高速气流，同时也就为在静叶中进行降速增压创造了条件。

在研究轴流式压气机中究竟如何去提高工质压力问题时，还发现：只要合理设计动、静叶栅的几何形状，不仅可以使气流在静叶栅中获得增压效果，而且还能使气流在流经动叶栅时提高气流的绝对速度，为下一步在静叶栅中的增压准备条件，同时还可以让气流的相对速度有所下降，借以使气体的压力在流经动叶栅时就能提高一部分。显然在这样的压气机级的动叶栅中，由转轴通过叶轮上的动叶栅传送给气流的功中，将有一部分用来使气流的绝对速度动能增高，而另一部分则是直接用来提高气流的压力势能。

图 4-2 中所示的压气机级就具有这种特性。从它的速度三角形上可以看出，当流过动叶栅前、后的轴向分速相等时，即 $c_{1z}=c_{2z}$，这种级的特点是

$$w_1>w_2, c_1<c_2, c_2>c_3, \beta_1<\beta_2, \alpha_1>\alpha_2$$

从叶栅的通流截面来看，这种级的特点是无论在动叶栅还是静叶栅中，叶栅的通流截面都是沿着气流的流动方向在逐渐扩大的，即

$$A_2>A_1 \text{ 和 } A_3>A_2'$$

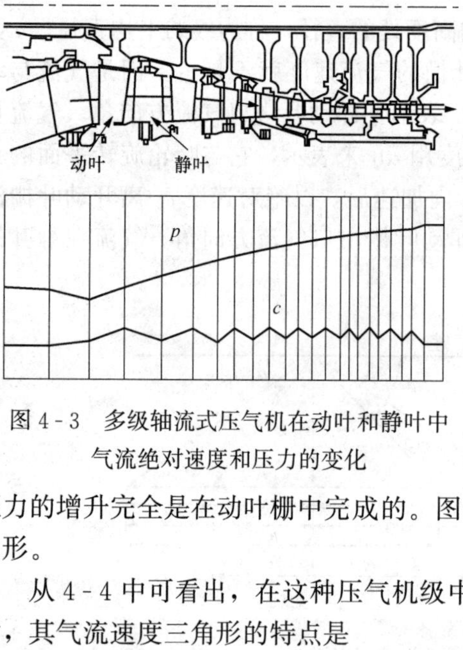

图 4-3　多级轴流式压气机在动叶和静叶中气流绝对速度和压力的变化

图 4-3 所示为具有上述特征的多级轴流式压气机在动叶和静叶中气流绝对速度 c 的变化和沿着通流部分气流压力 p 的变化。

在压气机的级中，为了衡量在动叶栅中直接把机械功转变为压力势能的能力特性，引入反映这种分配特性的基元级的反动度（或称反作用度）Ω 的概念。反动度是指在动叶中的理论压力势能的增升值与在整个级中的理论压力势能增升值之比。

一般 $0\leqslant\Omega\leqslant1$，反动度 Ω 大，意味着在该级的压力增升过程中，气体的压力增升主要是在动叶栅中完成的。显然当 $\Omega=1$ 时，压气机中气流压力的增升完全是在动叶栅中完成的。图 4-4 所示为反动度 $\Omega=1$ 的压气机中气流速度三角形。

从 4-4 中可看出，在这种压气机级中，当 $c_{1z}=c_{2z}$ 时，其气流速度三角形的特点是

$$w_1>w_2, c_1=c_2, c_2=c_3, \beta_1<\beta_2, \alpha_1>\alpha_2$$

从叶栅通流截面积上看，它的特点是

$$A_2>A_1 \text{ 和 } A_3=A_2'$$

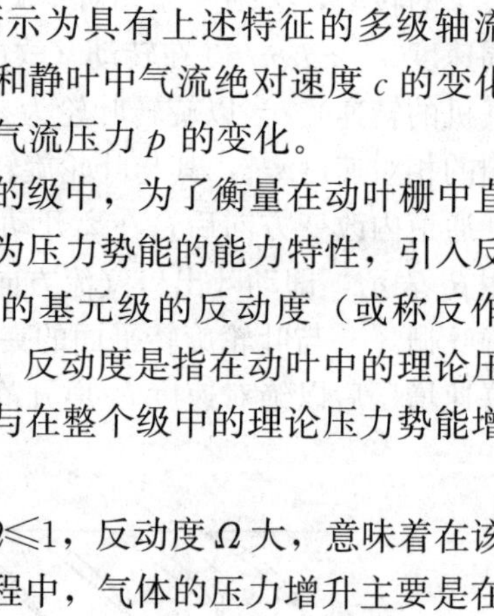

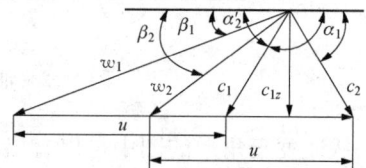

图 4-4　$\Omega=1$ 的轴流式压气机级中气流速度三角形

这就是说，在这种压气机中，由转轴通过工作叶轮上的动叶栅传送给气体功量将全部用来直接提高气体的压力势能。无论在动叶栅还是静叶栅中，气流绝对速度的大小都将恒定不变，只是在方向上有所转折而已。

不难想象，对于 $\Omega=0$ 的压气机来说，气流流过动叶栅时，气体的压力是不会升高的。

那时，由转轴通过工作叶轮上的动叶栅传送给气体的功，将全部转化为气流绝对速度的动能增高值。这时，在压气机级中，气体压力的增升只在静叶栅中完成。

图 4-5 给出了反动度 $\Omega=0$ 的压气机级中，动、静叶栅及其气流速度三角形。从图 4-5 中可看出，在这种压气机级中，当 $c_{1z}=c_{2z}$时，其气流速度三角形的特点是

$$w_1 = w_2, c_1 < c_2, c_2 < c_3, \beta_1 = \beta'_2, \alpha_1 > \alpha_2$$

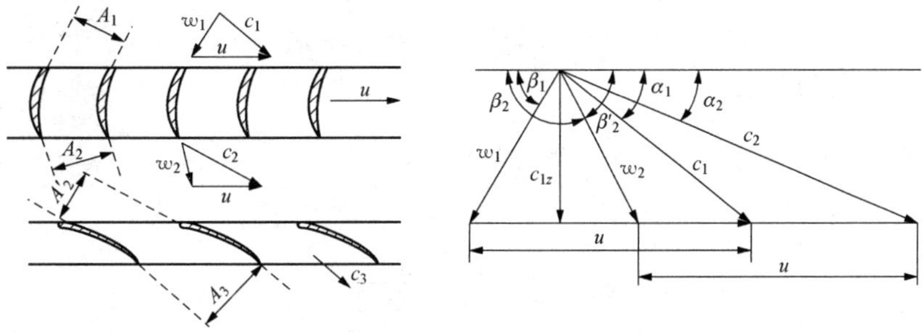

图 4-5 $\Omega=0$ 的压气机级中动、静叶栅及其气流速度三角形

从叶栅的通流截面上看，它的特点是动叶栅的通流截面积是恒定不变的，而在静叶栅中，通流的截面积是要逐渐扩大的，即

$$A_2 = A_1 \text{ 和 } A_3 > A'_2$$

三、外界通过工作叶轮对气体施加的理论功

通过前面的论述已经知道：气体流过压气机时，其压力之所以能够升高，完全是外界通过叶轮对气体连续做功的结果。下面研究一下在压气机级中，气流通过动叶栅时，外界通过工作叶轮对气体施加的理论功。它能帮助我们进一步理解压气机级的工作原理。

从气流速度三角形的分析中已经求得气体通过动叶栅时的流动特性，如图 4-2 所示。根据动量原理，只要计算出单位时间内气流动量的变化，就可以计算出动叶栅给予气流的作用力。当质量流量为 q 的空气流过动叶栅时，动叶栅对气流的作用力的切向分量应为

$$F_u = q(c_{2u} - c_{1u}) \tag{4-3}$$

分析在工作叶轮平均直径截面上的情况，当平均直径上的圆周速度为 u 时，动叶栅施加给气体的功率应为

$$P = F_u u = qu(c_{2u} - c_{1u}) \tag{4-4}$$

对于每 1kg 空气而言，由工作叶栅施加给气体的功应为

$$\Delta h = u(c_{2u} - c_{1u}) \tag{4-5}$$

上式又可写成

$$\Delta h = u\Delta c_u$$

其中

$$\Delta c_u = c_{2u} - c_{1u}$$

从图 4-2 上的速度三角形中可以看出

$$w_{1u} - w_{2u} = c_{2u} - c_{1u}$$

所以

$$\Delta h = u\Delta c_u = u\Delta w_u \tag{4-6}$$

从图 4-2 上的速度三角形中可以得到

$$w_1^2 = c_1^2 + u^2 - 2uc_1\cos\alpha_1 = c_1^2 + u^2 - 2uc_{1u}$$

经移项整理后可得

$$uc_{1u} = \frac{1}{2}(c_1^2 + u^2 - w_1^2) \tag{4-7}$$

同样可得到

$$w_1^2 = c_2^2 + u^2 - 2uc_2\cos\alpha_2 = c_2^2 + u^2 - 2uc_{2u}$$

经移项整理后可得到

$$uc_{2u} = \frac{1}{2}(c_2^2 + u^2 - w_2^2) \tag{4-8}$$

把式（4-7）和式（4-8）代入式（4-5）后，就可以得到

$$\Delta h = \frac{c_2^2 - c_1^2}{2} + \frac{w_1^2 - w_2^2}{2} \tag{4-9}$$

式（4-9）非常清楚地表明：当 1kg 气体流过压气机的工作叶栅时，从外界吸入的功量，正好等于气流的绝对速度的动能与相对速度的动能变化总和。

当然，在反动度 $\Omega=0$ 的压气机级中，由于这时气流相对速度的大小并没有发生变化，因而在这种特殊条件下，气体从外界吸入的功量，就等于气体流过动叶栅时绝对速度的动能的增加量。

四、压气机基元级的压缩功

前面对气体流过压气机时的增压原理进行了介绍，以下从热力学第一定律，即从能量守恒与转化的角度来研究轴流式压气机的压缩过程，它可揭示出在气体的压缩过程中，各种能量之间的转化规律，与气体状态参数之间的关系及各种压缩功。

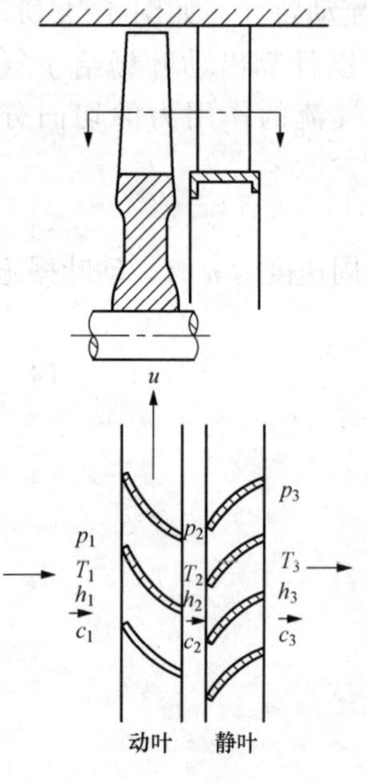

图 4-6 压气机中热力学参数的变化情况

图 4-6 所示为压气机级中热力学参数的变化情况。当把动叶栅与静叶栅组合在一起作为一个整体来研究时，可以看出 1kg 气体的压缩轴功为

$$\Delta h = h_3^* - h_1^* \tag{4-10}$$

实际上，气体在压气机级中的压缩过程，是与其顺序流过动叶栅和静叶栅时状态参数的变化密切相关的。

先来讨论气体流过动叶栅时的情况。在此过程中，我们认为没有与外界发生热量交换。因而，在动叶栅前、后，对于 1kg 气体而言，能量之间的转化关系可以表示为

$$\Delta h = h_2^* - h_1^* = h_2 - h_1 + \frac{c_2^2 - c_1^2}{2} \tag{4-11}$$

在有摩擦等现象的不可逆的流动中，可以得到

$$h_2 - h_1 = \int_1^2 \frac{dp}{\rho} + \Delta h_{r1} \tag{4-12}$$

因而，式（4-11）可改写为

$$\Delta h = \frac{c_2^2 - c_1^2}{2} + \int_1^2 \frac{dp}{\rho} + \Delta h_{r1} \tag{4-13}$$

比较一下式（4-13）和式（4-12），可以发现

$$\frac{w_1^2-w_2^2}{2}=\int_1^2\frac{\mathrm{d}p}{\rho}+\Delta h_{r1}=h_2-h_1 \tag{4-14}$$

式中：Δh_{r1}为气体流过动叶珊时，由于有不可逆现象存在，所必须消耗的摩擦损失功，kJ/kg；$\int_1^2\frac{\mathrm{d}p}{\rho}$为在动叶栅中的多变压缩功，kJ/kg。

式（4-14）表明：在动叶栅中，气流相对速度的动能减小可以引起气体压力的增高。当然，这部分的压力势能的获得不是凭空而来的，通过关系式（4-12）就可以看出，它是外界通过工作叶轮的动叶栅对气体所施加理论功的一个组成部分。

显然，对于反动度$\Omega=0$的压气机级来说，由于在动叶栅前、后，$w_1=w_2$，因而$p_1\approx p_2$。这就是说，在这种情况下，气体在动叶栅中并没有发生压缩过程。这时，由外界输入的压缩轴功将全部用来增高气流的绝对速度动能。

下面我们再来讨论气体流过静叶栅时的情况。当气体流过静叶栅时，由于气体与外界并不发生热量和功量的交换，因而在静叶栅的前、后能量之间的关系可以表示为

$$h_2^*=h_3^*$$

即

$$h_2+\frac{c_2^2}{2}=h_3+\frac{c_3^2}{2}$$

所以

$$\frac{c_2^2-c_3^2}{2}=h_3-h_2 \tag{4-15}$$

同理，在有摩擦等现象的不可逆的流动中，可以得到

$$h_3-h_2=\int_2^3\frac{\mathrm{d}p}{\rho}+\Delta h_{r2}$$

因而，上式可改写成

$$\frac{c_2^2-c_3^2}{2}=\int_2^3\frac{\mathrm{d}p}{\rho}+\Delta h_{r2} \tag{4-16}$$

式中：Δh_{r2}为气体流过静叶栅时，由于摩擦等不可逆现象的存在所必需消耗的摩擦损失功，kJ/kg；$\int_2^3\frac{\mathrm{d}p}{\rho}$为在静叶栅中的多变压缩功，kJ/kg。

由此可见，当高速气流流过静叶栅时，绝对速度动能的降低，使气体的压力进一步增高。在理想的可逆流动过程中，压力势能的增加完全是由绝对速度动能的减小转化来的，但是在实际的流动过程中，由于不可避免地会有能量损耗Δh_{r2}，这就使得在扩压静叶栅后的气体压力p_3要比按理想等熵流动过程所能增高的数值低一些。

通过上述分析，我们可以比较清楚地看到，在轴流式压气机级中，气体的增压过程及增压原因如下：

（1）外界通过工作叶轮把一定数量的压缩轴功Δh传递给流经叶栅的气体，一方面使气流绝对速度的动能增高，另一方面让气流相对速度的动能降低，以促使气体的压力增高一部分。

（2）随后，由动叶栅流出的高速气流在静叶栅中逐渐减速，这样就可以把气流绝对速度的动能中的一部分$(c_2^2-c_3^2)/2$进一步转化成气体的压力势能，使气体的压力进一步增高。

（3）根据式（4-10）可知，当气流流经压气机级时，由于从外界接受了压缩轴功，提高了气体的比焓，与此同时，工质的状态参数p、v、T发生了变化。它们之间的相互关系是

$$\Delta h = h_3^* - h_1^* = c_p T_1^* \left(\frac{T_3^*}{T_1^*} - 1\right)$$

$$= c_p T_1^* \left[\left(\frac{p_3^*}{p_1^*}\right)^{\frac{n-1}{n}} - 1\right] = \frac{\kappa}{\kappa - 1} R T_1^* \left[\left(\frac{p_3^*}{p_1^*}\right)^{\frac{n-1}{n}} - 1\right]$$

或

$$\Delta h = h_3^* - h_1^* = (h_3 - h_1) + \frac{c_3^2 - c_1^2}{2} \tag{4-17}$$

式中：n 为多变指数。

将式（4-14）和式（4-15）代入上式后就可以得到

$$\Delta h = \frac{w_1^2 - w_2^2}{2} + \frac{c_2^2 - c_3^2}{2} + \frac{c_3^2 - c_1^2}{2} = \int_1^2 \frac{dp}{\rho} + \Delta h_{r1} + \int_2^3 \frac{dp}{\rho} + \Delta h_{r2} + \frac{c_3^2 - c_1^2}{2}$$

采用在基元级中的总压缩功 $\int_1^3 \frac{dp}{\rho}$ 来代替 $\int_1^2 \frac{dp}{\rho} + \int_2^3 \frac{dp}{\rho}$，用 Δh_r 代替 $\Delta h_{r1} + \Delta h_{r2}$，这样就得到

$$\Delta h = \int_1^3 \frac{dp}{\rho} + \frac{c_3^2 - c_1^2}{2} + \Delta h_r \tag{4-18}$$

由此可见，从外界接受的压缩轴功用于级中的多变压缩功，动能的变化以及克服摩擦阻力损失。

当 $c_3 = c_1$ 时，将得到

$$\Delta h = \int_1^3 \frac{dp}{\rho} + \Delta h_r \tag{4-19}$$

通常把完成压缩气体和增加动能那一部分能量称为级的有效功 Δh_e，于是

$$\Delta h_e = \int_1^3 \frac{dp}{\rho} + \frac{c_3^2 - c_1^2}{2} \tag{4-20}$$

当 $c_3 = c_1$，有

$$\Delta h_e = \int_1^2 \frac{dp}{\rho} \tag{4-21}$$

式中：$\int_1^2 \frac{dp}{\rho}$ 为级的多变压缩功，kJ/kg。

当采用气体参数来代替多变压缩功后，可得

$$\Delta h_e = \frac{n}{n-1} R T_1 \left[\left(\frac{p_3}{p_1}\right)^{\frac{n-1}{n}} - 1\right] + \frac{c_3^2 - c_1^2}{2} \tag{4-22}$$

式中：n 为实际过程中的多变指数，通常 $n = 1.45 \sim 1.52$；p_1 为级前压力，MPa；p_3 为级后压力，MPa。

级后的压力 p_3 与级前的压力 p_1 之比称为级的压缩比，用 π 表示，即

$$\pi = \frac{p_3}{p_1}$$

当采用滞止参数时

$$\pi^* = \frac{p_3^*}{p_1^*}$$

为了便于对实际的压缩过程进行评价，经常把它与一个等熵压缩过程进行对比，这时就把等熵压缩功作为一理想的数值，等熵压缩功可写为

$$\Delta h_s = \left(\int_1^3 \frac{\mathrm{d}p}{\rho}\right)_s + \frac{c_3^2 - c_1^2}{2} \tag{4-23}$$

式中：$\left(\int_1^3 \frac{\mathrm{d}p}{\rho}\right)_s$ 为等熵压缩功，kJ/kg。

当 $c_3 = c_1$ 时，则

$$\Delta h_s = \left(\int_1^3 \frac{\mathrm{d}p}{\rho}\right)_s \tag{4-24}$$

当采用等熵压缩过程的参数来代替等熵压缩功后，可得

$$\Delta h_s = \frac{\kappa}{\kappa - 1} R T_1 \left[\left(\frac{p_3}{p_1}\right)^{\frac{\kappa-1}{\kappa}} - 1\right] + \frac{c_3^2 - c_1^2}{2} \tag{4-25}$$

当采用滞止参数时，上式可写为

$$\Delta h_s = \frac{\kappa}{\kappa - 1} R T_1^* \left[\left(\frac{p_3^*}{p_1^*}\right)^{\frac{\kappa-1}{\kappa}} - 1\right] \tag{4-26}$$

或

$$\Delta h_s = c_p (T_3^* - T_1^*) \tag{4-27}$$

式中：T_3^* 为等熵压缩时级后的总温度，K。

综上所述，进入压气机的气体就是按照上述工作过程，从压气机的第一级动叶栅开始，逐级顺序地压缩到最后一级静叶栅的出口为止。为了进一步利用气流的动能，在压气机的末级之后还安装有出口导叶和出口扩压器，以便使气体的压力进一步提高。

五、压气机基元级的效率

气流在压气机内的压缩过程存在能量损失，是不可逆的热力过程，可采用压气机基元级的效率来描述。压气机基元级的效率定义为对气体压缩的有用功和实际耗用功之比。根据有益功和实际消耗功的定义不同，存在几种基元级效率。基元级中的实际耗用功一般认为是加给气体的理论功。根据有用功的定义不同，基元级的效率分为等熵效率和多变效率。等熵效率又分为静参数等熵效率和滞止等熵效率。

1. 静参数等熵效率

无冷却压气机基元级的完善程度是与理想（指无摩擦损失和热交换）的基元级比较而言的。理想基元级中压缩气体必须耗用的功叫做等熵压缩功。在定义静参数等熵效率时，有用功取理想基元级中静参数等熵功，而实际耗用功则取实际基元级中静参数多变压缩功与摩擦损失功之和，即

$$\eta_s = \frac{\Delta h_s}{\Delta h_\mathrm{p} + \Delta h_\mathrm{r}}$$

式中：Δh_p 为多变压缩功，其值为 $\int_1^3 \frac{\mathrm{d}p}{\rho}$，kJ/kg；$\Delta h_\mathrm{r}$ 为摩擦损失功，kJ/kg。

$$\Delta h_\mathrm{p} + \Delta h_\mathrm{r} = c_p (T_3 - T_1)$$

因此

$$\eta_s = \frac{\Delta h_s}{\Delta h_\mathrm{p} + \Delta h_\mathrm{r}} = \frac{c_p (T_{3s} - T_1)}{c_p (T_3 - T_1)} = \frac{T_{3s} - T_1}{T_3 - T_1} = \frac{\Delta T_\mathrm{s}}{\Delta T} \tag{4-28}$$

2. 滞止等熵效率

在压气机的设计和计算中，常常采用滞止参数，因而相应还使用滞止等熵效率 η_s^*。这

时，在效率定义中，有用功取滞止等熵功，而实际耗用功取理论功，即

$$\eta_s^* = \frac{\Delta h_s}{\Delta h} = \frac{T_{3s}^* - T_1^*}{T_3^* - T_1^*} = \frac{\Delta T_s^*}{\Delta T^*} \tag{4-29}$$

显然，当 $c_3 \approx c_1$ 时，$\eta_s^* \approx \eta_s$。

3. 多变效率

应用等熵效率的缺点是不能由它反映出在基元级中流动损失的数值。因此，除了等熵效率外，有时常常使用多变效率。基元级的多变效率定义为

$$\eta_p = \frac{\Delta h_p}{\Delta h_p + \Delta h_r} \tag{4-30}$$

式中：Δh_p 为多变压缩功，kJ/kg。

有

$$\Delta h_p = \int_1^3 \frac{dp}{\rho} = \frac{n}{n-1} RT_1 \left[\left(\frac{p_3}{p_1} \right)^{\frac{n-1}{n}} - 1 \right]$$

由于

$$\Delta h_p + \Delta h_r = c_p (T_3 - T_1) = \frac{\kappa - 1}{\kappa} RT_1 \left[\left(\frac{p_3}{p_1} \right)^{\frac{n-1}{n}} - 1 \right]$$

所以，将上述的 Δh_p 和 $\Delta h_p + \Delta h_r$ 的表达式代入多变效率的定义式，则得

$$\eta_p = \frac{n}{n-1} \times \frac{\kappa - 1}{\kappa} \tag{4-31}$$

式中：n 为实际压缩过程的平均多变指数。

从式（4-31）清楚地看出，多变效率 η_p 只与压缩过程的平均多变指数有关。

六、压气机基元级的反动度

在论述基元级的反动度之前，先介绍一下基元级内流动压缩过程的 $h-s$ 图（见图 4-7）。图 4-7 中，Δh 表示基元级的理论功，Δh_s^* 表示基元级的滞止等熵功，Δh_1 和 Δh_2 分别表示在动叶栅和静叶栅中的静参数实际功。所谓实际功包括摩擦损失功和多变压缩功，即在级进、出口速度相同的条件下，为提高压力实际耗用的功，因此

$$\Delta h_1 = \Delta h_{p1} + \Delta h_{r1}$$

$$\Delta h_2 = \Delta h_{p2} + \Delta h_{r2}$$

式中：Δh_{p1} 为动叶栅中气流的多变压缩功，kJ/kg；Δh_{p2} 为静叶栅中气流的多变压缩功，kJ/kg；Δh_{r1} 为动叶栅中气流的摩擦损失功，kJ/kg；Δh_{r2} 为静叶栅中气流的摩擦损失功，kJ/kg。

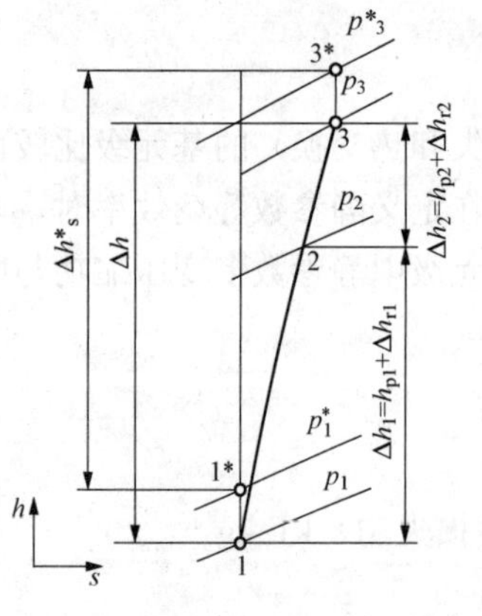

图 4-7 气流流经基元级时的 $h-s$ 图

反动度定义为

$$\Omega = \frac{\Delta h_1}{\Delta h} = \frac{w_1^2 - w_2^2}{2\Delta h} \tag{4-32}$$

鉴于

$$\Delta h = \frac{w_1^2 - w_2^2}{2} + \frac{c_2^2 - c_1^2}{2}$$

即

$$\frac{w_1^2 - w_2^2}{2} = \Delta h - \frac{c_2^2 - c_1^2}{2}$$

所以

$$\Omega = 1 - \frac{c_2^2 - c_1^2}{2\Delta h} \tag{4-33}$$

已知

$$\Delta h = u(c_{2u} - c_{1u})$$

并考虑到

$$c_1^2 = c_{1z}^2 + c_{1u}^2$$

$$c_2^2 = c_{2z}^2 + c_{2u}^2$$

$$c_2^2 - c_1^2 = c_{2u}^2 - c_{1u}^2$$

此时式（4-33）变为

$$\Omega = 1 - \frac{c_{2u}^2 - c_{1u}^2}{2u(c_{2u} - c_{1u})} = 1 - \frac{c_{2u} + c_{1u}}{2u} \tag{4-34}$$

在式（4-34）中，等号右端加、减一项$\frac{c_{1u}}{2u}$，则得

$$\Omega = 1 - \frac{c_{1u}}{u} - \frac{c_{2u} - c_{1u}}{2u} \tag{4-35}$$

由式（4-35）可以看出，反动度Ω只与u、c_{1u}和$\Delta c_u = c_{2u} - c_{1u}$有关。所以，$\Omega$只与速度三角形有关，故称其为运动反动度。采用运动反动度的最大优点是：将它与速度三角形直接联系起来，一定的反动度就对应着一定的速度三角形。当速度三角形一定时，压气机级中的反动度也就完全确定了。既然反动度是与速度三角形有关的重要参数，它必定是影响基元级性能的重要参数之一。

从反动度的大小可以看出动、静叶栅中扩压程度的大小，即

$$\Omega \approx \frac{p_2 - p_1}{p_3 - p_1}$$

即反动度近似等于在动叶中的压力增升值与在整个级中的压力增升值之比。

通常，在轴流式压气机中反动度$\Omega \geqslant 0.5$。可以证明，为了减小气流在压气机的动叶栅和静叶栅中的流阻损失，压气机级的反动度应取 0.5 左右较合适。当$\Omega = 0.5$时，假如$c_{1z} = c_{2z}$。这时，气流流进、流出压气机级动叶栅时的速度三角形是左右对称的，如图 4-8 所示。

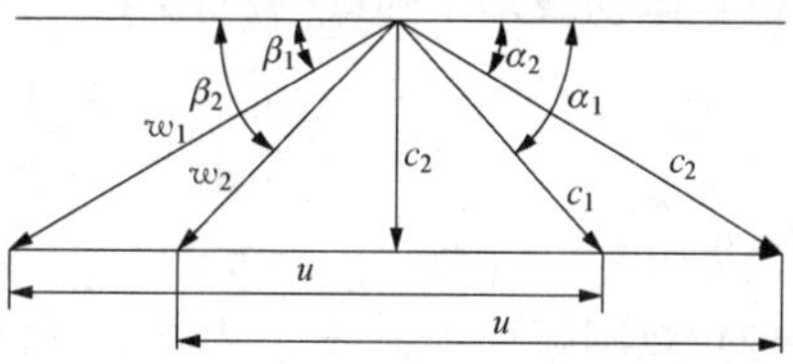

图 4-8　$\Omega = 0.5$的压气机级的速度三角形

这种速度三角形的特点是

$$c_1 = w_2;\ c_2 = w_1;\ \alpha_1 = \beta_2;\ \alpha_2 = \beta_1$$

第二节　平面叶栅的几何参数与叶片的扭转规律

压气机基元级平面叶栅示意如图 4-2 所示，可以看出，基元级的平面叶栅是由一定数量的相同叶型，相隔一定距离，按照给定的要求排列组成的。要了解气流在叶栅中的流动，

必须先对叶型和叶栅有所了解。下面介绍基元级叶型与叶栅的一些主要几何参数以及考虑叶片高度后叶片的扭转规律。

一、叶型几何参数

叶型几何参数（见图 4-9）如下：

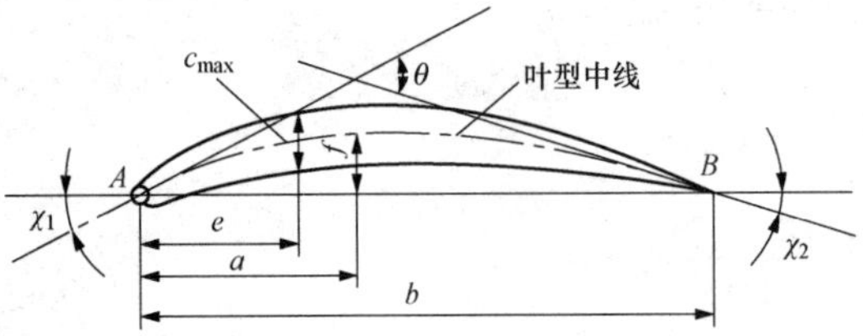

图 4-9　叶型的基本几何参数

型面——叶型型线所包围的切面；

中线——叶型型线内切圆圆心的连线；

b——叶弦，连接中线两端点的直线；

C_{max}——叶型最大厚度；

$\overline{C}_{max}=C_{max}/b$——叶型最大相对厚度；

f——叶型中线最大挠度；

$\overline{f}=f/b$——相对最大挠度；

e——叶型前缘至最大厚度处的距离；

$\overline{e}=e/b$——最大厚度处的相对距离；

a——叶型前缘至最大挠度处的距离；

$\overline{a}=a/b$——至最大挠度处相对的距离；

χ_1——前缘方向角，叶型前缘点处中线的切线与叶弦间的夹角；

χ_2——后缘方向角，叶型后缘点处中线的切线与叶弦间的夹角；

$\theta=\chi_1+\chi_2$——叶型弯曲角；

r_1——叶型前缘小圆半径；

r_2——叶型后缘小圆半径。

当给定了弦长 b、叶型最大厚度 C_{max}、叶型弯曲角 θ、叶型的最大厚度点和中弧线顶点（即最大挠度点）的位置后，整个叶型的基本形状就确定了。亚声速压气机叶型的成型过程大都是先画出中弧线，然后将原始叶型的相应厚度移到中弧线上来。下面介绍中弧线和原始叶型形状。

1. 叶型中弧线

（1）抛物线形中弧线（见图 4-10）。

$$\frac{1}{y}=\frac{\cot\chi_1}{x}+\frac{\cot\chi_2}{b-x}$$

当 $a/b=0.45$ 时，$\chi_1=0.6\theta$，$\chi_2=0.4\theta$。

（2）双圆弧形中弧线（见图 4-11）。

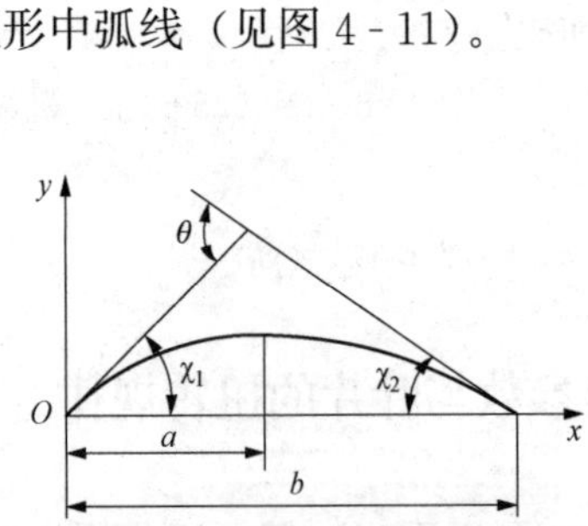

图 4-10　抛物线形中弧线

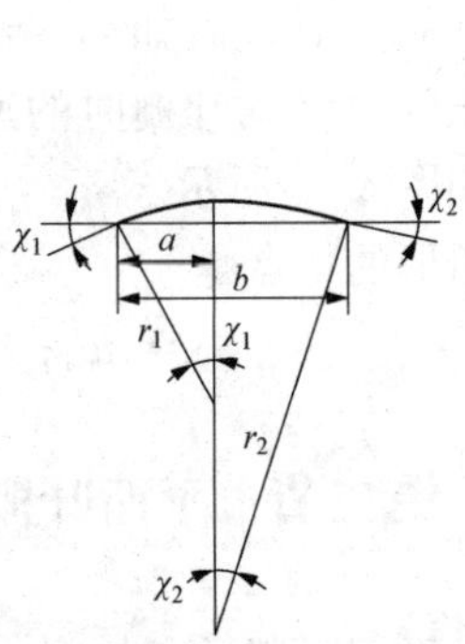

图 4-11　双圆弧形中弧线

这种中弧线是由两端圆弧在最大挠度点相衔接组成的，各圆弧半径的计算式为

$$r_1=\frac{a}{\sin\chi_1},\ r_2=\frac{b-a}{\sin\chi_1}$$

当 $a/b=0.5$ 时，$\chi_1=\chi_2=\theta/2$。

如果 $r_1=r_2$，则中弧线为一单圆弧。这时 $a/b=0.5$，$\chi_1=\chi_2=\theta/2$ 和 $r_1=r_2=\frac{b}{2\sin(\theta/2)}$。

(3) NACA-65 系列叶型中弧线（见图 4-12）。

NACA-65 系列叶型中弧线是用坐标给定的。其中弧线方程为

$$\frac{y}{b}=\frac{c_{L0}}{4\pi}\left[\left(1-\frac{x}{b}\right)\ln\left(1-\frac{x}{b}\right)+\frac{x}{b}\ln\frac{x}{b}\right]$$

式中：c_{L0} 为与 NACA-65 相关叶型的升力系数，表示中弧线不同的弯曲度。

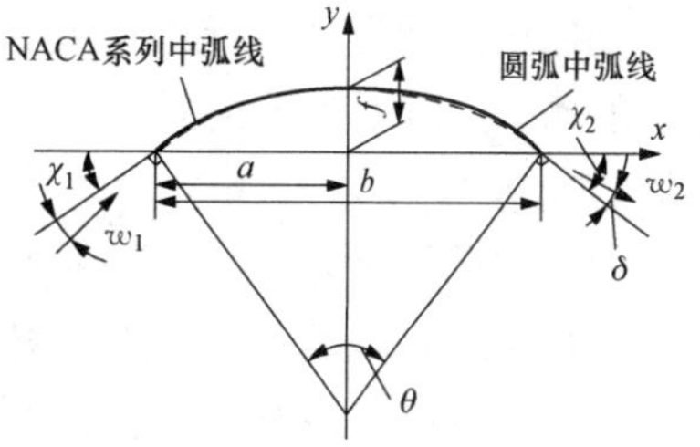

图 4-12　NACA65 系列中弧线

NACA-65 系列叶型的中弧线前段和后段都是对称的，最大弯度在中点上，即在 $a/b=0.5$ 的位置上。NACA-65 系列中弧线是配合 NACA-65 系列叶型使用的。

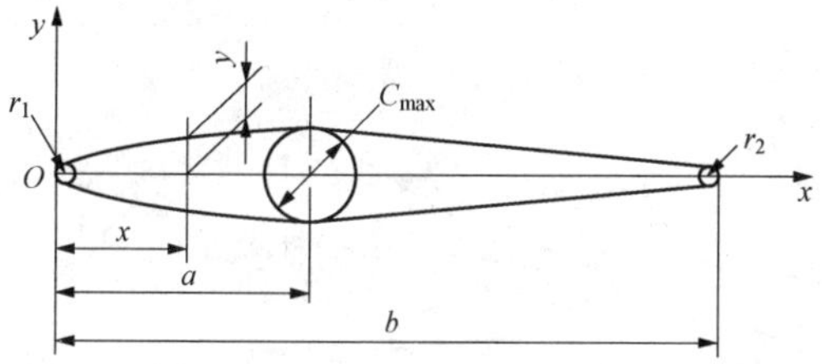

图 4-13　对称叶型基本几何参数

2. 原始叶型

原始叶型是给实用叶型提供沿其中弧线的厚度分布的，常用的原始叶型相对于弦是对称的，如图 4-13 所示。

二、叶栅几何参数

叶栅的几何参数如图 4-14 所示。叶栅几何参数包括：

叶栅前额线——叶型前缘点之连线；

叶栅后额线——叶型后缘点之连线；

t——栅距，叶栅中相邻叶型对应点间在圆周方向的距离；

$\overline{t}=t/b$——相对栅距；

$\tau=b/t$——叶栅稠度；

β_b——叶型安装角，叶弦与圆周方向夹角；

β_{1A}——进口安装角，叶型前缘点中线切线与圆周方向夹角；

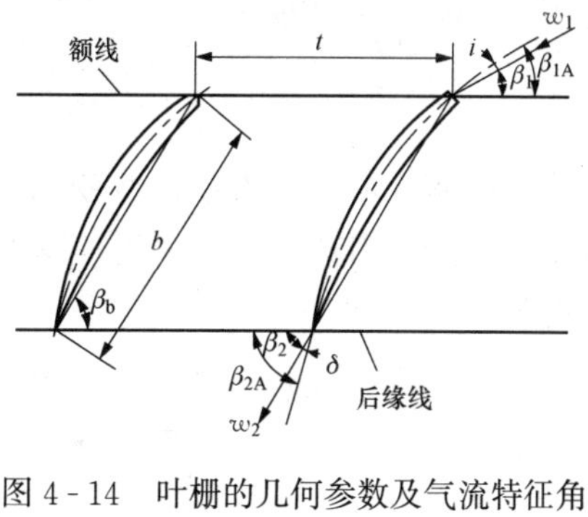

图 4-14　叶栅的几何参数及气流特征角

β_{2A}——出口安装角，叶型后缘点中线切线与圆周方向夹角；

$\theta=\beta_{2A}-\beta_{1A}$——叶型弯曲角。

三、气流特征角

气流的特征角如图 4-14 所示。气流特征角包括：

β_1——气流进口角或称进气角，是气流进口相对速度 w_1 与叶栅前额线的夹角；

β_2——气流出口角或称出气角，是气流出口相对速度 w_2 与叶栅后额线的夹角；

$i=\beta_{1A}-\beta_1$——气流进口冲角；

$\delta=\beta_{2A}-\beta_2$——气流出口落后角或简称落后角；

$\Delta\beta = \beta_2 - \beta_1$——气流折转角。

四、叶片扭转

前面已经讨论了基元级的工作原理及基元级速度三角形与叶型、叶栅几何参数之间的关系，这样就可以根据基元级气动要求设计出相应的叶型及叶栅。但基元级中研究的只是沿叶高某一半径截面上气流的工作情况（一般取平均半径处的基元级为代表）。一个级是由无数不同半径处的基元级叠加而成的。那么这些基元级之间存在什么规律互相联系的呢？为此就必须把探讨的问题从基元级扩展到整个级中去。

图 4-15 所示为轴流式压气机的动叶。从图上可看出，整个叶片沿叶高是变截面且扭曲的。

图 4-16 所示为动叶的顶视图，它表示出叶顶、中径及叶根三个截面上的叶型及其互相位置，从图中可以看出，这个叶片不是等截面的直叶片，而是沿叶片高度相对扭转一定角度的。另外，从叶片的根部截面、平均半径截面及叶片顶部截面的相互位置可以看出，各截面处叶型安放的斜度不同，即叶型安装角 β_b 不同，它是从叶根到叶顶逐渐减小的。此外，各截面上叶型的弯曲程度也不同，叶根截面叶型的弯曲角最大，叶顶截面叶型的弯曲角最小。而且从叶根到叶顶，叶型的厚度是逐渐变薄的。

图 4-15　变截面扭曲叶片

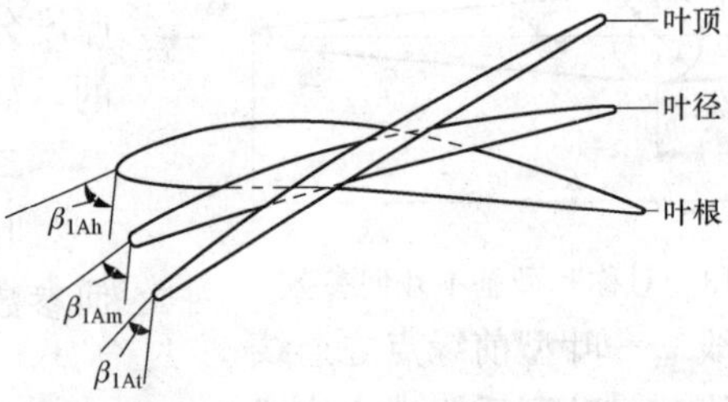

图 4-16　动叶顶视图

沿叶高基元叶型有上述这些变化，是因为在不同半径处基元级的工作条件不同，其速度三角形也不同所造成的。为了适应这种不同的工作条件与速度三角形，就需要配上不同的叶型与叶栅。

第三节　多级轴流式压气机

一、概述

前几节已经比较系统地讨论了基元级的理论、叶型与叶栅的构成、叶片扭转规律及压气机工作过程的特点等问题。这样，就基本掌握了轴流式压气机的工作原理与设计原则。但就压气机的单级来看，其压比较小，因为从增大级压比的两个途径来看（见式 4-6），增大 u 和 Δw_u 都会受到限制。目前一般轴流式压气机的级压比为 1.15～1.30，亚声速级压比可达 1.4，跨声速级则可达 1.5 左右。所以无论哪种级，其单级的增压能力总是有限的。

燃气轮机的燃气初温在不断提高，其压气机的总压比也相应在不断提高，目前燃气轮机的压比已达到 40 以上。因此需要把压气机一级一级地串联排列起来，使气体在经过各级时，依次连续地得到增压，最后达到所需要的压力。

轴流式压气机中，级与级间的串联排列，在结构上远比离心式压气机简单。对后者来说，气流从前一级压缩后进入后一级时，要经过很大的转向，这不仅使结构复杂化，也增加了流动损失。而对轴流式压气机来说，基本上只要把各级在轴向前后衔接，依次排列起来就可以了。所以其结构简单，流动路程短而直，故效率高。

在多级轴流式压气机中，级的工作条件与孤立的单级有所不同。在多级压气机中，后一级的进口流场及参数状况取决于前一级出口的气流情况；后级的流动状况又对前级存在着一定的影响，所以其级与级之间是相互影响、相互联系的。

二、多级轴流式压气机中各级的特点

在多级轴流式压气机中，每一个单级的工作原理是完全相同的。但由于各级在通流部分中所处的位置不同，而沿通流部分气流的参数是逐级变化的，所以各级的进气状态及流场不同，其几何参数也各不相同。这样就形成了各级中不同的气流流动与工作特点。这些不同点是由于各级的压力、温度、流速及容积流量不同所造成的。

按工作条件与特点，可将整个通流部分的级分成前级（以第一级为代表）、中间级和后级（以末级为代表）三类。下面对这三类级进行分析。

1. 第一级（前级）

多级压气机的第一级设计是很重要的，它的气动性能与几何参数对后面各级有重大的影响，所以要予以充分重视。

(1) 气体进入第一级时未经压缩，其容积流量 q_{V1} 大，密度 ρ_1 小。因此第一级所需的通流面积最大，叶高 l_1 最长，轮毂比 $\overline{d}$ 最小，一般叶片数也最少。轴流式压气机的径向尺寸基本上取决于第一级参数的选择。

(2) 第一级气体温度低、声速低，故 Ma_c 低。对某些流型来说，其动叶顶部的 Ma_{w1t} 易超出许可值，使效率下降。为了解决此问题，必须降低 u 或采用正预旋。

(3) 当采用等外径形式的通流部分时，第一级叶片根部 D_h 最小，此处基元级的 u_h 也最小。这时若采用等能量差的级型，为了保证沿叶高能量差值不变，则要求叶根基元级有较大的弯曲角，以使整个级的能量差值不致过低。此外，从强度要求看，叶根截面的叶型要较厚。这些都会使叶根基元级的效率明显下降，而影响到整个级的性能。

(4) 当压气机在非设计工况下工作时，一般是第一级与末级气流参数偏离设计工况最远，其速度三角形也与设计工况时的出入最大。当压气机转速下降时，若流量减小，将会在第一级最先出现旋转失速，进而引起喘振。所以设计时应注意到这一点，应使第一级有较宽的稳定工作范围，以防止过早进入不稳定工况区。

(5) 在多级轴流式压气机中，沿轴线环形端壁上的附面层会不断加厚。而第一级的附面层最薄，流场畸变较少，又由于没有前面级对它的影响，所以当在设计点工作时，其实际工况与设计工况偏差较少。

2. 末级（后级）

轴流式压气机末级的工作条件与第一级的正好相反。

(1) 压气机末级中的空气密度 ρ 最大，q_V 最小，l 最短，$\overline{d}$ 最大。因此，叶片太短将是末级设计中所遇到的主要问题，特别在小流量又采用等外径通流部分形式时，问题就更尖锐。这时，环端面损失、二次流损失等都将大大增加，使效率明显下降。

（2）末级叶片短、$\overline{d}$ 大，故叶片扭转不厉害，气流流动也较接近圆柱面流动的假设。

（3）末级温度高，声速大、Ma_c 大。通常马赫数不宜超过许可值。假如设计时用反动度 Ω 较大的等环量级，仍可选用较大的 $\overline{h}$ 值，而不必顾虑 Ma_{w1t} 过大的问题。

（4）工况变化时，末级的工况偏离设计值较远。如当实际转速大于设计转速时，一般易在末级最先发生旋转脱离，并引起喘振；当实际转速低于设计转速时，则易在末级发生阻塞。

（5）通流部分壁面上附面层逐级加厚，轴向速度沿叶高的分布不均匀性逐级加大，越往后级流场畸变就越明显，故末级动叶对工质所做的功的设计值往往不易在实际运行中得到保证。

3. 中间级

中间各级的工作环境与条件，介于首、末级之间。其几何尺寸适中（如叶高、轮毂比等），没有第一级与末级因叶片过长或过短带来的问题，因此工作条件较好，损失小而效率高。在变工况下其速度三角形的变化也较少，相对来说，不易形成脱离或阻塞现象。在设计中分配工质在各级中功的值时，常让中间级有较大的做功值，以提高整个压气机的工作能力与效率。

三、单级效率与多级效率的关系

本节将研究压气机中一个单级与由级组组成的整个通流部分效率之间的关系，分析它们的差异及产生差异的原因。为了便于说明问题，这里以一台三级轴流式压气机为例来分析其压缩过程及参数变化的情况。

如图 4-17 中（a）所示，以 1-1、2-2、3-3、4-4 截面分别代表第一级、第二级、第三级进口截面和第三级出口截面。

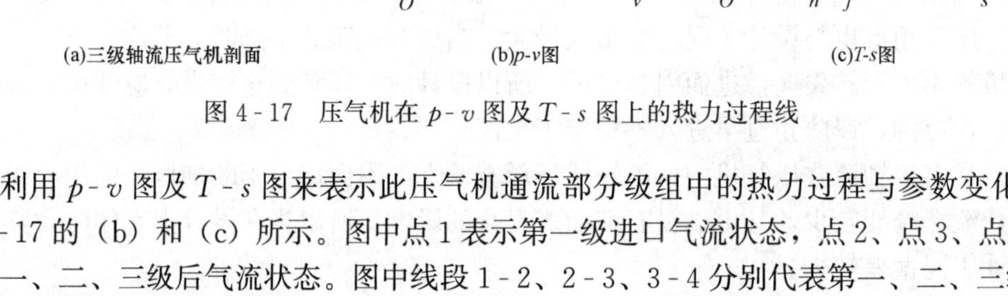

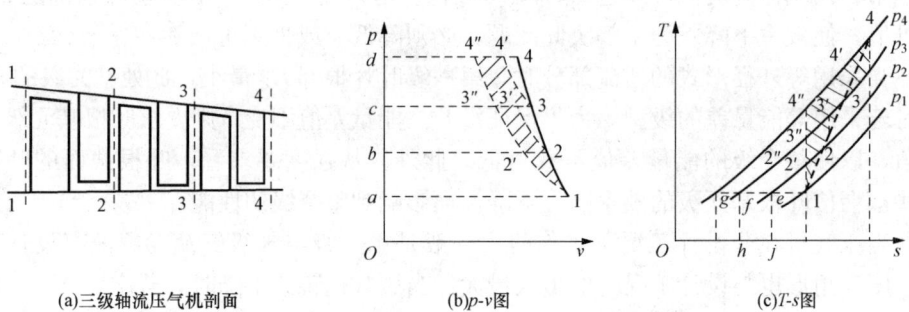

(a)三级轴流压气机剖面　(b)p-v图　(c)T-s图

图 4-17　压气机在 p-v 图及 T-s 图上的热力过程线

现利用 p-v 图及 T-s 图来表示此压气机通流部分级组中的热力过程与参数变化情况，如图 4-17 的（b）和（c）所示。图中点 1 表示第一级进口气流状态，点 2、点 3、点 4 分别表示第一、二、三级后气流状态。图中线段 1-2、2-3、3-4 分别代表第一、二、三级中气体的多变压缩过程线。

图中 1-4 线为整个三级的多变压缩过程线。可见，整个三级多变压缩过程线与各级的多变压缩过程线互相重合，也即认为各级都具有相同的多变指数 n。虽然严格地说各级的多变指数并不完全相同，但实验表明，工程上这样处理是足够准确的。

由式（4-31）

$$\eta_p = \frac{n}{n-1} \times \frac{\kappa - 1}{\kappa}$$

可知，若各级的多变指数相等，则各级的 η_p 相等，即

$$\eta_{p1} = \eta_{p2} = \eta_{p3} = \eta_p$$

则有

$$\frac{\Delta h_{p1}}{\Delta h_1} = \frac{\Delta h_{p2}}{\Delta h_2} = \frac{\Delta h_{p3}}{\Delta h_3}$$

这里下脚标 1、2、3 表示级序。

如果不考虑速度的变化，则

$$\Delta h = \int \frac{dp}{\rho} + \Delta h_r = \Delta h_p + \Delta h_r$$

故

$$\eta_p = \frac{\Delta h_p}{\Delta h_p + \Delta h_r}$$

由图 4 - 17（b）、（c）可知，整台三级压气机的多变压缩功等于三个单级多变压缩功之和

$$\Delta H_p = \sum \Delta h_p = \Delta h_{p1} + \Delta h_{p2} + \Delta h_{p3}$$

则整台压气机的多变效率

$$\eta_{pc} = \frac{\Delta H_p}{\Delta H} = \frac{\Delta H_p}{\Delta h_1 + \Delta h_2 + \Delta h_3} = \Delta H_p / \left(\frac{\Delta h_{p1}}{\eta_p} + \frac{\Delta h_{p2}}{\eta_p} + \frac{\Delta h_{p3}}{\eta_p} \right) = \frac{\Delta H_p}{\sum \Delta h_p / \eta_p} = \eta_p$$

式中：ΔH_p 及 ΔH 为整台压气机的多变压缩功及外加机械功。

由以上分析可知，整台压气机（指通流部分）的多变效率等于级的多变效率。

图 4 - 17（b）、（c）中，线段 1 - 2′、2 - 3′、3 - 4′各表示第一、第二、第三级的等熵压缩过程线，而 1 - 4″线表示整个压气机的等熵压缩过程线。由图 4 - 17 可知，各级等熵压缩功之和大于压缩机的等熵压缩功，其差值在图中用阴影线部分表示。

$$\Delta h_{s1} + \Delta h_{s2} + \Delta h_{s3} = \sum \Delta h_s = \Delta H_s$$

这是因为实际压缩过程中，由于存在损失，使级出口气体的实际温度高于等熵过程时的出口温度，于是提高了下一级的进气温度。这样，就增大了下一级所需的等熵压缩功。这种现象称为重热现象。

例如，当气体在第一级中做等熵压缩时，第一级出口的气体状态为图 4 - 17（b）、（c）中 2′点。但由于存在损失，实际压缩终了时的状态为 2 点。这时，对第二级来说，即使其压缩过程是无损失的等熵过程，其所需的压缩功也增大了，这可以从图 4 - 17（c）中看得很清楚。

$$p\text{-}v \text{ 图面积 } b23'cb > \text{面积 } b2'3''cb$$

$$T\text{-}s \text{ 图面积 } je23'fhj > \text{面积 } je2'3''fhj$$

对第三级来说，同样由于前两级中存在损失，使该级进口温度从等熵过程时的 T_3'' 提高到实际情况下的 T_3，因而加大了第三级所需的等熵压缩功，故三级各自的等熵压缩功之和大于整机的等熵压缩功，即

$$\Delta h_{s1} + \Delta h_{s2} + \Delta h_{s3} > \Delta H_s$$

设各级的等熵效率相同

$$\eta_{s1}=\eta_{s2}=\eta_{s3}=\eta_s$$

以 η_{sc}表示该三级压气机的整机等熵效率，则

$$\eta_{sc}=\frac{\Delta H_s}{\Delta H}=\frac{\Delta H_s}{\Delta h_1+\Delta h_2+\Delta h_3}=\Delta H_s/\left(\frac{\Delta h_{s1}}{\eta_s}+\frac{\Delta h_{s2}}{\eta_s}+\frac{\Delta h_{s3}}{\eta_s}\right)$$
$$=\frac{\Delta H_s}{\Delta h_{s1}+\Delta h_{s2}+\Delta h_{s3}}\eta_s=\frac{\Delta H_s}{\sum\Delta h_s}\eta_s$$

即整机的等熵效率低于各级的等熵效率，这种差别可用重热系数 α 表示，即

$$\alpha=\frac{\sum\Delta h_s}{\Delta H_s}=\frac{\eta_s}{\eta_{sc}}>1$$

α 的大小与流动损失及级数有关，流动损失越大，级数越多（即压气机压比越高），则重热系数 α 越大。α 大，则要求外加的功量增大。

一般轴流式压气机可取 $\alpha=1.02\sim1.04$。如已知压气机的等熵效率、多变效率及级数时，则也可由下式求取 α 值：

$$\alpha=1+\left(\frac{\eta_{pc}}{\eta_{sc}}-1\right)\left(1-\frac{1}{z}\right) \tag{4-36}$$

式中，z 为级数，而 η_{pc}/η_{sc}实际上反映了压气机中损失的大小。当损失及 z 增大时，α 将增大。

如认为压气机进口气流速度相差不大，则

$$\eta_{sc}=\frac{T_{sz}-T_1}{T_z-T_1}=\frac{(T_{sz}/T_1)-1}{(T_z/T_1)-1}$$
$$=\frac{\left(\frac{p_z}{p_1}\right)^{\frac{\kappa-1}{\kappa}}-1}{\left(\frac{p_z}{p_1}\right)^{\frac{n-1}{n}}-1}=\frac{\pi_c^{\frac{\kappa-1}{\kappa}}-1}{\pi_c^{\frac{n-1}{n}}-1} \tag{4-37}$$

这里下角标 z 为压气机末级出口处参数符号标志。

令$\frac{\kappa-1}{\kappa}=m$，因 $\alpha=\eta_s/\eta_{sc}$，则

$$\alpha=\frac{\pi_c^{\frac{m}{\eta_p}}-1}{\pi_c^m-1}\eta_s$$

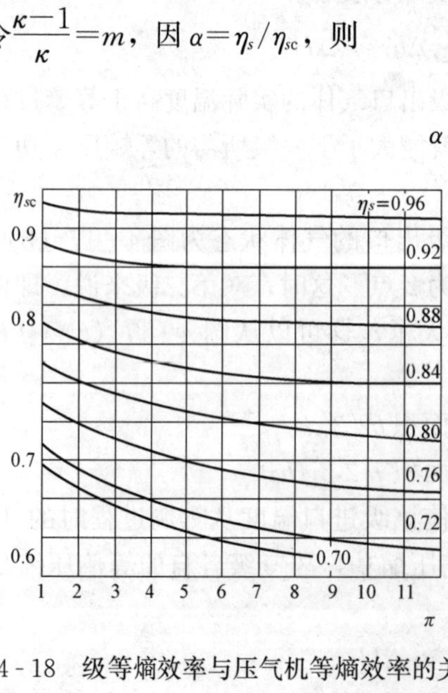

图 4-18 级等熵效率与压气机等熵效率的关系

对一个级来说，增压有限，这时级的多变效率与等熵效率相差甚小，可认为 $\eta_p=\eta_s$，则

$$\alpha=\frac{\pi_c^{\frac{m}{\eta_s}}-1}{\pi_c^m-1}\eta_s \tag{4-38}$$

这样，就把重热系数 α 与压气机压比 π_c 及等熵效率 η_s 联系起来。已知 π_c 及 η_s 即可算得 α。

根据式（4-30）作图 4-18，得到压气机等熵效率与级等熵效率的关系。由图可见，当 π_c 大（即级数多）时，η_{sc} 与 η_s 的差

异将增大。

目前轴流式压气机的级等熵效率可达0.92～0.94，而整机的等熵效率一般不超过0.92。

第四节 压气机变工况及特性曲线

一、压气机性能的主要参数

通常人们用以下一些参数来表示压气机的性能：

(1) 质量流量 q，表示单位时间内流经压气机的质量流量（kg/s）；

(2) 压比 π，它是压气机排气总压力 p_2^* 与进气总压力 p_1^* 的比值，即

$$\pi = \frac{p_2^*}{p_1^*}$$

通常，在压气机的进气侧还装有空气过滤器以及消声器等设备，因而 p_1^* 比大气压力 p_a 略低一些，它们之间的关系可以用压气机吸入口的总压保持系数 ϕ_1 来表示，即

$$\phi_1 = \frac{p_1^*}{p_a}$$

(3) 压气机的等熵压缩效率 η_s，它是一个衡量压气机设计和运行经济性的重要指标，表达式为

$$\eta_s = \frac{h'_{2s} - h_1^*}{h_2^* - h_1^*} \approx \frac{T_{2s}^* - T_1^*}{T_2^* - T_1^*}$$

(4) 压气机所需消耗的功率 P_C，在不考虑压气机的外部损失时，压气机所需消耗的功率可表示为

$$\begin{aligned} P_C &= 10^{-3} q (h_2^* - h_1^*) \\ &= 10^{-3} q (h_{2s}^* - h_1^*)/\eta_s \\ &= 10^{-3} q \frac{\kappa}{\kappa - 1} R T_a (\pi^{\frac{\kappa-1}{\kappa}} - 1)/\eta_s \qquad (\mathrm{kW}) \end{aligned}$$

式中：T_a 为外界大气的绝对温度，K；κ 为空气的等熵指数，一般取1.4；q 为质量流量，kg/s。

当压气机作为一个独立的机组来使用时（例如在天然气管线上使用的离心式天然气增压压气机），就必须单独考虑压气机的外部损失，如损耗在径向轴承和止推轴承上的机械摩擦损失。这时，压气机所需消耗的总功率可按下式来计算，即

$$P'_C = \frac{P_C}{\eta_m} (\mathrm{kW})$$

式中：η_m 为机械效率，$\eta_m \approx 0.98 \sim 0.99$。

压气机的流量 q、压缩比 π、等熵压缩效率 η_s 以及所需消耗的功率 P_C，必然都与压气机各级中气流的速度三角形有密切关系，对于一台已经设计好的压气机来说，当压气机各级中气流的速度三角形已定时，压气机的上述这些特性参数也就相应地不变了。

二、压气机的变工况

在机组的实际运行中，压气机不可能只是在特定的设计工况下工作，它经常会偏离设计工况点。例如，在燃气轮机启动、停机以及在部分负荷时，压气机都处于非设计工况下运行。此外，当外界大气条件改变时，p_a 和 T_a 发生了变化，压气机的运行工况也会有所变化。因此，

在燃气轮机的实际运行中，流量 q、压缩比 π、转速 n 和效率 η 等，都是会随时变化的。

1. 压气机的特性线

压气机的变工况特性线（简称特性线）是描述在变工况条件下，压气机的一些基本参数：q、π、n 和 η 之间互相变化关系的规律曲线。它可以用来判断各种运行因素，例如转速、大气参数和透平机前的燃气温度 T_3^* 等对压气机本身，以及整台燃气轮机基本工作参数的影响关系，并能帮助我们确定出变工况条件下，整台燃气轮机中压气机、透平机和燃烧室的联合运行特性线。

到目前为止，压气机的变工况特性线还不能用理论计算方法准确地求得。这是由于在非设计工况条件下，压气机中气流的运动变化规律相当复杂。因此，一般常用的压气机特性线，是在整台压气机的实物或模型上，用试验方法测得的。

在转速恒定的条件下，压气机的压比 π 和效率 η_C 随流量的改变而变化的关系，通称为压气机的特性线。

在图 4-19 中给出了一个单级轴流式压气机的特性线。图中纵坐标表示压气机的压比 π 和效率 η_C，横坐标表示压气机进口处的流量 q。上半部曲线描绘了在转速 n 恒定不变的情况下，η_C 随 q 变化的关系；下半部分曲线反映了：当转速 n 恒定不变时，π 随 q 变化的关系。当然，每一条曲线都对应于某一个固定不变的转速 n。

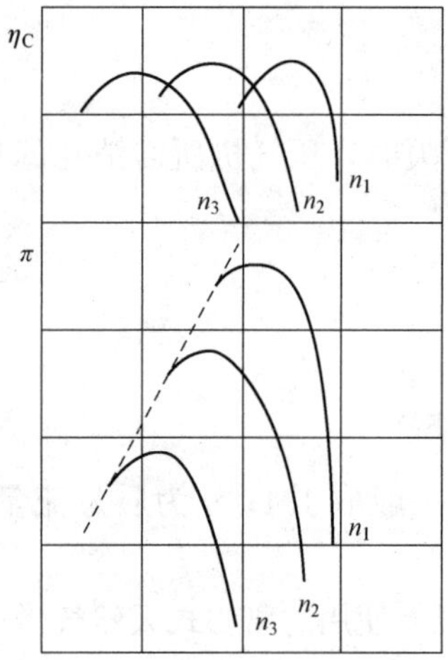

图 4-19 单级轴流式压气机的特性线 $n_1>n_2>n_3$

从这些特性线上可以看出：在最初阶段，π 是随流量的减小而逐渐增高的；到某一流量时，它能达到最大值；此后，随着 q 的进一步减小，它将朝着压比不断降低的方向发展。也就是说，压气机的每一条特性线都有一个最高点，它把特性线分为左右两个侧支。在右侧支上，压气机的压比将随流量的减小而增高；在左侧支上，情况恰恰相反。此外，在 η_C 与 q 的曲线上，也有相似的趋势。

这里应特别指出：当流进压气机的流量减少到某一个数值后，压气机就不能稳定地工作了。那时，压气机中流量会强烈地波动，压比也会随之上下脉动，同时，还伴随有低频的、狂风般的噪声，使机组产生比较剧烈的振动，这种现象称为喘振。

试验表明：当机组转速不同时，在压气机发生喘振现象时所对应的最小流量的数值也是不同的。假如把不同转速下的这些喘振点连成一条虚线（见图 4-19），那么这条线就是压气机能否进行稳定工作的边界线，通常称之为“喘振边界线”，或简称为喘振线。它表示：位于喘振边界线右侧的任何工况点都是稳定的，在喘振线的左侧则不能稳定工作。显然，在机组运行时，应该绝对防止在压气机中发生喘振现象。有关喘振现象的发生原因及其预防措施，将在下一节讨论。

2. 压气机特性曲线变化趋势的成因

由轴流式压气机的基元级传递给每千克气体的外功应为

$$\Delta h = u\Delta w_u = \frac{\kappa}{\kappa-1}RT_1^*\left(\pi^{\frac{\kappa-1}{\kappa}}-1\right)/\eta_s$$

由上式可知，压气机的压比 π 与外界传递给气体的外功 Δh 有密切关系。当压气机的转速一定时，也就是工作叶轮的圆周速度 u 恒定不变时，π 就取决于气流流过动叶栅时相对速度在周向分量的变化值 Δw_u。

在图 4 - 20 中给出了当压气机的转速不变，气体流量改变时，动叶栅前后气流速度三角形的变化规律。在图 4 - 20（a）上表示出了压气机在设计工况下，气流流过动叶栅时的情况。

这里所谓的设计工况是指气流沿最佳冲角的方向流进动叶栅的工况。此时，在动叶栅进口处相对速度 w_1 的方向几乎与动叶栅进口安装角的方向相一致，即 $\beta_1 \approx \beta_{1A}$，这时冲角 $i=0°$。

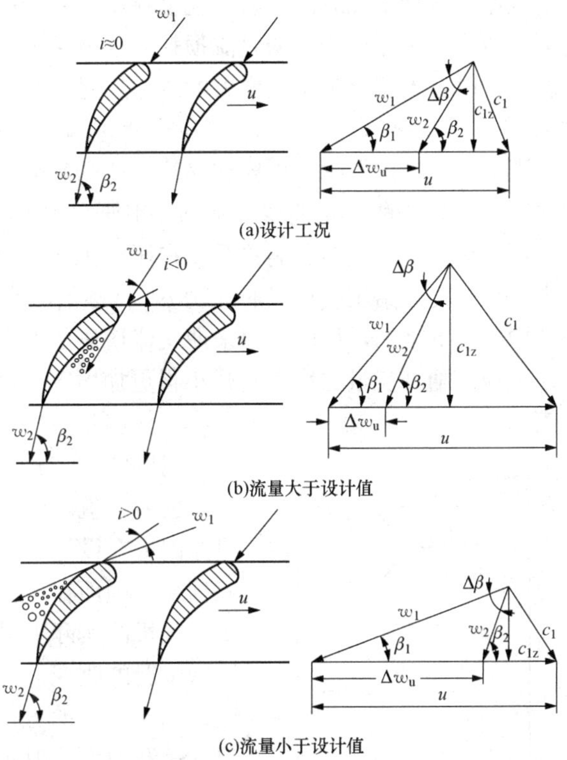

(a)设计工况

(b)流量大于设计值

(c)流量小于设计值

图 4 - 20　转速不变流量变化时速度三角形的变化

当流量大于设计值时［见图 4 - 20（b)］，轴向速度 c_{1z} 就会增大。很明显，在圆周速度 u 恒定不变的前提下，相对速度 w_1 与叶栅前额线的夹角 β_1 也要增大。但是，由于动叶栅流道的限制，气流流出动叶栅时所具有的相对速度 w_2 的方向角，即气流出口角 β_2 几乎是不变的。从图 4 - 20（b）上可清楚地看出，在这种情况下，气流流过动叶栅时的折转角 $\Delta\beta$ 以及相对速度周向分量的变化值 Δw_u 都减小了。动叶栅传递给每千克气体的外功 Δh 降低了。

当流量比设计值减小时，正如图 4 -20（c）上所示的那样，$\Delta\beta$ 和 Δw_u 都会增大，也就是说，在这种情况下，动叶栅传递给每千克气体的外功 Δh 增加了。

由此可见，在转速恒定的压气机级中，Δw_u（对应压比 π）将随着流量的改变而发生变化。假如由动叶栅传递给每千克气体的外功 Δh，毫无损失地全部都用来使气体增压，那么，能够输入的外功 Δh 越大，压气机的压比 π 就越高。显然，在这种情况下，随着流量的增大，可以传递给压气机级的外功 Δh 将逐渐减小。因而，轴流式压气机的压比 π 将随着流量 q 而变化的关系，就可以用图 4 - 21 中 a - a 所示的曲线来表示。

但是，在实际压缩过程中，从压气机动叶栅传递给每千克气体的外功 Δh，并不能全部都用来增压，其中必然有一部分能量需要用来克服气流流过基元级时在级内存在的各种能量损耗。因而，压气机级的特性线绝不可能表现为图 4 - 21 中曲线 a - a 的形式。

通常，气流流过压气机叶栅时所产生的能量损耗，可以笼统地归纳为摩擦损耗和气流的脱离现象而产生的涡流损耗两大类。

所谓摩擦损耗就是指气流流过压气机级时，与叶片表面、气缸壁面以及气流质点之间，由于相互摩擦效应所引起的能量损耗。这种损耗与气流的流动速度有密切关系。显然，它会随着流量的增加而不断地加大。

所谓因气流的脱离现象而产生的涡流损耗就是指当流经压气机的流量发生变化时，由于气流相对速度 w_1 的方向偏离设计工况 $i \approx 0°$的条件，而在动叶栅的内弧或背弧上产生强烈的气流脱离现象［见图 4-20 的（b）和（c）］所引起的能量损耗。显然，这种能量损耗与流量的大小也有密切关系。但是，它的变化规律却与摩擦损耗完全不同。在设计工况下，由于气流冲角 $i \approx 0°$，那时，可以认为气流的脱离现象而产生的涡流损耗接近零。但是，当流量大于或小于设计工况时的数值，就会在工作叶栅的进口出现负冲角或正冲角，从而引起较大的因气流脱离现象而产生的涡流损耗。这就是说，在设计工况下，涡流损耗等于零，但是当工况变动时，不管流量是从增大的方向还是从减小的方向偏离设计工况，都会导致涡流损失剧增。

那么，在考虑了摩擦损耗和涡流损耗的影响后，单级压气机的特性线将如何变化呢？下面以图 4-21 中的 a-a 曲线为基础，来研究这个问题。

不考虑涡流损耗的影响关系。在压气机转速恒定不变的前提下，可以推论，随着流量的增大，能够传递给压气机级的外功 Δh 将逐渐减小，而摩擦损耗会随之加大。也就是说，在外功中剩余下来的，可以被用来使气流增压的那部分能量将越来越小。因此，单级压气机的压比 π 应该随着流量的增大而减小得更加厉害。这种变化关系可以用图 4-21 中的 b-b 曲线来表示。

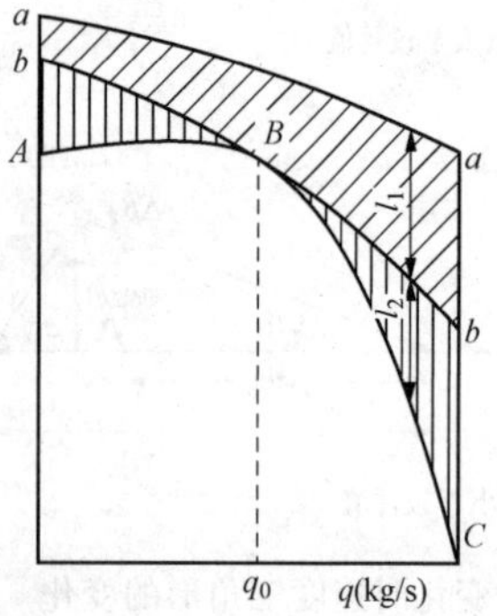

图 4-21 轴流式压气机级的流量特性

当以图 4-21 中的 b-b 曲线为基础，进一步把涡流损耗考虑进去后，就很容易看出单级轴流式压气机特性线的变化趋势。因为在设计工况下，气流流过压气机叶栅时，几乎没有涡流损耗，因而在 b-b 曲线上必然有一个点代表设计工况下，单级压气机的实际工况点（在图 4-21 中以 B 点来表示）。随着运行工况的改变，当压气机的流量，无论是朝着减少的方向，还是朝着增大的方向偏离设计工况的 B 点时，由于涡流损失都会逐渐加大，因而压气机的级压比 π 就会以 B 点为最高点，向两侧逐渐减小，这种变化趋势可以用图 4-21 中的曲线 ABC 表示。这条曲线为既考虑了摩擦损耗，又考虑了涡流损耗后，单级轴流式压气机的压比 π 与流量 q 之间的关系。很明显，它的变化趋势与图 4-19 中所示的实验结果完全一致。由此可见，单级轴流式压气机的特性线之所以会出现左右两侧分支的主要原因就在于：气流流过压气机叶栅时，存在着因气流的脱离现象而产生涡流损耗。

压气机的效率 η_C 随空气流量 q 变化的关系，也具有与压气机的 $\pi \approx f(q)$ 特性线相类似的变化趋势。这个问题也可以在分析图 4-20 时找到原因。因为当压气机在设计工况下沿最佳冲角方向流进动叶栅时，其能量损耗最小，效率就最高；但是，当流量增大或减小时，在动叶栅进口处就会出现负冲角或正冲角，这都会导致气流能量损耗增大，从而使压气机效率 η_C 下降。

由此可见，压气机的效率应该在设计工况下方能达到最大值，当它偏离设计工况时，就会朝两侧方向逐渐减小。

图 4-22 给出了一台多级轴流式压气机的特性线。它与单级压气机的特性线相比具有以下两个比较明显的区别。

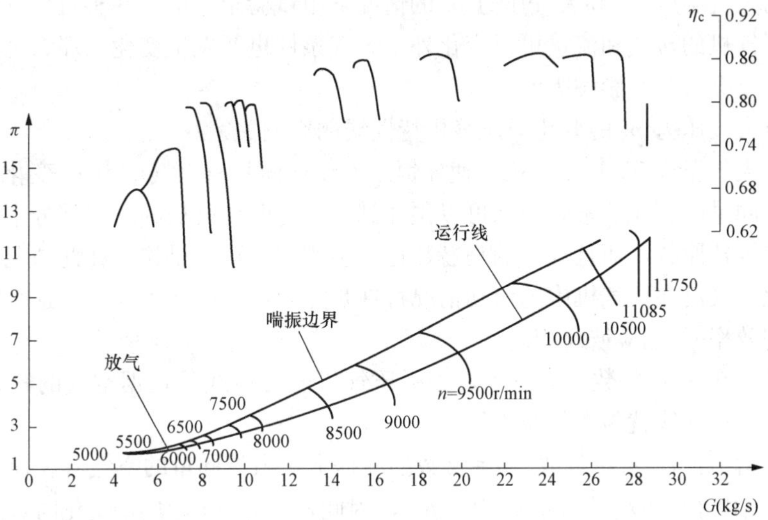

图 4-22 多级轴流式压气机的特性线

(1) 在同一转速情况下，当多级压气机的流量增大时，其压比 π 和效率 η_C 的下降幅度要比单级压气机大，也就是说，特性线的变化趋势十分陡峭，这个特点在高转速工况下更为明显，那时的特性线已几乎成为一条垂直于横坐标的直线。因而，对于转速恒定不变的多级轴流式压气机来说，流量的变化范围是相当狭窄的，通常其变化范围为

$$\frac{q_{max}-q_{min}}{q_{min}} \approx 1\% \sim 3\%$$

式中：q_{max}为压气机入口处的最大流量，kg/s；q_{min}为相同转速情况下，压气机即将发生喘振现象时，流进压气机入口处的最小流量，kg/s。

(2) 多级轴流式压气机的特性线通常不像单级轴流式压气机那样，有一个把特性线划为左右两个侧支的，以流量为参数的 π 的最高转折点。一般来说，随着空气流量的减小，在压比尚无下降趋势之前，也就是说，压气机工作点还处于特性线的右侧支上时，压气机就会出现喘振现象。因此，在多级轴流式压气机中，左侧支特性线实际上是不存在的。

那么，多级轴流式压气机的特性为什么没有左侧分支，而在右侧分支上就会进入喘振工况呢？这是由于多级轴流式压气机的特性线是由许多个单级压气机的特性综合而成的，只要其中某个级的工况点已进入了喘振工况，整台压气机就有可能失去稳定工作的能力。这时，其余那些尚未进入喘振工况的级，仍然在各自特性线的右侧分支上工作着。即当流量减少时，这些级的级压比还在增加之中，这就导致压气机的总的压比不仅不会下降，反而仍有增高的趋势。因此，在多级轴流式压气机中，喘振工况点将出现在特性线的右侧分支上。

最后还应该指出：在工程实际应用中，当人们绘制压气机的特性线时，常常喜欢把效率 η_C 随流量的变化关系，以等效率曲线的形式直接画在压比 π 随流量 q 变化的曲线族中。很明显，应用这些等效率工况点连成曲线这种曲线族，人们就能非常迅速而方便地根据压气机的工作点确定出运行工况的效率范围。

三、压气机的通用特性曲线

压气机特性线表示了压气机的压比 π 和效率 η_C 随转速 n 和流量 q 的变化关系。通常，它是在一定的大气温度 T_a 和大气压力 p_a 的情况下由试验求得的。在整台燃气轮机的工作过程中，除了压气机的转速和流量可以变化外，大气条件也要发生变化。那么，这种变化对于压气机的特性线会有什么影响呢？

首先分析大气压力 p_a 的变化对压气机特性线的影响关系。

显然，在大气温度 T_a 和压气机转速 n 恒定不变，而只有大气压力 p_a 变化的前提下，假如压气机吸入同量的容积流量，那么可以预计到，在这台压气机的通流部分中，气流的速度三角形将始终维持原状，而且气流的马赫数也不会改变。这就是说，在此情况下，不论大气压力如何变化，气流在压气机中的流动情况特性是完全不变的。因而，与这个容积流量相对应的压比 π 和效率 η_C 也应彼此相同。

由此可见，在 T_a＝常数的前提下，如果压气机的特性线是根据空气的容积流量来绘制的话，那么这种特性线就与大气压力的变化无关。

但是应该指出：在 T_a＝常数、n＝常数的前提下，虽然同量的空气容积流量对应于相同的压比 π，可是由于 $\pi = p_2^* / p_1^* = p_2^* / (\phi_1 p_a)$，因此，当大气压力 p_a 变化时，压气机的出口压力 p_2^* 的绝对值却是不同的。此外，由于气体的密度 ρ 与大气压力 p_a 成正比例关系，所以，在上述条件下，流到压气机中去的空气质量流量 q，也就会随着 p_a 的改变而按正比例关系发生变化。这就是说，压气机所消耗的总功率，必然会由于大气压力 p_a 的改变而发生相应的变化。

下面分析大气温度 T_a 的变化对于压气机特性线的影响关系。

在压气机的转速 n 和容积流量恒定不变的前提下，在压气机通流部分中，气流的速度三角形可以认为是变化不大的。假如忽略大气温度的变化对气流马赫数的影响，那么可以近似地认为：由外界加给每千克空气的绝热压缩功 Δh 将恒定不变。但是根据热力学的原理得知：

$$\Delta h_s = \frac{\kappa}{\kappa - 1} R T_a \left(\pi^{\frac{\kappa-1}{\kappa}} - 1\right)$$

由此可见，在 $\Delta h_s \approx$常数的前提下，当大气温度 T_a 升高时，压气机的压比 π 就会下降；反之，当 T_a 降低时，π 就会增高。

此外，当转速 n 和体积流量恒定不变时，随着大气温度 T_a 的改变，压气机的效率 η_C 也会发生某些变化的。例如，当 T_a 增高时，由于声速（$a = \sqrt{\kappa R T_a}$）增大，就会使得流经压气机的气流马赫数减少，气动阻力减弱，因而压气机的效率 η_C 就会增高；反之，当大气温度 T_a 降低时，效率就会下降。

从上述讨论中可以看出：当大气温度改变时，相对于同一转速 n 和体积流量来说，压气机的压比和效率都会有变化。因此，大气温度 T_a 对压气机的特性线是有影响的。也就是说，在不同的进气温度 T_1^* 下所测得的压气机特性线是不相同的。在这里就提出一个问题，即能不能把在某个特定的大气参数下测得的压气机特性线用一些通用的相似参数来表示，并绘制成为压气机的通用特性曲线，使它能够适用于不同的进气条件（p_a，T_a）的情况呢？

回答是肯定的，我们只要利用相似理论中的一些相似准则，就能达到这个目的。人们在试验研究工作中，总是想通过少量试验所得的结果推广到较大的范围中去应用，在小规模的模型上做出的结果能用到大型设备上。这种研究同类物理现象（或过程）之间相互关系的学问就称为“相似理论”。相似理论是指导科学试验的重要原理。

根据相似理论，在模化气体动力的流动过程中，要遵守几何相似、运动相似与动力相似的原则。

要达到几何相似，就要求模型与实物所有的线性尺寸具有相同的比例；要运动相似，就要求在所研究的气流流动中的无因次速度场完全相同；要动力相似，就要求它们有相似的运动方程和相似的边界条件。

在流体动力学的相似理论中常遇到的相似准则为

$$Re=\frac{\rho wl}{\eta},\ Ma=\frac{c}{a}$$

在高速旋转的压气机中，雷诺数 Re 都较大。通常这时的雷诺数 Re 都处于自模化状态的流动过程，没有必要使 Re 数相等。

所遇到的相似准则就是马赫数，即

$$Ma=\frac{c}{a}$$

其中

$$a=\sqrt{\kappa RT}\text{ 或 }a=\sqrt{\kappa(p/\rho)}$$

根据要保持马赫数这个相似准则相等，就可求得描写压气机特性的相似参数，$n/\sqrt{T_1^*}$ 和 $q\sqrt{T_1^*}/p_1^*$。通常，我们习惯于把压气机通用特性曲线用如下关系表示：

$$\pi=f_1\left(\frac{q\sqrt{T_1^*}}{p_1^*},\frac{n}{\sqrt{T_1^*}}\right)$$

$$\eta_C=f_2\left(\frac{q\sqrt{T_1^*}}{p_1^*},\frac{n}{\sqrt{T_1^*}}\right)$$

图 4-23 所示为轴流式压气机的通用特性曲线示例。从图 4-23 中可以看到，压气机的通用特性曲线具有以下一些特征：

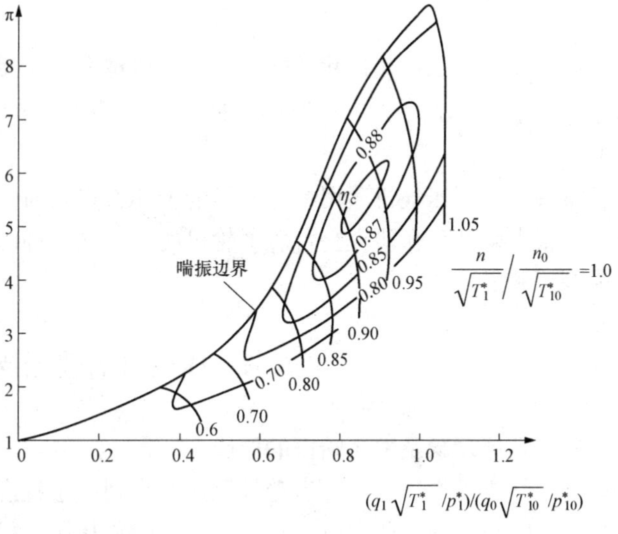

图 4-23　轴流式压气机的通用特性曲线

（1）压气机的工作特性可以概括地用 π、$n/\sqrt{T_1^*}$、$(q\sqrt{T_1^*})/p_1^*$ 和 η_C 这四个参数来表示。

（2）在表征压气机工作特性的 π、$n/\sqrt{T_1^*}$、$(q\sqrt{T_1^*})/p_1^*$ 这三个参数中，只要其中任意两个参数已经确定，那么，另外两个参数也就相应确定了。那时，压气机就有一个完全确定的运行工况。这就是说，决定压气机运行工况和工作特性的独立参数变量只有两个。通常，人们习惯于选用 $n/\sqrt{T_1^*}$ 和 π 这对参数作为确定压气机运行工况的独立参变量。

（3）当压气机的相似转速 $n/\sqrt{T_1^*}$ 恒定不变时，即当 $n/\sqrt{T_1^*}$＝常数时，随着相似流量 $(q\sqrt{T_1^*})/p_1^*$（又称为通流能力）的增大，压气机的压比将逐渐下降。反之，当 $(q\sqrt{T_1^*})/p_1^*$ 减小时，压比 π 将趋于升高。

通常，随着压气机相似转速的增高，反映压气机的压比 π 与相似流量 $(q\sqrt{T_1^*})/p_1^*$ 之间的变化关系，即 $n/\sqrt{T_1^*}$ =常数的下列关系曲线：

$$\pi = f\left(\frac{q\sqrt{T_1^*}}{p_1^*}\right)$$

就会变得更加陡峭。这就是说，在这种情况下，压气机相似流量的变化范围很小。因而，可以粗略的认为压气机的相似流量（$q\sqrt{T_1^*}$）$/p_1^*$ 主要与压气机的相似转速 $n/\sqrt{T_1^*}$ 有关。

但是必须注意：压气机的压比 π 不仅与相似转速 $n/\sqrt{T_1^*}$ 有关，而且当相似转速恒定不变时，随着压气机出口管网阻力特性的变化，压比的变化范围可以相当大。

在级数较多的高压比的压气机中，随着相似转速的提高，$\pi = f(q\sqrt{T_1^*}/p_1^*)$ 关系曲线的更加陡峭。

（4）在压气机的通用特性曲线上，有一条极为重要的喘振边界线。当压气机的运行工况进入喘振边界线的左侧时（见图 4-23），气流将发生强烈的、周期性的波动，甚至会引起压气机的工作叶片因强烈振动而断裂。因而，绝不能容许压气机在喘振区内工作。这就是说，在每个相似转速工况下，对多级轴流式压气机来说，都有一个各自特定的极限压比值 π_{max} 或有一个最小的极限相似流量值 $(q\sqrt{T_1^*}/p_1^*)_{min}$，当机组的压比超过极限值 π_{max} 或者空气的相似流量小于极限值 $(q\sqrt{T_1^*}/p_1^*)_{min}$ 时，压气机就会进入喘振工况，从而失去稳定工作的能力。

（5）在每一条等相似转速线上，压气机都有一个最佳效率 η_{opt} 的运行点，当流经压气机的相似流量（$q\sqrt{T_1^*}/p_1^*$）偏离了该运行点所对应的相似流量时，压气机的效率 η_C 就会降低。

掌握了有关压气机通用特性曲线的上述特点，对于进一步分析整台燃气轮机的变工况特性会有很大帮助。在研究整台燃气轮机的变工况特性时，将会看到压气机的通用特性曲线是极为有用和必需的。

第五节　压气机的喘振及防喘措施

一、喘振现象及发生喘振的原因

在压气机工作过程中，当空气流量减小到一定程度时就会出现波动，忽大忽小；压力出现脉动，时高时低；严重时，甚至会出现气流从压气机的进口处倒流出来的现象伴随着低频的怒吼声响；机组产生强烈地振动，这种现象称为喘振现象。在机组的实际运行中，我们决不能容许压气机在喘振工况下工作。因为当压气机发生严重喘振时，往往会引起压气机叶片断裂现象的发生，从而进一步导致灾难性事故的发生。

1. 喘振现象产生的原因

喘振现象究竟是怎样产生的呢？通常认为：喘振现象的发生，总是与压气机通流部分中出现严重的气流脱离现象有密切关系。

当压气机在偏离设计工况的条件下运行时，在压气机工作叶栅的进口处，必然会出现气流的正冲角或负冲角。当这种冲角增大到某种程度时，粘附在叶型表面上的气流附面层就会产生分离，以致发生气流脱离现象。一般来说，在压气机中出现的气流脱离现象是比较复杂的。图 4-24 中给出了在轴流式压气机的动、静叶栅的流道中发生气流脱离现象时的物理模型。

我们知道：当压气机在设计工况下运行时，气流进入工作叶栅时的冲角接近零（$i\approx 0°$）。但是，当空气流量增大时［见图 4-24（a）］，气流的轴向速度 c_{1z} 就要加大。假定压气机的转速 n 恒定不变，那么，β_1 和 α_2 也会增大，由此产生了负冲角（$i<0°$）。当空气流量继续增大，使负冲角加大到一定程度后，在叶片内弧表面上就会发生气流附面层的局部脱离现象。但是，这个脱离区不会继续发展。这是由于当气流沿着叶片的内弧侧流动时，在惯性力的作用下，气流的脱离区会朝着叶片的内弧面方向挤拢和靠近，因而，会阻止脱离区的进一步发展。此外，在负冲角的工况下，压气机的级压比有所减小，这时，即使产生了气流的局部脱离区，也不至于进一步发展形成气流的倒流现象。

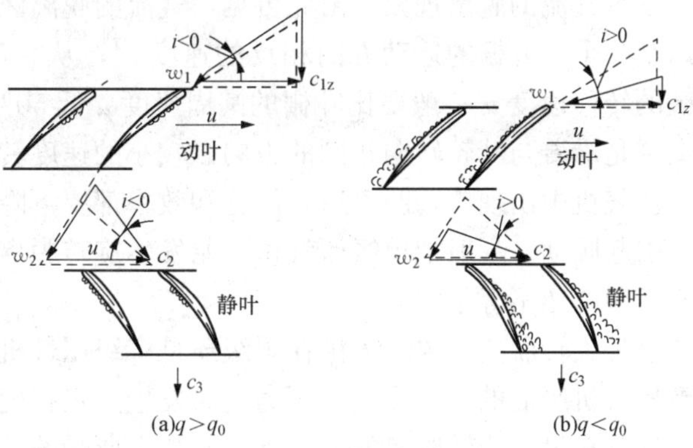

图 4-24 流量变化时，在叶栅的流道中出现的气流脱离现象

可是，当流经工作叶栅的空气流量减小时［见图 4-24（b）］，情况就完全不同了，那时，气流的 β_1 和 α_2 角都会减小，当 β_1 和 α_2 角减小到一定程度后，就会在叶片的背弧侧产生气流附面层的脱离现象。只要这种现象一出现，脱离区就有不断发展扩大的趋势。这是由于当气流沿着叶片的背弧面流动时，在惯性力的作用下，存在着一种使气流离开叶片的背弧面而分离出去的自然倾向。此外，在正冲角的工况下（$i>0°$），压气机的级压比会增高。因此，当气流严重脱离时，气流就会朝着叶栅的进口倒流，这就为发生喘振现象提供了条件。

此外还必须指出：上述那种气流脱离现象，往往不是在压气机工作叶栅沿圆周整圈范围内同时发生的。试验研究表明：一般来说，由于叶栅中叶片形状和分布不均匀性以及气流沿周向分布不均匀性，在小流量大冲角的工况下，气流的脱离往往是在某一个或几个叶片上发生的，一般情况下，在整个环形叶栅沿圆周方向范围内，可以同时产生几个比较大的脱离区，而这些脱离区的宽度仅涉及一个或几个叶片通道。同时还应该指出：这些脱离区并不是固定不动的，它们会依次沿着与叶轮旋转方向相反的方向转移。因而，这种脱离现象又称为旋转脱离。

2. 旋转脱离现象产生的原因

这种旋转脱离现象是怎样产生的呢？这个问题可以用图 4-25 中所示的情况来说明。

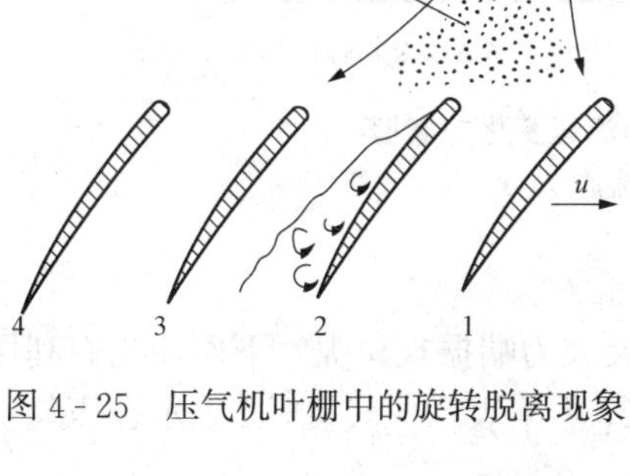

图 4-25 压气机叶栅中的旋转脱离现象

如图 4-25 所示，假如压气机的叶栅正以速度 u 朝右侧方向移动。此时，由于空气流量的减少，在叶片 2 的背弧面上首先出现了气流的强烈脱离现象。可以设想：这时，处于叶片 2 和叶片 3 之间的通道就会部分或全部被脱离的气流堵塞。这样就会在这个通道的进口部分形成一个气流停滞区（或称为低流速区），它将迫使位于停滞区附近的气流逐渐改变其原有的流动方向，使位于停滞区右边的那些气流的冲角减小。因而，叶片 1 的绕流情况得到改善，气流的脱离现象

将逐渐消失；同时，使位于停滞区左边的那些气流的冲角加大，从而促使在叶片3的背弧侧开始发生气流的脱离现象。由此可见，气流的脱离区并不是恒定地固定在某一个叶片上，而是以某一个与叶栅的运动方向相反的速度 u'，从右侧向左侧方向逐渐转移。试验表明：脱离区的转移速度 u' 一般要比叶栅的圆周速度 u 低50%～70%。因此若是站在地面上去观察，脱离区是沿着与叶轮转向相同的方向以较小的速度转动着。

压气机中出现旋转脱离后，压比和效率都要下降，而且会由于气流参数的周向不均匀分布而引起脉动。一般把单级压气机开始发生旋转脱离时的流量作为该级的稳定工作界限，出现旋转脱离还不等于喘振。

这种旋转脱离现象，无论在单级还是多级压气机中都会产生。只要这种现象出现，就会导致压气机级后的空气流量和压力同时发生一定程度的波动。

通常在没有旋转脱离的情况下，叶片上所受的气动力可以认为恒定不变。但是，当有旋转脱离现象后，在压气机叶片上就会受到周期性变化的气动力作用。这种交变的作用力会引起叶片材料疲劳，严重时会使叶片因疲劳而断裂。如果这个力的作用频率与叶片的自振频率重合，那么就会使叶片发生共振。由此可见，在压气机中发生旋转脱离现象的危害性是很严重的。

通过以上初步分析可以看出：气流脱离现象是压气机工作过程中有可能出现的特殊的内部流动形态。当空气流量减少到一定程度后，气流的正冲角会加大到某个临界值，导致在压气机叶栅中的气流产生强烈的旋转脱离流动。

必须指出：假如在压气机通流部分中产生的旋转脱离比较微弱，压气机不一定马上进入喘振工况。只有当空气流量继续减小，致使旋转脱离进一步发展之后，在整台压气机中才会出现喘振现象。

图4-26所示为压气机在正常工况下与喘振工况下压力 p 和气流速度 c 变化的波形示意，两者的差别是明显的。在正常工况下［见图4-26（a）］，其压力与速度的平均值高，两者的脉动振幅都很小，说明气流流动是有规律的。在喘振工况时［见图4-26（b）］，平均出口压力明显下降，压力与速度脉动的振幅大大增加，说明气流流动的规律性已完全破坏了。

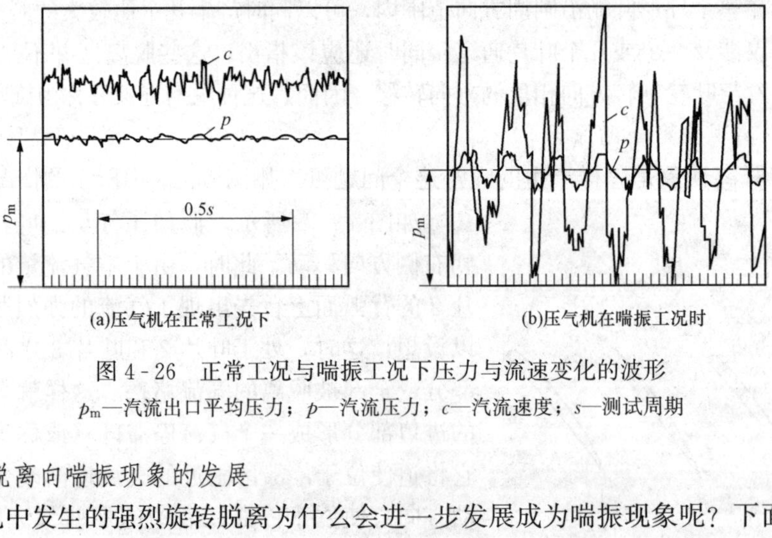

(a)压气机在正常工况下 (b)压气机在喘振工况时

图4-26 正常工况与喘振工况下压力与流速变化的波形

p_m—汽流出口平均压力；p—汽流压力；c—汽流速度；s—测试周期

3. 旋转脱离向喘振现象的发展

在压气机中发生的强烈旋转脱离为什么会进一步发展成为喘振现象呢？下面让我们利用图4-27来简单地说明一下喘振现象的发生过程。图4-27中1表示压气机，2表示在压气机后具有一定容积的工作系统。在燃气轮机中，这就相当于燃烧室和透平机，流经压气机的流量可以通过装在容器出口处的阀门 3 来调节。当压气机正常工作时，随着空气流量的减小，容器中的压力就会升高，当流量减少到一定程度时，在压气机的通流部分开始产生旋转脱离现象。假如空气流量继续减小，旋转脱离就会强化和发展，当它发展到某种程度后，由于气流的强烈脉动，压气机的出口压力会突然下降。那时，2 中的气体压力就会比压气机出口的压力高，导致气流回流到压气机中去，而另外一部分空气仍然会继续通过阀门 3，流到容器外面去。由于这两个因素的同时作用，2 中的压力就会立即降低下来。假如这时压气机的转速恒定不变，那么随着 2 中压力的下降，流经压气机的空气流量会自动增加，与此同时，在压气机叶栅中发生的气流脱离现象就会逐渐趋于消失，压气机的工作情况将会恢复正常。当这种情况继续一个很短的时间后，2 中的压力再次升高，流经压气机的空气流量又会重新减少，在压气机通流部分中发生的气流脱离现象又会出现。上述过程就会周而复始地进行下去，这种在压气机与其后具有一定容积的工作系统之间发生的空气流量和压力参数的时大时小的周期性振荡，就是压气机的喘振现象。

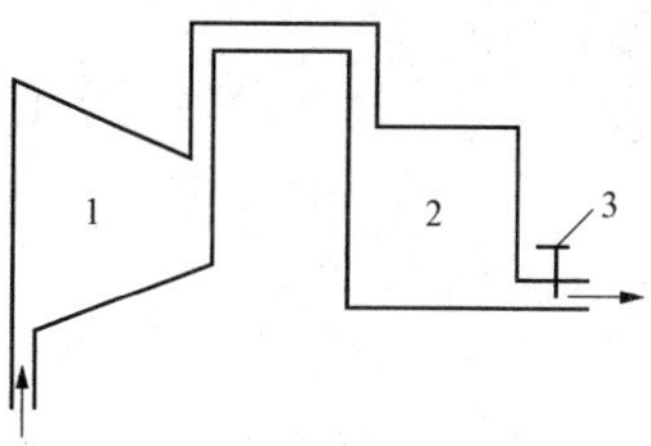

图 4 - 27　压气机的工作系统
1—压气机；2—工作系统；3—阀门

总之，在压气机中出现的喘振现象是一种比较复杂的流动过程，它的发生是以压气机通流部分中产生的旋转脱离现象为前提的，但还与压气机后面的工作系统有关。试验表明：工作系统的容积越大，喘振时空气流量和压力的振荡周期就越长。而且对于同一台压气机，如果与其配合的工作系统不同，那么，在这个系统中发生的喘振现象也就不完全一样。

二、防止压气机中喘振现象的措施

（1）在设计压气机时，应该合理地选择各级之间流量系数 $\phi=c_z/u$ 的分配关系，力求扩大压气机稳定工作的范围。

很明显，随着流量系数 ϕ 值的减小，气流的正冲角增大，压气机级就会逐渐趋近于喘振工况。当达到某个极限值 ϕ_{min} 时，在压气机的级中就会产生强烈的气流脱离现象，以致进入到喘振区。研究表明，在低速工况下，压气机的前几级最容易发生喘振，因而在设计需要经常在低于设计转速工况下运行的压气机时，应该把前几级的流量系数选得大些。此外，这些级的做功量应该取得小些，这样就能保证压气机前几级不容易进入喘振工况。反之，对于设计转速恒定不变的压气机或者是运转速度容许比设计转速稍微高一些的压气机，应该把后几级的流量系数取得大些，以扩大后面几级叶栅的稳定工作范围，使其具备较大的喘振裕度。

（2）采用可转的进口导叶和静叶。在轴流式压气机的第一级前装设可调（可转）导叶，或者在前若干级中装设可调（可转）静叶，可起到防喘振作用呢。下面用图 4 - 28 中进行解释。

在图 4 - 28（a）中可以看出：当压气机采用固定进口导叶时，在压气机第一级动叶前，由于空气流量的改变而引起气流速度三角形的变化。此时，气流流进动叶栅的绝对速度 c_1、c_1'、c_1''的方向，实际上是不变的。因此，当动叶栅的圆周速度 u 恒定不变时，或者是当气流的轴向速度 c_z 与圆周速度 u 不能按照同一个比例关系进行变化时，那么气流流进动叶栅时的冲角 i 就要发生变化。图 4 - 28（a）中的 1 表示在设计工况下，气流进入动叶栅时的流动状况，此时进气冲角 $i=0°$；2 表示空气流量大于设计值时，或者气流轴向速度的增长率大

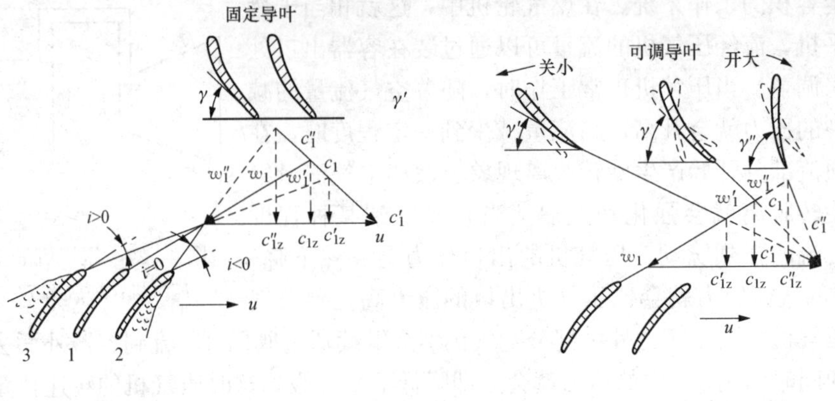

(a)进口导叶不调　　(b)进口导叶可调

图 4-28　压气机进口导叶固定和可调时，气流速度三角形的变化情况

于圆周速度的增长率时（反之，当轴向速度减小率小于圆周速度的减小率时）的气流流动状况，此时进气冲角 $i<0°$；3 表示空气流量小于设计值时，或者是气流轴向速度的增长率小于圆周速度的增长率时（反之，当轴向速度的减小率大于圆周速度的减小率时）的气流流动状况，这种情况正是燃气轮机启动时，在压气机前几级中经常遇到的状况，此时进气冲角 $i>0°$。由此可见，在低转速情况下，压气机的前几级是很容易进入喘振工况的。

从图 4-28（b）中可以清楚的看出压气机进口可调导叶的作用。当流进压气机的空气流量发生变化时，可以关小或开大可调导叶的安装角 γ，使气流的绝对速度 c_1、c_1'、c_1''的方向发生变化，以保证气流进入动叶栅时的相对速度 w_1、w_1'、w_1''的方向恒定不变。由此可见，在变工况条件下，当压气机中出现了轴向速度与圆周速度的配合关系如图 4-28（a）中 3 所示的情况时，只要把压气机进口导叶的安装角 γ 关小，就能减小或消除气流进入动叶栅时的正冲角，从而达到防喘振的目的。

由于在低转速工况下，压气机的前几级最容易进入喘振工况，因而，通常把压气机进口导叶设计成为可调的。

在图 4-29 中给出了在某台燃气轮机上采用的，压气机进口可调导叶的示意。在每一个可调导叶的根部装有一个小齿轮，转动这些小齿轮就可以改变进口导叶的安装角 γ。这些小齿轮的转动是依靠一个大齿圈来带动的，而齿圈的动作由一个专门的液压控制的油动机来操纵。

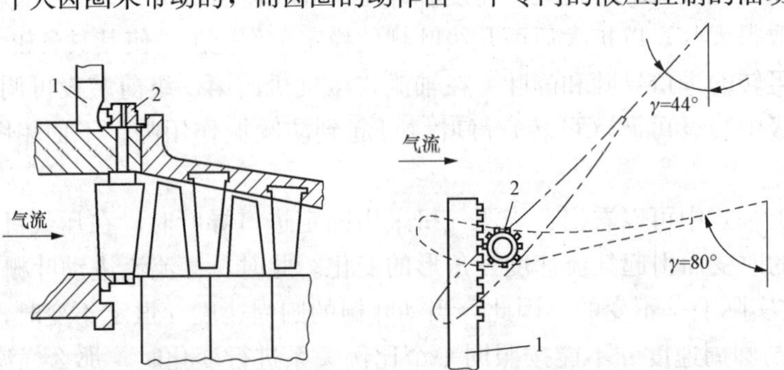

图 4-29　在某台燃气轮机上采用的可调导叶的示意

1—大齿圈；2—小齿轮

采用了进口可调导叶的措施，不仅可以防止压气机的第一级进入喘振工况，而且能使其后各级的流动情况得到改善。因为当压气机第一级动叶栅中气流的正冲角减小时，级的做功量就会减小。也就是说，在第一级出口处，空气的压力会减小，这样就可以增大流到其后各级去的空气容积流量，使这些级的气流的正冲角也适当减小，因而也有利于改善这些级的稳定工作特性。

静叶的转动其道理和进口可转导叶一样。考虑到中间级在低速时偏离设计情况不大，一般就不必转动静叶了。根据实践，对高压比的压气机，一般转动前面一、二级的静叶已效果明显，只有在压比很高时，才需要转动更多的静叶。

改变压气机的进口可调导叶安装角的措施能够改善压气机的喘振特性，其效果从图 4-30 中可以看出：当进口导叶的安装角 γ 减小时，压气机的特性线就会向左下方移动。这就意味着压气机的喘振边界线朝着流量减小的方向移动。显然，这对于扩大压气机的稳定工作范围是很有利的。反之，当进口导叶的安装角加大时，压气机的特性线将向右上方移动。此时，压气机的压比增高，但稳定工作范围却变窄了。

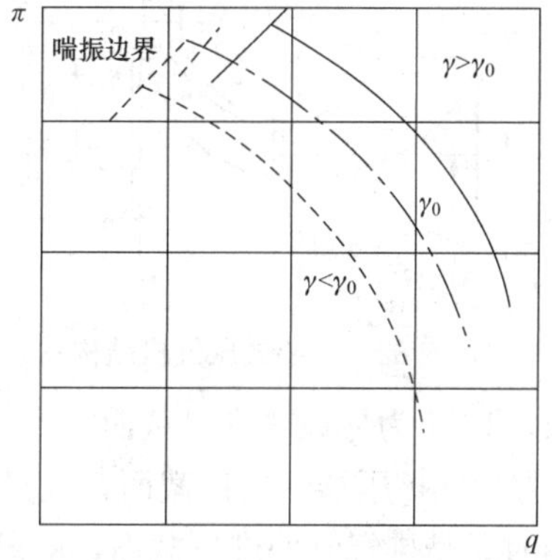

图 4-30　改变导叶安装角和压气机特性线的变化关系

(3) 在压气机通流部分某一个或是若干个截面上，安装防喘放气阀的措施。鉴于机组在启动工况和低转速工况下，流经压气机前几级的空气流量过小，以致会有较大的正冲角，而使压气机进入喘振工况。于是人们设想出在最容易进入喘振工况的某些级的后面，开启一个或几个旁通放气阀，迫使更多的空气流过放气阀之前的那些级，这样就有可能避免在这些级中产生过大的正冲角，从而达到防喘的目的。

图 4-31 所示为多级轴流式压气机中间级的防喘放气阀示意。选择防喘放气阀的安装位置非常重要。实践表明：把防喘放气阀安装在压气机的最前几级，并不能获得很好效果。把防喘放气阀安装在最后几级，甚至是安装在压气机后的排气管道上对于扩大压气机的稳定工作范围虽有好处，但是，由于放气压力很高，由旁通放气阀排出的空气所带走的能量损失很大。因此，应把防喘放气阀分布在压气机通流部分的若干截面上。这样，既能改善流动情况最为恶劣的压气机级的工作条件，又能保证放气能量损失不至于过大。

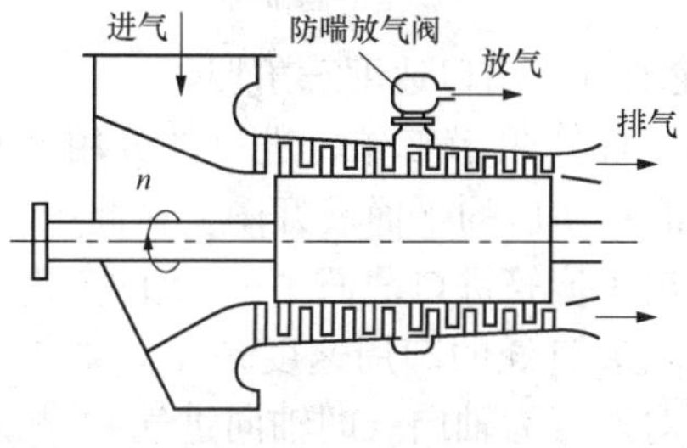

图 4-31　多级轴流式压气机中间级的防喘放气阀示意

很明显，当防喘放气阀打开时，燃气轮机的运行线将会远离压气机的喘振边界线，扩大了机组的稳定工作范围。

综上所述，压气机通流部分的几何尺寸是根据设计工况确定的。当压气机的设计压比不超过 4 时，因工况偏离设计工况不大，不采取防喘振措施各级仍能协调地工作。但是，当设计压比达到 6～7 时，如不采用中间放气或可调导叶等防范措施，难以避免喘振。如压比达到 10～30 时，仅采用上述两种防喘振措施，这时单轴压气机已无法有效地防止喘振，在这种情况下，为了防止喘振，往往需要采用双转子结构的压气机，即将压气机分成低压压气机（在单轴压气机中为低压段）和高压压气机

(在单轴压气机中为高压段)，而它们分别由不同的涡轮来拖动。

第六节 离心式压气机

离心式压气机结构简单，在工作轮中流动的气体，由于离心力的作用，其单级压比高、工艺性能良好，因此广泛用于微型和小型燃气轮机中。

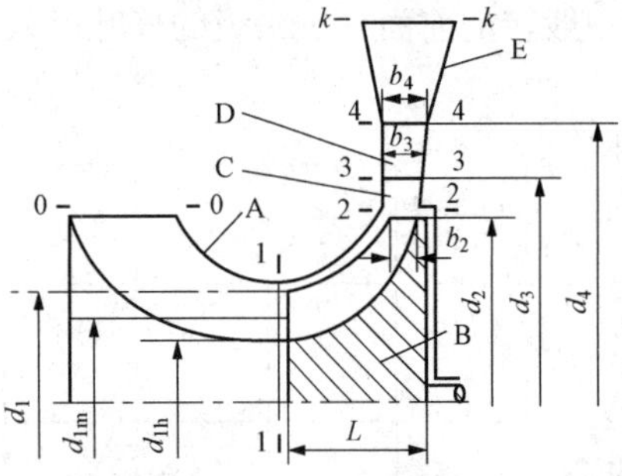

图 4-32 离心式压气机结构示意

单级离心式压气机一般由进气管、工作轮、无叶扩压器、叶片扩压器和排气管组成。其结构示意如图 4-32 所示。空气经过进气管 A 进入工作轮 B，在工作轮中，气体因受到叶片的作用而流向工作轮的外缘，高速气流的部分动能在扩压器（C 为无叶扩压器，D 为叶片扩压器）中转变为压力能，最后气体经排气管 E 排出。

在图 4-32 中，标注了离心级内各特征截面的号码和基本尺寸。图中规定：0—0 为进气管的进口截面，1—1 为导风轮进口截面，2—2 为工作轮的出口截面，也是无叶扩压器的进口截面，3—3 为无叶扩压器的出口截面，也是叶片扩压器的进口截面，4—4 为叶片扩压器的出口截面，同时又是排气管的进口截面，k—k 表示排气管的出口截面。

在图 4-32 中，d_{1h}表示导风轮进口的内径；d_{1m}表示导风轮进口的平均直径；d_2 表示工作轮的外径；b_2 表示工作轮出口的叶片高度（或宽度）；d_3 表示叶片扩压器进口的直径；b_3 表示叶片扩压器进口的叶片高度；d_4 表示叶片扩压器出口的直径；b_4 表示叶片扩压器出口的叶片高度（或宽度）；L 表示工作轮的轴向长度。

图 4-33 所示为离心式压气机工作轮的子午面剖面。离心式压气机也可引入基元级的概念。在工作轮两个特征截面 1—1（入口）和 2—2（出口）之间画出两条相邻的子午流线，使这两条子午流线绕轴旋转，可以得到 1—1 截面和 2—2 截面之间的基元流管 A。

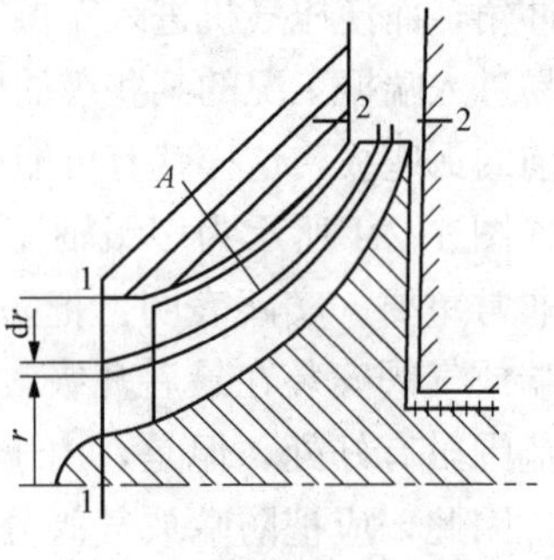

图 4-33 离心式压气机工作轮子午面剖面

一、工作轮进、出口速度三角形

图 4-34 所示为常用的离心式压气机径向叶片工作轮的进、出口速度三角形。

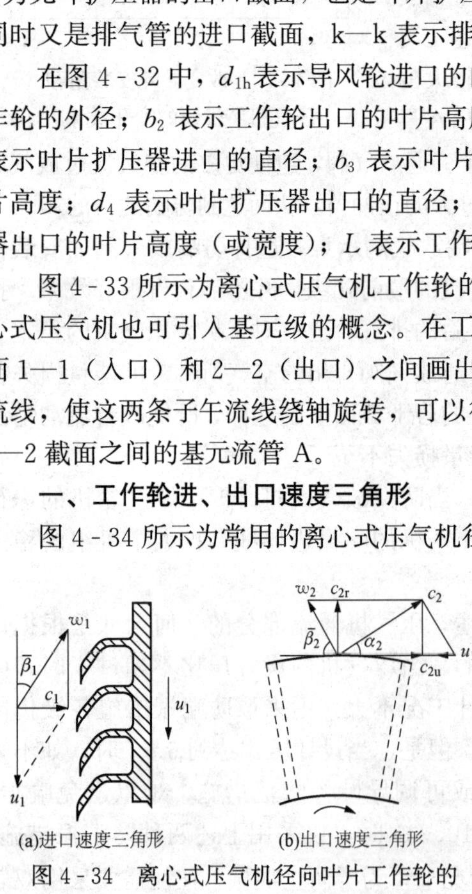

(a)进口速度三角形 (b)出口速度三角形

图 4-34 离心式压气机径向叶片工作轮的进、出口速度三角形

图 4-34（a）表示工作轮进口部分用半径为 r 的圆柱面相切后的平面展开图。在此图上，相应地表示出了流管进口截面 1—1 上的速度三角形。工作轮进口处的圆周速度是 u_1，如果进口来流的绝对速度为轴向（即轴向进气），相对速度 w_1 必须与周向成一个角 $\bar{\beta}_1$，因而工作轮叶片的进口前缘必须要作相应的弯曲。$\bar{\beta}_1$表示在工作轮进口处气流相对速度的方向，也就是相对速度与圆周速度反方向间的夹角。

图 4-34（b）表示出口截面 2—2 处的速度三角形。$\overline{\beta}_2$ 表示在工作轮出口处气流相对速度的方向，也就是相对速度与圆周速度反方向间的夹角。

应指出，由于工作轮内产生的惯性旋转的影响，在工作轮出口截面气流相对速度 w_2 的方向实际上并不是径向的，而是往转动的反方向偏斜。

如图 4-34 所示，对一个流道的流面进行研究，假设流动是轴对称的，对控制面内的流体应用动量矩定理，并根据功的定义对单位质量流体可写出功的方程式为

$$\Delta h = c_{2u}u_2 - c_{1u}u_1 \tag{4-39}$$

离心式压气机的速度三角形与轴流式压气机的不同，$u_2 \gg u_1$；在轴流式压气机中二者可以假设相等。

显然，对离心式压气机基元级也可写出

$$\Delta h = \frac{w_1^2 - w_2^2}{2} + \frac{c_2^2 - c_1^2}{2} + \frac{u_2^2 - u_1^2}{2} \tag{4-40}$$

由于对进口不同半径的基元级的理论功是不等的。因此，对于整个级来说，理论功应是各基元级理论功的平均值。按质量平均离心级的理论功可写为

$$\Delta h_c = \frac{\int_{r_h}^{r_t} (c_{2u}u_2 - c_{1u}u_1)_i dq_i}{q} \tag{4-41}$$

式中：dq_i 为通过任意基元流管的质量流量，kg/s；q 为通过整个级的质量流量，kg/s；下标 c 表示离心级；下标 i 表示任意流管。

二、工作叶轮

为了分析和设计上的方便，通常将工作叶轮分为导风轮（即工作叶轮前缘部分）和工作轮本体两个部分。

1. 导风轮

工艺上常常把导风轮单独加工，加工后再与工作轮本体合为一体。也可以把导风轮和工作轮本体作为一个整体一起加工制成，如图 4-35 所示。

从工作原理上讲，导风轮是工作轮的一部分，是和工作轮连在一起旋转的导流器，导风轮是工作轮的进气部分，其叶片与叶片之间形成一定扩散度的流道。叶片的前缘必须弯曲一定角度，即

图 4-35 径向直叶片叶轮

$$\overline{\beta_{1A}} = \overline{\beta_1} + i$$

式中：$\overline{\beta_{1A}}$为叶型进口角；$\overline{\beta_1}$为气流进气角；i 为冲角。

显然，在一定的圆周速度下，导风轮的气流进口角$\overline{\beta_1}$和进气管出口气流速度的周向分速度密切相关，即和进气管提供的气流预旋有关。离心式压气机中也是将 c_{1u}称为预旋，$c_{1u}>0$ 称正预旋。$c_{1u}=0$ 即为无预旋的轴向进气，这时具有较大的工作叶轮进口相对速度 w_1。当 c_{1u}增加时，w_1 和 Ma_{w1}都减小（见图 4-36）。在固定式机组中一般采用轴向进气，在航空发动机的离心式压气机中常采用正预旋以降低工作叶轮进口 Ma_{w1}。

2. 工作轮

工作轮的结构可分为闭式、半开式、开式三种形式。图 4-37 所示为离心式压气机工作

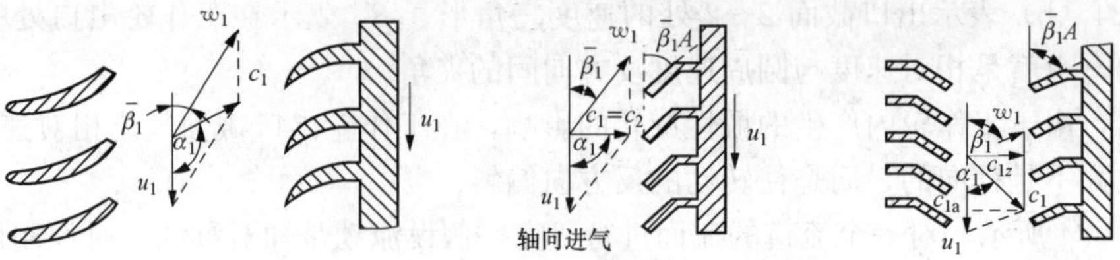

(a)反预旋　(b)无预旋　(c)正预旋

图 4 - 36　进口预旋

轮的结构。开式工作轮中的气流与工作轮两侧的外壳壁接触损失很大，在近代燃气轮机中很少使用。闭式工作轮中的气流完全封闭在工作轮的流道之内不与壳体接触，可以获得最高的效率，但由于强度方面的原因，它也不适用于燃气轮机中。半开式工作轮在较高的圆周速度下既具有材料强度条件优势，又具有较高效率。因此，是目前在燃气轮中广泛采用的一种结构形式。

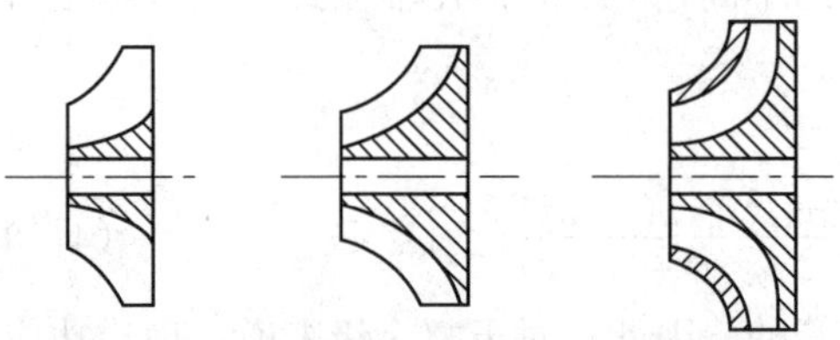

(a)开式工作轮　(b)半开式工作轮　(c)闭式工作轮

图 4 - 37　离心式压气机工作轮的结构

三、无叶扩压器

离心工作轮出口的气流绝对速度 c_2 一般很大，气流具有很大动能。对径向叶片工作轮而言，这部分能量几乎占工作轮中输给气体总能量的一半。扩压器的作用通过流道截面面积逐渐增大使亚声速气流的速度降低，同时压力升高。目前，在离心式压气机中，为使气体的动能有效地转变为压力能，一般采用无叶扩压器和叶片扩压器，如图 4 - 38 所示。汽流从工作轮 1 流出，先经无叶扩压器 2 扩压，然后进入叶片扩压器。在离心式压气机中设置无叶扩压器不仅是结构上的需要，而且是减小气体流动损失的需要。无叶扩压器是指工作轮出口截面到叶片扩压器进口截面（或排气管进口截面）和壳体壁面之间形成的扩压通道。

无叶扩压器的进口和出口直径分别用 d_2 和 d_3 表示（见图 4 - 39），其进口和出口的环面宽度分别用 b_2 和 b_3 表示。无叶扩压器一般具有相互平行的侧壁面或收缩形的侧壁面（即 $b_3 \leqslant b_2$）。当 $b_3 > b_2$ 时，因扩散角大，容易产生较大损失。在压比较小的压气机中，可只采用无叶扩压器。这样，压气机的结构简单，但效率低，径向尺寸大些。无叶扩压器中没有叶片，可适应不同工况。

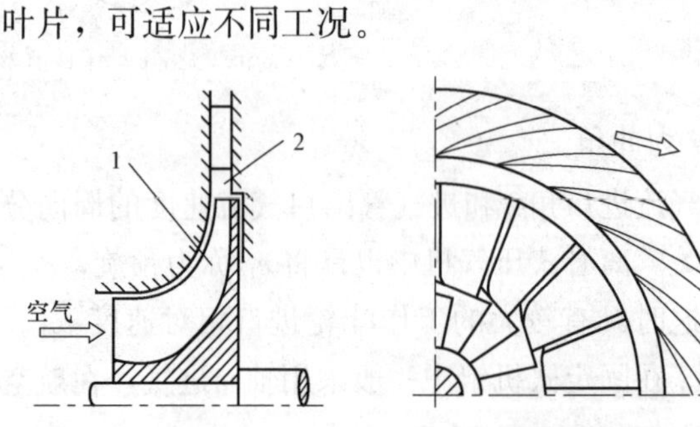

(a)工作轮子午剖面　(b)工作轮轴向剖面

图 4 - 38　无叶与叶片扩压器

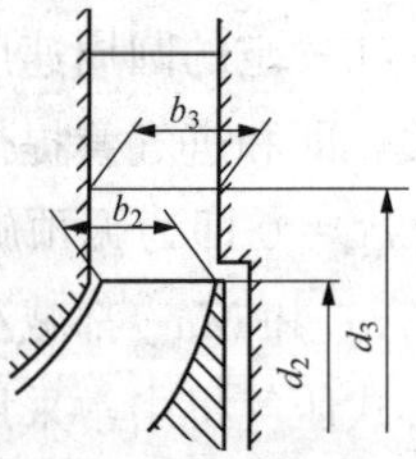

图 4 - 39　无叶扩压器尺寸示意

下面研究气体在无叶扩压器中的流动情况，为简便起见，先研究不计摩擦力（无黏性气体）的情况。图 4 - 40 所示为无黏性气体在无叶扩压器中的流动。在气流中取定一条流线，沿着流线取一流体微团 $abcd$，以 Δm 表示其质量。由于在该扩压器中气流具有轴对称性（$p'=p''$）使得作用在微团周界表面 ab 及 cd 的压力相等，这样，沿圆周方向没有外力与外力矩加给气体微团。根据动量矩定理，微团沿流动路线的动量矩应保持不变，即

$$\Delta m c_u r = 常数$$

$$c_u r = 常数 \tag{4-42}$$

或

$$c_u r = c_{2u} r_2 = c_{3u} r_3$$

无叶扩压器中气流的连续方程为

$$q = 2\pi r_2 b_2 \rho_2 c_{2r} = 2\pi r_3 b_3 \rho_3 c_{3r}$$

一般情况下，可以假设

$$b_2 \rho_2 \approx b_3 \rho_3$$

则

$$c_{2r} r_2 \approx c_{3r} r_3 \tag{4-43}$$

于是可近似认为

$$c_r r = 常数 \tag{4-44}$$

显然，不计摩擦力时，由式（4 - 42）和式（4 - 44）得

$$\frac{c_r}{c_u} = \tan\alpha = 常数$$

或

$$\alpha = 常数 \tag{4-45}$$

式（4 - 45）表明，如不计摩擦力，气体微团的运动速度和圆周速度方向之间夹角 α 在无叶扩压器中保持不变。这说明，在此条件下，气体微团是沿对数螺线运动的。

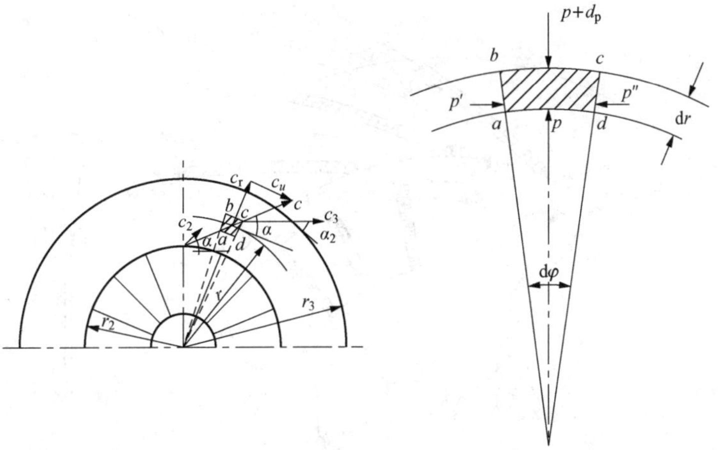

图 4 - 40　无叶扩压器中流体微团无损失运动方程推导用图

实际上，气体在无叶扩压器中的流动是一种有摩擦的流动，摩擦力的大小与该方向的

速度大小的平方成正比，这就导致了微团的运动轨迹从对数螺线向 α 角增大的方向偏离。另外，由于无叶扩压器的高度 b_s 基本不变，随着气体通过扩压流动，气体密度 ρ_3 必然增大，与式（4-43）的情况相比，此时 c_{3r} 会减小而使流线的 α 角越来越小。综合的结果使流线与对数螺旋线仍相差不远。然而，微团越靠近壁面，摩擦力的作用就越明显。所以这种流动轨迹接近于对数螺旋线的说法只有在流道的中心部分才更为确切。但试验证明，利用式（4-42）和式（4-44）所得结果来描述无叶扩压器中的流动已能足够准确地说明问题了。

离心式压气机动轮出口气流角 α_2 一般很小，在设计工况下一般 $\alpha_2=14°\sim16°$。而气流进入无叶扩压器后又大体维持这个不变的角度在运动，这样，在一定的扩压比下，气体的流动轨迹就很长，造成了无叶扩压器内很高的能量损失。在离心式压气机几种形式的动轮中，由于后弯叶片叶轮的气流出口角 α_2 较大，所以其后的无叶扩压器效率较高，这也是后弯叶片的离心式压气机效率较高的原因之一。因此无叶扩压器宜用在后弯叶片叶轮之后。

四、叶片扩压器

无叶扩压器的主要缺点在于面积比（A/A_2）的增加比其径向尺寸比（r/r_2）增加得慢。因此，无法使气流在许可的直径尺寸下保证所需的减速（或扩压）。近代离心式压气机中除了无叶扩压器外，为了提高扩压效果，还同时安装叶片扩压器（见图 4-41）。前面曾讨论过，在无叶扩压器中气体的流动将遵循 $c_u r=$ 常数的规律。在叶片扩压器中，由于叶片的作用使气流的周向分速 c_u 比在无叶扩压器中减小得快些。在叶片扩压器中，通常 $\alpha_3=12°\sim18°$，$\alpha_4=25°\sim30°$，其外径与内径之比 $d_4/d_3=1.25\sim1.35$。假如 $b=$ 常数，根据连续方程对叶片扩压器可写出下式

$$\frac{A_4}{A_3}=\frac{d_4\sin\alpha_4}{d_3\sin\alpha_3}$$

下面对叶片扩压器和无叶扩压器进行对比：如果叶片扩压器 $d_4/d_3=1.25$，$\alpha_4=30°$，$\alpha_3=15°$，这时 $A_4/A_3=2.5$，而无叶扩压器在 $d_4/d_3=1.25$ 及 $\alpha_4=\alpha_3$ 时，$A_4/A_3=1.25$。可以看出，在相同径向尺寸的条件下，叶片扩压器可得到更大的面积比，从而有更大的速度降落和压力升高。

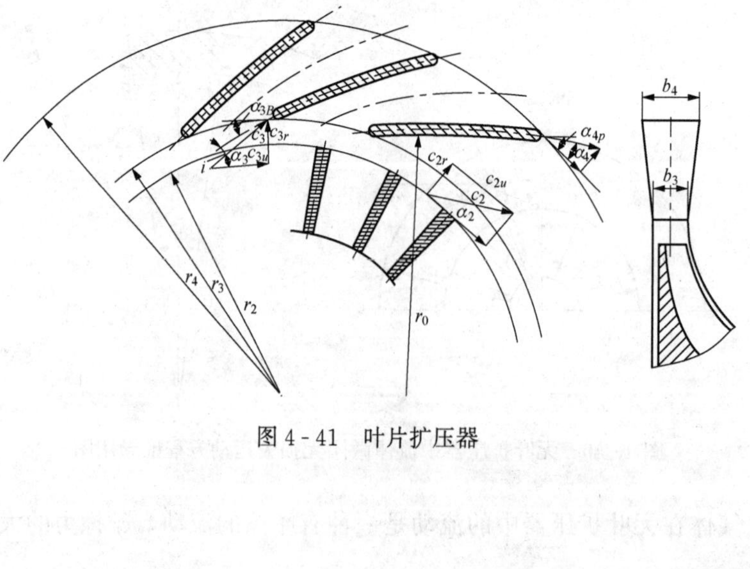

图 4-41 叶片扩压器

五、离心式压气机特性曲线

单级离心和单级轴流式压气机的特性十分类似，图 4-42 所示为径向叶片叶轮的离心式压气机的流量特性。它与单级轴流式压气机的特性线几乎一致，一般来说，离心式压气机的特性线要比轴流式压气机的平坦一些，这主要是离心式压气机中有离心力场的作用，而使动轮对气流的冲角不如轴流式压气机叶栅那么敏感，轴流式压气机更易因有大冲角而导致气流脱离，造成损失，所以特性线更陡。

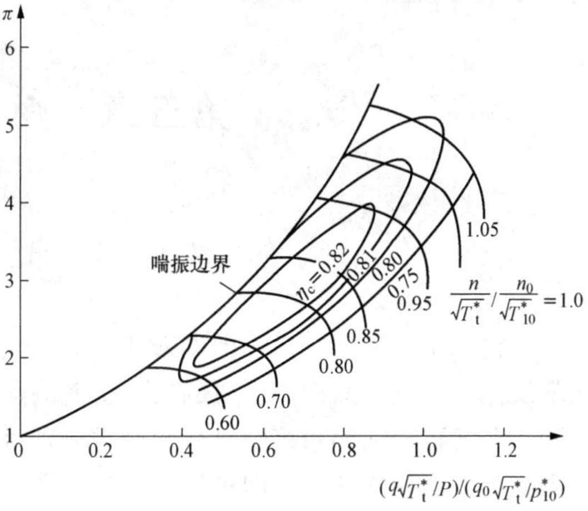

图 4-42 离心式压气机的流量特性

思考题

4-1 燃气轮机中压气机的作用是什么？

4-2 轴流式压气机有哪两大基本部分组成？

4-3 在讨论压气级的工作原理时，引出基元级概念的优点是什么？

4-4 在反动度 $\Omega=1$ 和 $\Omega=0$ 的压气机级中，其动、静叶栅及气流速度三角形各有什么特点？两种级中气流压力的增大在哪个部件中完成？

4-5 试证明多变效率 η_p 只与压缩过程的平均多变指数有关，即

$$\eta_p=\frac{n}{n-1}\times\frac{\kappa-1}{\kappa}$$

4-6 为什么压气机叶型的弯曲角 θ 会影响到工作叶轮传递给每千克气体的压缩功 Δh？

4-7 在压气机级中，反动度 Ω 是如何定义的？

4-8 压气机动叶为什么要做成沿叶高是扭转的（即叶顶断面处叶型安装角和弯角小；叶根处叶型的安装角和弯角大）？

4-9 压气机级的流动损失（除叶片基元级损失以外）有哪些？简单分析说明。

4-10 多级轴流压气机的前面级、中间级和后面级的工作条件有什么差异？它们设计的主要矛盾各是什么？

4-11 压气机的增压比 π^* 和效率 η^* 跟哪些参数有关系？

4-12 和单级轴流式压气机特性相比，多级轴流式压气机特性的特点是什么？简述理由。

4-13 评述多级压气机特性特点并解释。

4-14 用物理图画说明旋转失速的机理。

4-15 简叙喘振的物理全过程。为什么有时在发动机进入喘振时，压气机进口处会出现“吐火”现象？

4-16 评述几种防喘方法的优、缺点及其应用。

4-17 离心式压气机和轴流式压气机工作原理（在增压原理方面）有什么不同？

第五章 燃 烧 室

第一节 概 述

燃气轮机是一种内燃机，即用来使工质驱动机械部件做功的能量，是通过在工质内部进行化学反应——燃烧而提高工质的热力学能的。但它不像活塞式内燃机那样，各个热力过程都在同一个气缸－活塞系统中进行，而是分别由独立的叶轮机械来完成工质的压缩和膨胀做功，需要有一个独立部件专门进行工质的化学反应，这就是燃烧室。从燃气轮机的系统构成可知，燃烧室是处于压气机和涡轮之间的，工质依次从这三个部件中流过，也就是说燃烧室和其他两个部件在空气动力方面有较紧密的联系。而在机械方面，燃烧室和其他两个部件之间没有功的传递，除了结构完整性方面必须有所考虑之外，燃烧室是相对比较独立的。

燃气轮机运行时，压气机从大气中不断吸入新鲜空气，将其压缩到一定的高压，以备在涡轮中膨胀做功。但如果经过压气机压缩后的气体直接进入涡轮膨胀，理想过程中涡轮发出的功正好等于压气机吸收的功。如果把两者通过联轴器连接起来，整个转子正好可以维持定速空转，而没有多余的功输出。实际上压气机和涡轮中均有气动损失，涡轮实际的输出功要小于压气机需要吸收的功，再加上机械摩擦，如果不另外加入能量，机器是运转不起来的。通俗地说，燃烧室的作用就是通过化学反应把燃料中的化学能转化为工质的热力学能，具体表现为提高工质的温度，从而提高了工质在涡轮中膨胀做功的能力。粗略估计，如果压力相同，则涡轮所做的膨胀功与涡轮前的工质温度（绝对温度）成正比。同时涡轮膨胀功的大小又会随着涡轮前压力的下降而减少。由此我们可以看到燃烧室在燃气轮机中的两项最基本的功能：

（1）从设计的角度讲，涡轮前温度越高，整个燃气轮机的效率和比功率就越高。在其他限制条件（涡轮叶片材料允许的工作温度等）的范围内，燃烧室必须保证提供工质所需要的高温，同时维持工质的压力不降低。

（2）从应用的角度看，一台运行中的燃气轮机要适应外部负荷需求的变化，最基本的调节手段就是改变燃烧室的燃料供应量。因此燃烧室又是燃气轮机的主要调节部件，必须在负荷变动时（不论是主动还是被动）既保证自身又保证整个机组顺利而高效地运转。

燃气轮机燃烧室在设计和制造中的各种问题都是围绕着这两个基本功能而产生的。

这里应该澄清两个基本概念。通常把燃气轮机系统中的燃烧过程称为“定压加热”过程，而实际上这一过程既非“定压”，又非“加热”。

对涡轮做功而言，更有意义的是工质的总压（滞止压强），对于连续流动的工质，无论是从外部加热，还是在内部发生发热反应，其总压总是要降低的，这是热力学上不可避免的。在燃气轮机和燃烧室的研制中要做的是两件事：①将理论上不可避免的总压降和由于偏离理想过程而导致的额外总压损失区分开；②致力于最大限度地减少不必要的总压损失。

从热力学的角度看，燃气轮机燃烧室中的过程实际上是一种“绝热定焓过程”，因为由空气和燃料共同组成的工质在反应前与反应后，或在燃烧室入口和出口，其总能量（比焓）

并没有变化。这个过程与外燃机中在系统以外进行燃烧再通过传热使工质的比焓增加是不同的。

从理论上弄清楚这两个基本概念可以避免实际分析计算中的错误。

第二节　燃烧室的工作特点、要求和指标

一、燃烧室的工作特点

从结构上看，燃烧室似乎非常简单，没有特别值得研究的问题。实际上不然，一方面实际的燃烧规律非常复杂，并未被人们完全掌握；另一方面，要设计一个工作可靠、经济、使用维修方便的燃烧室是很不容易的。这是因为燃气轮机燃烧室的工作条件比一般燃烧设备更苛刻。概括地说，这种燃烧室的工作过程有以下特点：

（1）高温。这与其他燃烧设备是一致的。

（2）气流速度高。燃烧是在一个连续的高速气流中进行的。燃烧室入口处的气流速度最高可以达到120～170m/s，燃烧区内高温燃气的平均速度可达到20～25m/s。在这样高速流动的气流中，燃烧火焰不易稳定，容易被吹灭。同时由于燃料在燃烧区中的逗留时间较短，容易出现燃烧不完全的现象。因而必须采取措施，确保燃烧过程既能稳定又能完全进行。

（3）燃烧热强度高。燃气轮机的特点之一是体积小，燃气轮机燃烧室在单位空间中单位时间内燃烧的燃料量和释放的热量要比锅炉等燃烧设备多数十倍。因而必须采取强化燃烧的措施来提高燃烧速度、缩短火焰，又要加强掺混以保证出口温度场均匀，还要加强冷却以确保燃烧室具有较长的工作寿命。这些都是比较尖锐的问题。

（4）过量空气系数高。过量空气系数也称余气系数，这个概念表示空气与燃料的混合比例关系。锅炉等燃烧设备中，为使化学反应完全、迅速，常使得供应的助燃空气量与燃料量的比例接近化学当量比而稍高一些。所谓当量比是指实际反应过程中的燃料空气比与化学反应时的燃料空气比，可用于定量表示燃料与氧化剂的混合物的配比情况。当量比与过量空气系数互为倒数，但燃气轮机燃烧室中产生的燃气就是直接供给透平的工质，其空气与燃料的比例关系将取决于透平的工况，是不能随意取定的。一般总过量空气系数α都在3以上，随着透平工作温度的不断提高，α有所降低，目前先进燃气轮机燃烧室的α为2.2～2.5，但从燃烧的角度来看仍然较高。假如使燃料和流经燃烧室的全部空气直接混合燃烧，那么可能达到的燃烧区的平均温度就应该等于透平入口所需的温度，显然是比较低的，这种情况不能保证充分而稳定的燃烧。因而在设计中必须针对α过大的特点采取措施，以便有效地组织燃烧过程。

（5）运行参数变化剧烈。燃烧室的空气来自上游的压气机，而排出的燃气就是进入透平的工质，因而其各种参数均要随全机组的工况而定，变化范围相当宽。例如：发电用的定转速机组，其α可能在4～15的范围内变化。所以在设计时要确保在任何运行条件，即各种工况下，燃烧过程都能稳定而比较经济地进行，保证各项性能指标都比较稳定而不会下降太多。

（6）需要燃用多种燃料。许多应用场合要求在同一燃烧室中，兼有燃烧轻质和重质燃油的能力，有时希望能兼烧燃油及天然气。这是目前燃气轮机的发展方向之一。要设法在燃烧室结构变动不大且燃烧性能稳定可靠的前提下，能燃烧不同的燃料。

二、燃烧室的工作要求和性能指标

(1) 燃烧稳定性。所谓燃烧稳定性好，就是要求燃烧室在可能遇到的各种工况条件下，都能维持正常的燃烧，既不会熄火，也不会发生强烈的火焰脉动现象。

燃气轮机的工况可能要经常变动。例如：发电用燃气轮机的输出功率要能够根据电负载的变化（单机情况）或根据电网要求（联网情况）在大范围内变化。这些工作条件的变化，都使得燃烧室中的燃料量和空气量的配合比例关系发生变化，可燃混合物中的燃料浓度有时稀（贫油），有时浓（富油）。例如单轴燃气轮机发电机组，其压气机的转速是恒定不变的，因而进入燃烧室的空气流量变化不大。但是燃料量会随着外界负荷而发生很大的变化，因此燃烧室内燃料与空气的混合比例就不断发生很大的变化。如果燃烧室能够在很宽的燃料与空气混合比的变化范围内维持正常燃烧不熄火，而且不发生强烈的火焰脉动现象，就表示燃烧稳定性好，反之就是燃烧稳定性差。

试验表明，在燃烧室中可能有两种灭火情况：一种是在燃料与空气的混合比浓到一定程度时发生的，称为富油熄火。此时燃料与空气混合比所相当的过量空气系数 α_{min}，称为富油熄火极限；另一种是在燃料与空气混合比变稀到一定程度时发生的，称为贫油熄火。这时，燃料与空气混合比所相当的过量空气系数 α_{max}，称为贫油熄火极限（见图 5-1）。富油熄火极限与贫油熄火极限之间所包含的过量空气系数 α 的区称为燃烧室的燃烧稳定范围。在气流速度（图上用燃烧室入口流速侧 w_2 代表）相同的条件下 α_{min}越小而 α_{max}越大，燃烧室的燃烧稳定性就越好。不过，由于涡轮前燃气温度 t_3^* 受到叶片材料耐热性能的限制而不能过高，通常在燃气轮机燃烧室中是不大可能发生富油熄火现象的，只会出现贫油熄火。因而就可以用贫油熄火极限 α_{max}这个指标来描述燃烧室的燃烧稳定性。燃烧室的贫油熄火极限 α_{max}至少要大于 25 才能适应一般燃气轮机组工作的需要。

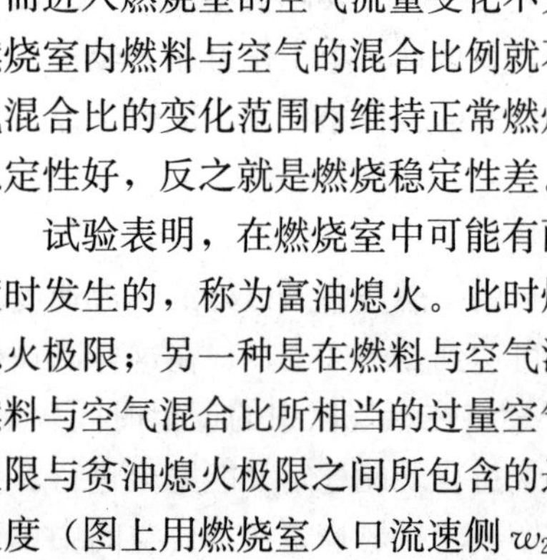

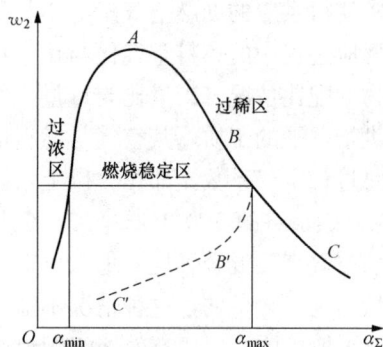

图 5-1 燃烧室的熄火极限曲线

(2) 燃烧完全性。所谓燃烧完全性好，就是要求进入燃烧室的燃料绝大部分能被烧尽，而且不发生严重的积炭和冒烟现象。事实上，进入燃烧室的燃料并不能全部燃烧和释放热量。有时燃料还没来得及燃烧，就跟着高速气流排出燃烧室了；有时燃料会粘在火焰筒壁上被烘烤而形成积炭；有时则因为空气供应不足，或是燃烧温度过低而发生析炭现象，甚至还会有某些可燃的中间产物如 CO、H_2 和炭粒等物质未能完全燃烧而被带出燃烧室。在高温下，还会发生逆向化学反应，即燃烧产物的分解。因此，在燃烧室中燃料的不完全燃烧现象是不可避免的，只能设法使它尽量减少。

此外，在燃烧过程中由于燃烧室是高温部件，总要对外界散失一部分热量，这当然也是一种损失。因而，燃料所包含的化学能中只有一部分能够在燃烧室内转化为工质的热能。这部分有效利用的能量与燃料所具有能量的比值，就叫做燃烧效率 η_B，它用来评估燃烧的完全性，是一种经济性指标。

我们先用简单的概念来说明如何估计燃烧效率。如果用 H_u 表示 1kg 燃料完全燃烧时所能发出的热量（称为“发热量”或“热值”），用 Q_Σ 表示 1kg 燃料在燃烧室中因燃烧不完全和对外散热所损失的热量，那么燃烧效率 η_B 可以表示为

$$\eta_B = \frac{H_u - Q_\Sigma}{H_u} = 1 - \frac{Q_\Sigma}{H_u} \tag{5-1}$$

目前，一般机组中燃烧室的燃烧效率都能达到95%～98%，航空发动机的燃烧效率更高。在低负荷工况下，由于燃料雾化质量和燃烧区温度水平都会下降，燃烧效率一般会有所下降。

（3）流阻损失。当气流通过一个通道时，由于摩擦等各种气体动力学因素的影响，它的总压总是会下降，燃烧室也不能例外。前面已经说过，在燃烧室中由于发生放热的化学反应，工质温度升高而密度下降，也会伴随有总压的下降或损失，也表现为一种阻力、可以称之为“热阻”。一般情况下，假若在机组的流道中，工质的总压降低了1%，就会使机组的热效率下降2%以上，比燃烧效率的相对影响还要强烈。所以，有必要用一种表示流阻损失的参数从气流流动的角度来反映燃烧室的设计质量，而在设计燃烧室时，应该在确保燃烧过程良好的前提下，尽量减小燃烧室的流阻损失，以便提高整台机组的热经济性。

燃气轮机燃烧室中流阻损失的大小主要与燃烧室的结构形式和工质的加热程度有关，而加热程度可以用燃烧室出口与进口总温之比 T_3^*/T_2^* 来表示。

通常，表示燃烧室流阻损失的参数有流阻损失系数和总压保持系数。

流阻损失系数定义如下：

$$\xi = \frac{p_2^* - p_3^*}{\rho_2 w_2^2/2} \tag{5-2}$$

式中：p_2^* 为燃烧室入口处空气的总压，Pa；p_3^* 为燃烧室出口处燃气的总压，Pa；w_2 为燃烧室入口处空气的平均相对流速，m/s；ρ_2 为燃烧室入口处空气的质量密度，kg/m^3。

总压保持系数定义如下：

$$\varphi_B = \frac{p_3^*}{p_2^*} \tag{5-3}$$

这个参数便于在机组的热力分析中应用。目前，一般燃烧室设计工况时 φ_B 为0.95～0.97。这两种流阻损失参数可以通过流动参数（例如燃烧室入口气流马赫数 Ma_2）而互相换算。

（4）出口温度场。在许多燃气轮机中，燃烧室的出口与涡轮的入口离得很近，而燃料在燃烧室中总是先与一次空气混合并燃烧成1800～2000℃的高温燃气，然后被二次空气掺冷和混合，使温度降低到涡轮前燃气温度设计值 t_3^*。如果高温燃气未能被二次空气均匀地掺冷和混合，在燃烧室出口处燃气的温度就会很不均匀，即有些地方温度高，有些地方温度低。这样就有可能使涡轮叶片受热不均，甚至有被烧坏的危险。所以必须要求燃烧室出口处燃气的温度场比较均匀。图5-2中给出了某种分管式燃烧室一个火焰筒出口温度场的试验结果。从这一试验结果可以算出整个出口截面上的平均温度为 $t_3^* = 899$℃。

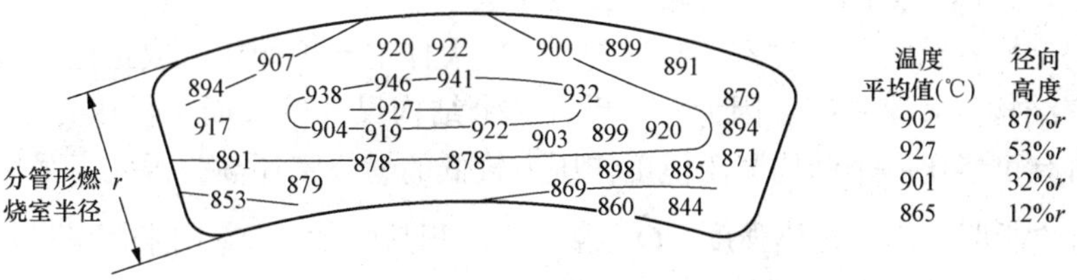

图5-2 分管式燃烧室出口温度场示例

可以用三种方法来表示燃烧室出口温度场的不均匀程度，即

最大不均匀度为

$$\theta_{t}=\frac{t_{3,\max}^{*}-t_{3}^{*}}{t_{3}^{*}-t_{2}^{*}}=\frac{946-899}{899-272}\times 100\%=7.5\% \tag{5-4}$$

径向不均匀度为

$$\theta_{r}=\frac{t_{3r,\max}^{*}-t_{3}^{*}}{t_{3}^{*}-t_{2}^{*}}=\frac{927-899}{899-272}\times 100\%=4.5\% \tag{5-5}$$

温度不均匀系数为

$$A_{t}=\frac{t_{3,\max}^{*}-t_{3}^{*}}{t_{3}^{*}}=\frac{946-899}{899}\times 100\%=5.27\% \tag{5-6}$$

式中：$t_{3,\max}^{*}$为最高温度,℃；$t_{3r,\max}^{*}$为周向平均温度的最高值,℃；t_{2}^{*} 为进口平均温度,℃。

一般要求 θ_r、θ_t、A_t 均不大于 10%，这就是说，在燃烧室的出口温度场中，希望燃气的最高温度不能比出口平均温度 t_3^* 高 60℃。此外，在装有多个燃烧室的机组中，还应力争每个燃烧室出口温度场的平均值相互之间的偏差不超过 15℃。

从图 5-2 还可以看出，出口温度沿径向的分布有一种中间高、两端低的自然趋势，这正是发挥涡轮叶片材料的潜力所要求的。因为涡轮叶片尖部（外径处）受气流加热最严重，容易局部金属温度高；而叶片根部（内径处）则应力最大，希望金属温度低些以保证更好的强度。这样叶片中径处气流温度相对高一些，正好满足叶片等强度的要求。这是调整燃烧室出口温度场时应该注意的。

(5) 燃烧热强度与尺寸的紧凑性。为了保证整台机组的紧凑性，在设计中，应该使燃烧室的整体尺寸尽可能减小，即力争在容积很小的燃烧室中完成非常强烈的燃烧过程。这一特性用燃烧热强度来表示。

燃烧热强度定义：在单位时间内，单位体积的燃烧空间中，或者在单位气流流通截面积上，完成燃烧而释放出来的热量。以单位体积计算的燃烧热强度称为“体积热强度”Q_V，以单位截面积计算的燃烧热强度称为“面积热强度”Q_A，即

$$Q_V=\frac{q_f H_u \eta_B}{V_B}[\mathrm{W/m^3}\text{ 或 }\mathrm{J/(m^3\cdot s)}] \tag{5-7}$$

$$Q_A=\frac{q_f H_u \eta_B}{A_B}[\mathrm{W/m^2}\text{ 或 }\mathrm{J/(m^2\cdot s)}] \tag{5-8}$$

式中：q_f 为单位时间中供给燃烧室的燃料质量，kg/s；V_B 为燃烧室火焰筒的体积，m^3；A_B 为燃烧室火焰筒的最大横断面积，m^2。

显然，燃烧热强度越高，就意味着为了燃烧同样数量的燃料，所需设计的燃烧室容积或截面积就越小，即燃烧室的尺寸、质量都比较小。

试验表明，同一结构的燃烧室，它的 Q_V、Q_A 大体上与工作压力成正比，因而不能确切地反映燃烧室结构的紧凑程度。因为，如果有一个结构尺寸较大而工作压力较高的燃烧室，其 Q_V、Q_A 值有可能比一个结构紧凑但工作压力较低的燃烧室还高。因此，采用考虑了工作压力 p_2^* 影响的所谓“比容积热强度”$\dot{Q}_V$ 及“比面积热强度”$\dot{Q}_A$ 用来衡量燃烧室结构紧凑性的指标更为合适。它们的定义是

$$\dot{Q}_V=\frac{Q_V}{p_2^*}[\mathrm{W/(m\cdot N)}\text{ 或 }\mathrm{J/m\cdot s\cdot N}] \tag{5-9}$$

$$\dot{Q}_A = \frac{Q_A}{p_2^*}[\text{W/N 或 J/(s·N)}] \tag{5-10}$$

目前，航空燃气轮机燃烧室的比容积热强度最高，可以达到 $\dot{Q}_V = 350 \sim 480\text{W/(m·N)}$。而地面用燃气轮机的紧凑性要求不那么突出，可允许燃烧室做得大一些，因而 $\dot{Q}_V = 60 \sim 120\text{W/(m·N)}$。

(6) 火焰筒壁温度。火焰筒壁面温度的高低及其均匀程度对于燃烧室的工作寿命有决定性的影响。一般规定，火焰筒的壁面温度不应超过金属材料长期工作所能承受的温度水平。对于工作寿命要求较长的燃烧室来说，希望能把火焰筒的最高壁温控制在 650～700℃，但在工作寿命较短的燃烧室中，其最高壁温则有可能超过 800℃，局部甚至有可能达到 900℃左右。

火焰筒壁面上温度分布的均匀程度也是一个很重要的安全性指标，因为局部温度梯度是导致热应力的原因。特别是在受冷、热气流冲击和接缝、边缘等传热条件不均匀的部位，容易发生金属温度的差异，必须在调试时严密注意和控制。显然减少金属壁温度的差异对于防止火焰筒发生翘曲变形或开裂是有好处的。不过对此指标尚无明确的数量规定。

(7) 启动点火性能。在机组启动时，燃烧室应能保证在规定的进口空气参数 p_2^*、t_2^* 和流量 q 条件下，借助点火系统快速而且可靠地点燃由主喷嘴射出来的燃料，并在点火系统关闭后自动维持连续的燃烧过程，而且在机组启动后的升速和加负荷过程中不发生熄火、超温和火焰过长等现象。凡是能在较低的 t_2^*、较高 q 的条件下顺利点火的燃烧室，其启动点火性能就较好。当然，燃烧室的点火性能与所采用点火系统的形式和点火能量密度也有关系。

在装有多个火焰筒的分管式或环管式燃烧室中，各火焰筒之间装有联焰管，少数火焰筒上装有点火器。这几个火焰筒着火后，通过联焰管的传焰作用，使其他火焰筒依次点燃，通常要求整台机组点火成功的传焰时间不超过 10s。

(8) 污染物排放。燃气轮机的燃料一般是含有一定杂质的碳氢化合物，检测表明，燃气轮机燃烧室的主要排放污染物是 CO、NO_x、未燃尽或热分解的碳氢化合物（C_xH_y）、硫氧化物（SO_x）和烟尘颗粒。

在国际上，工业燃气轮机气态污染物（包括船用燃气轮机）的成分通常换算到空气干燥基燃气含氧量的 15%条件下，以利于不同燃气轮机燃烧污染物成分的比较，更重要的是表达了在更低的燃烧当量比条件下，希望产生更少的氮氧化物。空气干燥基氧浓度 15%的气态污染物排放的计算公式如下：

$$\rho_{\text{d},15\%\text{o2}} = \frac{(20.9-15)\rho_{\text{d,m}}}{(20.9-\text{O}_{2,\text{d,m}})} \tag{5-11}$$

式中，空气干燥基氧浓度 15%的气态污染排放物的单位是 mg/m^3，氧浓度是实测的百分数。例如，对于两台不同的燃气轮机，燃烧室出口燃气测量的 NO_x 排放如果都是 100mg/m^3，其中一台发动机的燃烧室当量比是 0.3，而另一台的是 0.5，则换算到空气干燥基氧浓度 15%时，前者是 94mg/m^3，后者是 56mg/m^3，显然后者的排放要低很多。

对于工业燃气轮机和船用燃气轮机，由于各国各地的法律法规不同，现在没有一个统一的标准，都是根据各国和各个地方对环境保护的要求而制定的。目前，对于燃气轮机生产商，使用天然气为燃料的燃气轮机，现在在市场销售的，能接受的标准是 NO_x 排放为

$51mg/m^3$，CO 排放为 $63mg/m^3$（从 100%功率到 50%功率）。使用 2 号柴油的燃气轮机能够接受的标准是 NO_x 排放为 $133mg/m^3$，CO 排放为 $125mg/m^3$（从 100%功率到 50%功率）。从世界范围看，美国部分地区和日本，对于公众的环保意识强烈，要求立法将 NO_x 排放控制在 $18.5mg/m^3$，欧洲的排放标准大体上与美国环保局的规定类似。

目前我国对燃气轮机的燃烧污染物排放标准可参考 GB 13223—2011《火电厂大气污染物排放标准》中的相关规定，其中以油为燃料的燃气轮机组氮氧化物（以 NO_2 计）控制在 $120mg/m^3$ 以下，以气体为燃料的燃气轮机组氮氧化物（以 NO_2 计）当以天然气为燃料时控制在 $50mg/m^3$ 以下，以其他气体燃料为燃料的机组控制在 $120mg/m^3$ 以下。除此以外，还有一些地方标准也提出了对燃气轮机大气污染物排放的控制标准，如 DB 11/847—2011《固定式燃气轮机大气污染物排放标准》中规定火电厂用固定式燃气轮机的氮氧化物最高允许排放浓度为 $30mg/m^3$。

（9）工况变化适应性。在燃气轮机的实际运行中，像压气机和涡轮的情况一样，燃烧室也往往会在偏离设计工况的条件下工作。这时，流经燃烧室的空气流量、温度、压力、速度以及燃料消耗量都会发生变化，相应地燃烧室的工作性能，例如燃烧效率 η_B、总压保持系数 φ_B、壁面温度、出口温度场等都会发生相当程度的变化。一方面希望燃烧室在宽广的负荷变化范围内都具有良好的性能；另一方面，为了配合整台燃气轮机变工况特性的计算，需要知道当机组负荷变化时，燃烧室的这些特性在数量上是如何变化的。通常用过量空气系数来表示燃烧室的负荷，随着负荷的升高，α 值将下降。

目前为止还难以用理论计算的方法确定燃烧室的特性参数随工况变化的定量关系，现有关于燃烧室变工况特性的认识都是通过实验得到的。以下是一般的变化趋势：

1）燃烧效率 η_B 随 α 的减少而逐渐升高。一般来说满负荷时 $\eta_B=95\%\sim98\%$，空负荷时 η_B 可维持在 90%～92%的水平。

2）总压保持系数 φ_B 随着负荷的变化而变化，这是因为高负荷条件下，燃烧释放热量增大而流阻损失增加，φ_B 也会相应地改变。

3）壁温和出口温度场不均匀度都是在满负荷时较高，空负荷时由于燃烧区中整体燃烧温度低，这两项指标相应地都会明显下降，即性能改善。

4）燃烧火焰长度满负荷长，空负荷相应缩短。

贫油熄火极限是燃烧室的变工况性能中必须充分重视的另一个指标。

（10）寿命管理和使用维护性。燃烧室是燃气轮机中的易损件，其大修寿命要比其他部件更短。这就提出了两方面的问题：一是在寿命周期内能保证安全可靠的运行；二是在大修或临时检修中要便于操作，即具有良好的使用维护性。

燃烧室的使用寿命在很大程度上取决于火焰筒等热部件的工作状态以及冷却结构和冷却效果。燃烧室中高温部件的过热、变形开裂和烧毁，是导致燃烧室翻修和报废的主要原因。燃烧室的整个使用寿命因燃气轮机组类型和使用特点的不同而有很大的差异，而燃烧热强度的高低是决定使用寿命的主要因素。军用的涡轮喷气发动机的燃烧室第一次大修周期为 50～100h，而整体使用寿命不过 300～800h。重型机组的燃烧室由于燃烧热强度低，使用寿命已能够超过 30000h，燃用天然气时大修周期为 8000h。

设计一个燃烧室，要同时满足上述各项要求并不容易。如果仔细考虑一下就会发现上述这些要求之间往往是有矛盾的。所以只能根据使用条件做出具体分析，综合考虑上述诸方面要求，确定出合理的方案。

第三节 典型燃烧室中燃烧过程的组织

一、燃烧室中空气流的组织

在燃烧室本体方面主要是从气流流动结构上采取措施，通常从以下两个方面着手。

1. 空气分流

前面已经说明，燃气轮机整体工作的要求决定了燃烧室的总过量空气系数 α 是相当高的，否则就不能保证良好的燃烧条件。因此采取了空气分流的措施，以保证燃烧区有适当的燃料和空气配比，提高燃烧区的温度使燃烧状况得到明显的改善。

分流的基本措施就是控制火焰筒不同区段开孔的面积，从而控制不同部位进气的比例。从火焰筒头部燃料喷嘴周围进入火焰筒的就是一次空气。如前所述，一次空气是在燃烧区中直接与燃料相互混合并参与化学反应过程的，可以通过燃烧室的具体结构合理地控制进入燃烧区的一次空气量，使它接近于理论燃烧所需的空气量，就能确保燃烧区的温度足够高。

经验表明，使满负荷工况下一次空气的过量空气系数 α_1 保持在 1.1～1.3 就相当于燃烧区温度保持在 1800℃左右；同时使怠速（空负荷自持）工况下的 α_1 为 2.0～2.5，相当于燃烧区温度保持在 1000℃左右，将是合适的，否则燃烧效率会严重恶化。

2. 火焰稳定机构

为了提高燃烧室的燃烧热强度，通常在火焰筒内有很高的气流速度，这时为了使火焰能够在宽的负荷范围内都能保持稳定就需要采取一定的措施，即装设火焰稳定机构。通常在燃烧室中采用的旋流器是一种典型的火焰稳定机构。

图 5-3 所示为扭曲叶片平面旋流器的结构。可以看到，旋流叶片相对于火焰筒轴有一定的偏角，目的是迫使气流获得一定的切向（周向）分速度。

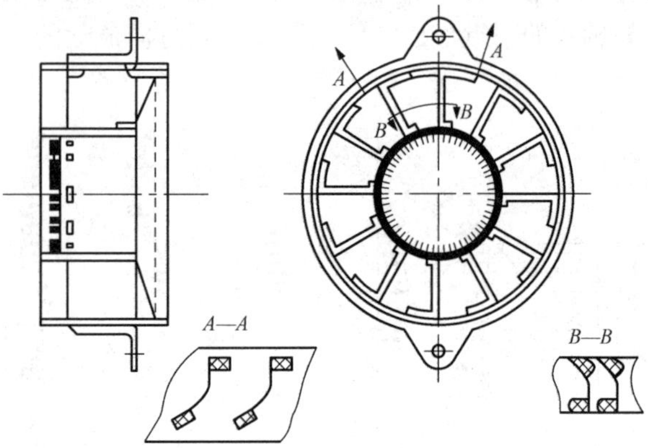

图 5-3 扭曲叶片平面旋流器

图 5-4 所示为装单个旋流器的燃烧室中气流运动的示意。可以看出，由于旋流器叶片的导流作用，通过旋流器流到火焰筒前部去的一次空气将会发生旋转运动，当它流入燃烧区时，在离心力的作用下，有很大一部分气流会被甩到火焰筒壁附近，在那里形成一股强烈螺旋运动的环状空气层。由这股旋转气流流层组成的环形空间 a，通常称为一次空气的主流区。

由于火焰筒在旋流器之后有很大的扩张，这股附壁高速旋转的一次气流层 a 会对火焰筒中心部位发生抽吸作用，同时旋流器内环 3 中装有喷油嘴，阻挡了一次空气的流入，在其背后也会形成一个低压的背压区。这两种作用会在火焰筒的中心区形成一个相当大的环状回流区 4，这层环流既绕自身轴线，又绕火焰筒轴线旋转。由于在环状回流区中以及在

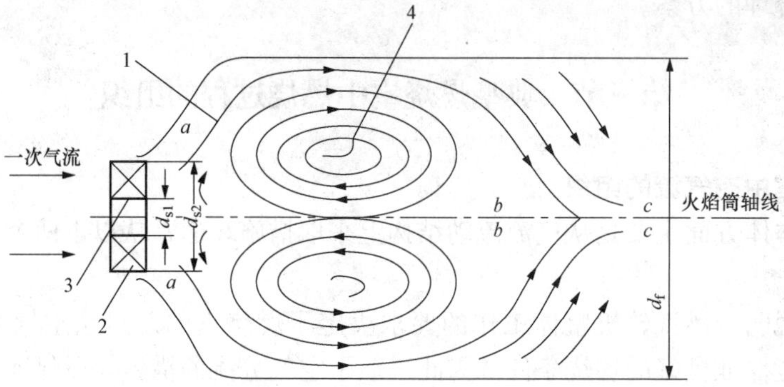

图 5-4 在装有单个旋流器的燃烧室中气流运动的示意

1—主流区；2—旋流器；3—旋流器内环；4—环状回流区

环状回流区与主流区之间的气流中存在有相当大的速度梯度，会促使这两个区域中的物质发生强烈的湍流交换。回流区中的主要成分是燃烧产物，燃料会喷射在两个区域的大致交界处。

一次空气主流区的气流继续向火焰筒圆柱段前进时逐渐向轴线扩张，最后在火焰筒的轴线处重新合并形成一股向前（涡轮方向）运动的，同时又绕火焰筒轴线旋转的气流 c。由于已经过剧烈的摩擦和湍流交换，这股气流的旋转趋势已变弱，轴向速度也降低且逐渐趋于均匀分布，而气流的静压将逐渐恢复。

大多数燃烧室火焰筒中的气流特性大致如此。下面进一步分析这种流动特性对燃烧过程的作用。

在图 5-5 中画出了与图 5-4 中的气流结构相对应的轴向速度分布。可以看到，在火焰筒的轴线附近，有一部分气流的轴向流动方向是与主流区 a 中气流的流动方向相反的，即在火焰筒轴线的附近形成一股朝着旋流器方向流动的回流区 1。

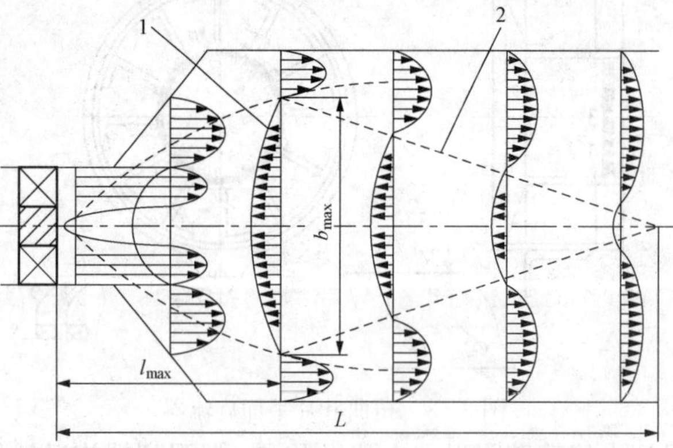

图 5-5 火焰筒内气流的轴向速度场

1—回流区；2—回流区边界

b_{max}—回流区的最大直径；l_{max}—回流区最大直径与燃料喷口之间的距离；L—旋流器的长度

这股反向流动的高温燃气能够不断地把热量和活化分子传送给刚由燃料喷嘴和旋流器供来的燃料与空气的混合物，使燃料加热和蒸发，随后燃烧起来。所以这股反向流动的高温燃气，实际上就是燃烧空间中的一个可靠而稳定的点火源，它能保证燃烧室只需一次点火成功后就可以连续地燃烧下去。由火焰筒的轴线沿着径向方向，气流的流动方向将逐渐由反向流动过渡为顺向流动，在流动方向的转变过程中，在回流区之外必然会出现一个轴向速度相当低的顺向流动的区域。这个局部的低速流动区能够为火焰的稳定提供条件。此外，火焰筒中环流气流 b（见图

5-4）的存在，还能增强气流的湍流扰动，为改善燃料与空气的混合创造条件，而且回流延长了反应物在火焰筒内的逗留时间，也为燃料的完全燃烧提供了良好的基础。

总之，在火焰筒前段的燃烧区中气流速度场的分布情况对于燃烧室的燃烧效率、火焰长度及燃烧稳定等性能都有决定性影响，上述这种气流速度的不均匀分布情况是燃料在高速气流中实现稳定和完全燃烧的重要条件。

二、燃烧室中燃料流的组织

在组织上述气流流动场的基础上，还必须精心组织燃料的分布，目的是在燃烧空间中获得最有利的燃料浓度场，就是要使燃料气与空气的配合合理，混合迅速，形成高速而且稳定燃烧的混合物。

燃用液体燃料时，燃料的供给从两个方面采取措施保证需要的特性，即使液体燃料雾化成很细的颗粒和使燃料雾在燃烧空间中有合理的分布。

把液体燃料雾化成为很细颗粒的目的是加速液滴蒸发成为蒸气的过程。液体燃料总是先蒸发后燃烧的，液体燃料燃烧的速度主要取决于气化的速度，单位体积的液体表面积越大，气化得就越快，利用适当的喷油嘴使燃料雾化，就是一个有效的方法。喷油嘴试验表明，$1cm^3$ 体积的液体燃料经离心式喷油嘴雾化后可以获得 1000 万颗尺寸为 10～200μm 的液滴。液滴的尺寸不宜过大或过小。尺寸过大时，燃烧完全所需要的时间较长，在高速气流中很容易来不及烧完就被气流带出了燃烧区，致使燃烧效率下降；但当液滴过小时，它的穿透能力很小，液滴就不能有效地分布到燃烧空间的各个部位上去，致使局部区域的燃料浓度场过浓或过稀，容易发生熄火现象。在近代燃气轮机燃烧室中，液滴的平均直径控制在 100μm 以下比较适宜。

除了必须使液体燃料雾化之外，还必须把液滴合理地分布到燃烧空间中去。

图 5-6 所示为燃烧空间中燃料浓度场分布特性示意。当使用离心式喷油嘴时，燃料滴群在离心力的作用下，首先会在喷嘴附近形成一股中空的锥形燃料流。此后，由于气流旋转的影响，燃料流的中空锥面会逐渐扩大。这样在燃烧空间中自然形成的燃料浓度的分布很不均匀，其中大部分燃料质点将沿 Of 曲面运动，形成一个所谓的燃料炬。在燃料炬的轴面上，燃料的浓度 C 最大，而过量空气系数则最小。但在曲面的两侧，燃料的浓度迅速地下降。

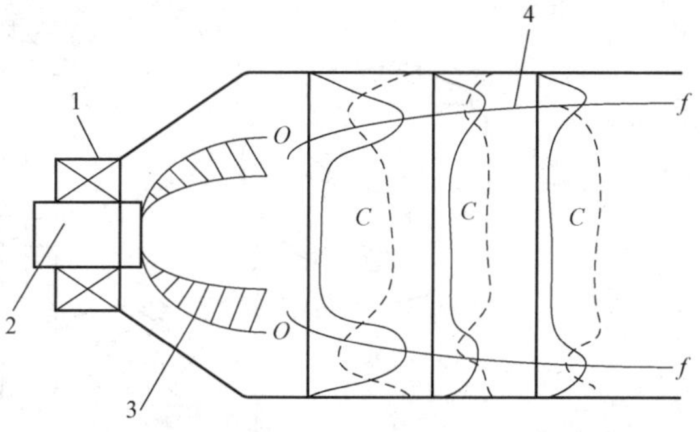

图 5-6 燃烧空间中燃料浓度场分布特性示意
1—旋流器；2—喷油嘴；3—中空的锥形燃料流；4—燃料炬

燃料浓度场的这种自然分布与前面讨论的气流分布特性正好是相适应的。因为在旋流器的作用下，新鲜空气大都分布在火焰筒的外侧，中心部位则是一些缺氧的燃烧产物。而离心喷油嘴所造成的中空锥形燃料流，正好能把大部分燃料集中地分配到位于火焰筒外侧的新鲜空气中去，它有利于空气和燃料相互混合。这种分布很不均匀的浓度场对于提高燃烧稳定性也是有好处的，因为即使在负荷范围变化很广的情况下，由于燃料浓度场分布不匀，在燃烧空间中总是存在局部可燃区。依靠这些局部可燃区域的存在，在低负荷工况下火焰就有可能得以维持和发展。

气体燃料没有雾化问题但其喷射角度和浓度场组织原则应与上述相仿，其喷嘴的安排大体上与液体燃料喷油嘴的喷射特性一致。

第四节 燃烧室部件与结构

燃气轮机燃烧室中发生的整个工作过程除了上述与燃烧过程有关的气流速度场的组织，燃料浓度场的组织以及可燃混合物的形成、着火与燃烧以外，还应包括混合区中三次掺冷空气与高温燃气掺混过程及火焰筒壁的冷却过程。这些过程都可通过结构上的安排来实现。任何一台燃烧室，从结构上讲，不外乎由下列几个部件组成：一次配气机构、燃气混合机构、火焰筒壁冷却机构、过渡段、点火机构等。

一、一次配气机构

一次配气机构配合燃料供应机构（喷油嘴）形成燃烧和连续进行的基本环境，其作用大致有以下三点：

（1）保证燃料从离开喷油嘴开始就能获得燃烧过程发生所必需的空气量。

（2）根据燃料在空间蒸发的程度，适时并适量地补给新鲜空气，以保证燃烧过程合理地延续与发展。

（3）在燃烧区形成一个合适的流场，为稳定火焰，强化燃烧过程提供条件。

目前燃烧室中常用的一次配气机构按燃烧空气在整个一次区内分配原则的不同，大体上可分为两大类。

1. 贫油配气方法

这是一种一次空气全部由火焰筒头部的旋流器供入燃烧区的方案。

这时按满负荷工况下一次过量空气系数 $\alpha_1=1.1\sim1.3$ 的关系来设计一次空气通流面积。这种燃烧室的负荷范围变化不可能很大。在低负荷工况下，由于过量空气系数增大，燃烧效率有显著恶化的趋势。

如图 5-7 和图 5-8 所示的包角旋流器与锥形旋流器就是这种供气方案中采用的一次配气机构。

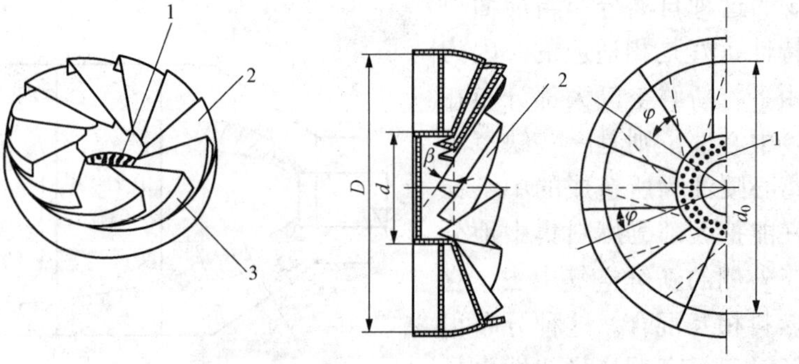

图 5-7　包角旋流器的结构

1—吹起筛板；2—旋流叶片；3—导流挡片

D—外轮毂直径；d—内轮毂直径；β—叶片出口几何角；φ—施流器叶片张角；d_0—包角程度

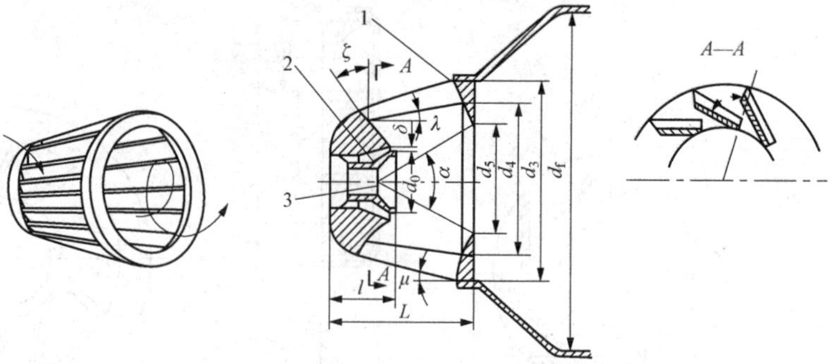

图 5-8 锥形旋流器的结构

1—束腰环；2—火焰稳定罩；3—喷油嘴出口断面的安装位置

α—燃油雾化锥角；d_5—束腰环直径；d_4—稳定罩直径；d_3—燃烧室头部直径；d_f—火焰筒直径；L—旋流器长度；l—火焰稳定罩长度；ζ—进口束腰环径向夹角；λ—旋流器内侧与轴线夹角；μ—旋流器外侧与轴线夹角

在这种情况下，全部一次空气均经由旋流器流入燃烧区，而流量主要是通过控制旋流器叶片出口通道截面积的大小来保证的。

对于包角旋流器来说，通过控制出口流速的大小和选取不同的导流挡板 3 向中心集中的程度（即包角程度 d_0 的大小）可以得到不同的回流区大小。对于锥形旋流器除了可控制出口流速的大小外，在其中心所设置的火焰稳定罩罩外间隙 δ 的大小，旋流器束腰环的大小 d_5 都将会影响气流的空间流场。

采用包角旋流器的燃烧室，燃烧区是按贫油配气原则组织的，而火焰又远离火焰筒壁，因而火焰筒过渡锥顶的壁温相对比较低，易于维护。这种结构主要用于大型燃烧室。

采用锥形旋流器的燃烧室，最大的特点是燃料能在旋流锥内逗留一小段，会受到通过旋流叶片向内流来的一次空气的冲击和预混，利于改善燃料的雾化质量。这可以使燃烧效率在低负荷工况下不致因为燃料雾化质量的恶化而严重地下降，所以适合用于燃用重质燃料。在装有这种锥形旋流器的火焰筒中，燃烧火焰比较贴近于火焰筒壁，因而火焰筒过渡锥顶的壁温总是相当高。为此，对于锥顶冷却有较严的要求，否则锥顶易烧坏或翘曲变形。

与包角旋流器配合工作的喷油嘴的喷射角一般选得稍大一些，一般为 80°～120°；与锥形旋流器配合工作的喷油嘴的喷射角一般选得较小，一般为 50°～70°，喷油锥角过大会把燃料喷到旋流器的束腰环上而形成积炭。

2. 富油配气方法

这时一次空气分别由旋流器和火焰筒前段上的一次空气射流孔分阶段地供入燃烧区。

在这种配气方案中，旋流器通流面积的设计原则是，在满负荷工况下总的一次过量空气系数为 $\alpha_1=1.1\sim1.3$，而流经旋流器的一次过量空气系数 $\alpha_{1s}=0.25\sim0.35$。由于“一次空气自调节特性”的作用，这种燃烧室的负荷变化范围可以做得比较宽，在低负荷工况下，燃烧效率和燃烧稳定性都比较好。用于这种配气方案的旋流器的结构可以按进口流向划分为径向旋流器（见图 5-9）和轴向平面旋流器，平面旋流器又有直叶片（见图 5-10）与扭曲叶片之分。

通过旋流器的空气流量同样是靠调整旋流器出口通道的截面积来实现的，影响空气量的因素有叶片出口几何角 α_s、叶片数 n、旋流器轮毂比 d_{s1}/d_{s2}、旋流器出口气流速度等。

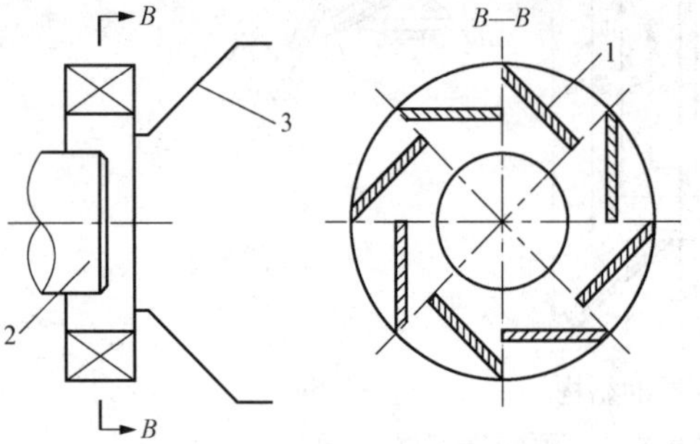

图 5-9 径向旋流器的结构

1—旋流器；2—喷油嘴；3—火焰筒过渡锥顶

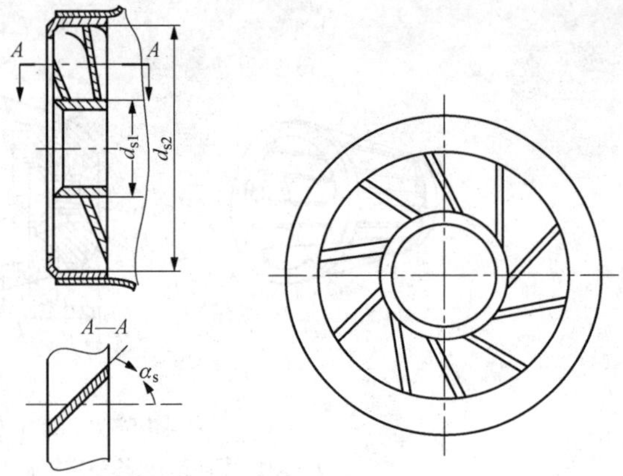

图 5-10 直叶片平面旋流器

径向旋流器比较适合于与逆流式燃烧室相配，制作工艺也十分简单。有试验表明，旋流叶片的安装方向对于燃烧火焰的长短有着很大的影响。当一次空气经旋流叶片的作用而在火焰筒内产生的旋转方向与由压气机输来的在火焰筒外侧二次空气流道中的逆流空气旋转方向彼此相反时，燃烧火焰最短；反之，火焰会增长 60%～80%。

在轴流的平面旋流器中，直叶片式比扭叶片式制作方便，用扭叶片的好处是，在同样阻力的条件下，流场的紊流强度将相对增高。

通常对于陆用燃气轮机燃烧室来说，不论是何种型式的旋流器，其出口气流的流速可选为 40～60m/s，靠控制旋流器前后的压差来实现，而这又与燃烧室火焰筒内外的总体压差水平有关，后者是靠气动设计的整体安排来达到的。

在火焰筒上的一次空气射流孔，可以设置两排或多排。试验表明：第一排一次空气射流孔离旋流器出口的距离不能太近，否则，回流区的尺寸将减小很多，对燃烧效率和燃烧稳定都会产生不利影响。一般这个距离可取为火焰筒直径的 0.45～0.5 倍；第二排一次空气射流孔离旋流器出口的距离取火焰筒直径的 0.75～1.0 倍。

相邻两排射流孔的布局可以"顺列"也可以"错列"，射流速度一般取 40～90m/s，孔数为 4～8 个。

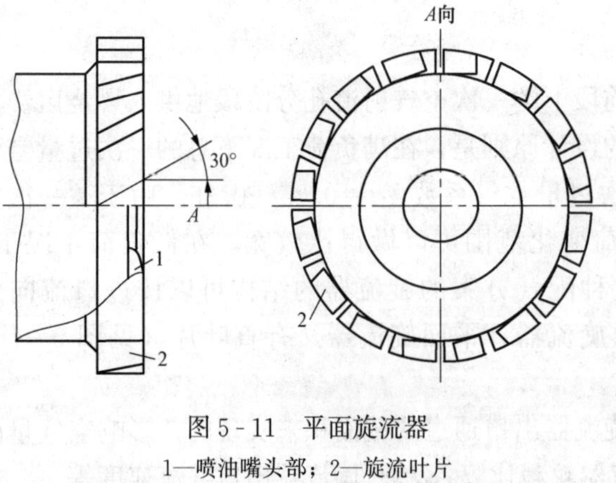

图 5-11 平面旋流器

1—喷油嘴头部；2—旋流叶片

由于一次射流能够达到的深度比较有限，因而一般来说，这种配气方案只宜在直径不是很大的燃烧室中使用。

图 5-11 所示为 MS5000 系列燃机上燃烧室中采用的平面旋流器，此平面旋流器的叶片是直接在喷油嘴的外壳上精铸制成的。其叶片出口安装角 $\alpha_s = 30°$，一次射流孔两排顺列布置在火焰筒的燃烧区段上，每排 8 个孔，孔径分别为 15.7mm 与 19mm。值得注意的是，在旋流器与火焰筒一次射流孔之间，还

有一部分一次空气是经过过渡锥顶上的小孔供入的。流经过渡锥顶的空气量由端部配气盖板和锥顶上的开孔数和孔径来控制。由旋流器与锥顶部分进入的气量约占总空气量的20%，火焰筒上两排射流空气量约占17%，这是一种有一次空气量自调特性的典型结构，满负荷工况下燃烧区温度为1800～2000℃。

有的燃烧室的一次配气机构中完全不用旋流器，而是通过过渡锥顶上的鱼鳞孔（用冲压在壁面上形成凹坑，凹坑一侧开口进气）供入一次空气，鱼鳞孔在侧面开口就可以引导进气沿周向流入，从而形成贴壁的旋流，同样可以造成火焰稳定所需要的中心回流区。

二、燃气混合机构

一般来说，燃烧室内工质的加热度 $t_3^*-t_2^*$ 越高，能够用来掺混的二次空气比例就越低，与由燃烧区（一次区）流来的高温燃气均匀地混合以在燃烧室出口达到均匀的温度场就越难，因而对混合机构的要求也就越高。混合机构的任务在于使较低温度（t_2^*）的二次空气能与由燃烧区流来的高温燃气混合均匀，达到涡轮前温度场的指标要求。目前燃烧室中常用的燃气混合机构有以下几种。

1. 径向喷管型混合机构

它由一定数量，插入到燃烧室中心部位附近的椭圆形或圆形喷管所组成，二次掺混空气由此导入高温燃气中去进行掺冷混合（见图5-12）。这种机构的优点是流阻损失小，导入深度大，混合效果比较好。但是，迎着高温燃气方向那侧的喷管容易烧坏，因此有把迎着燃气的高温侧截短的方案（见图5-12中的局部视图）。这种混合机构在直径较大的燃烧室中常被采用。每个喷管的插入深度为火焰筒半径的25%～40%，二次空气射流速度一般取50m/s左右。

2. 射流孔式的混合机构

在这种混合机构中，二次掺混空气是通过分布在火焰筒尾部的一排或多排的射流孔射到高温燃气中去的。显然，增加掺混空气的射流深度是提高混合质量的关键，采用长边与燃气流动方向平行的长圆形射流孔，或者是射流孔彼此顺列布置，都能达到增加射流深度的目的。

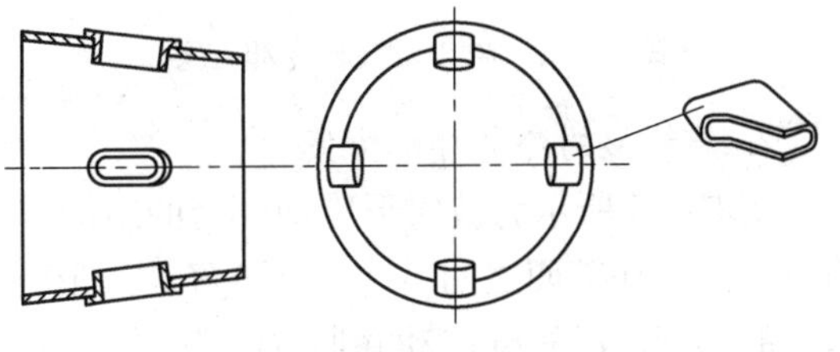

图5-12 径向喷管型混合机构

这种混合方案的优点是结构简单轻巧，缺点是流阻损失较大，射流深度有限，只能用于直径较小的燃烧室中。

三、火焰筒壁冷却机构

燃烧室中火焰筒的工作条件是极为恶劣的。在高温高压的燃烧火焰和热燃气的作用下，火焰筒承受着高强度的热负荷和热冲击负荷（指温度急剧变化，例如负荷突然改变时在燃烧室结构中产生的高应力或交变应力），有时还有一定程度的机械振动负荷。

火焰筒常会发生裂纹、翘曲和变形等损坏现象，甚至还会出现脱焊、掉块、磨损和烧穿等故障。为了解决这些问题以确保安全并延长燃烧室的工作寿命，就必须合理地组织火焰筒壁的冷却过程。壁面冷却的任务：合理地组织冷却气流，使受热零件获得有效的冷却，以保证火焰筒壁温度能比较均匀地保持在金属材料的强度所能允许的范围之内。

从原则上讲，在燃烧室中热传递的三种方式，即传导、对流和辐射，都是存在的。但从总体上分析，金属导热的影响可以忽略。火焰筒夹在热的火焰区和相对较冷的二次气流之间，作为两区之间换热的中介，它的温度取决于不同形式换热量的平衡以及两侧热阻的相对大小。

当火焰筒的内侧有冷却气膜流层时，冷却气膜起了隔离高温燃气与火焰筒内壁的作用，高温燃气就不再以对流方式把热量传给壁面。而且冷却气膜温度比壁温要低，所以冷却气膜反而要以对流换热的方式从火焰筒的内壁吸收热量。而从热阻的角度来看，冷却气膜显著增加了内侧热阻，结果是火焰筒壁温度会明显下降，所以采用气膜冷却措施是加强冷却效果的有效措施。

常用的气膜冷却方案有以下几种。

1. 斑孔型冷却气膜方案

图 5-13 所示为这种方案的一般形式。它的优点是结构简单、工艺性好、开孔面积容易保证。缺点是开孔过多时易削弱材料强度，而开孔过少时火焰筒圆周周方向的冷却不易均匀。为此，进一步发展了二次膨胀式的气膜冷却机构，如图 5-14 所示。在这种方案中，由斑孔流来的多股射流，经圆环缝的节流能够变成一个环形的气膜薄层，由此可以消除不均匀的缺点。MS6001 机组燃烧室的冷却机构，就属于二次膨胀式的一类。

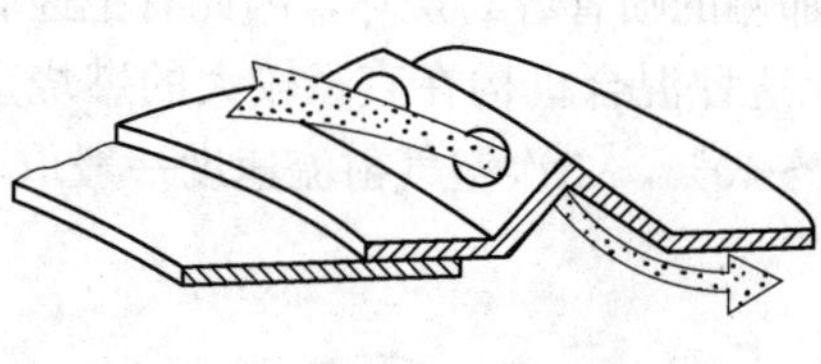

图 5-13 斑孔型气膜冷却方案

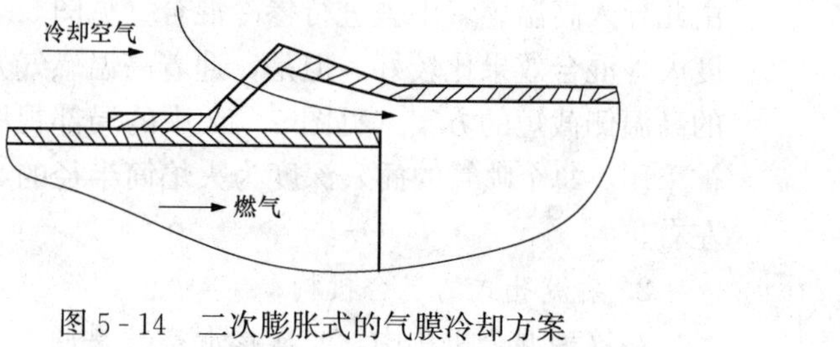

图 5-14 二次膨胀式的气膜冷却方案

2. 波纹形的冷却环套方案

图 5-15 所示为波纹形冷却环套的结构方案示意。波纹形冷却环套被点焊在前后两段火焰筒的内、外壁面之间。冷却空气经波纹形环套与相邻火焰筒段之间的间隙流向后面一段火焰筒的内壁，沿管壁流动并形成气膜。

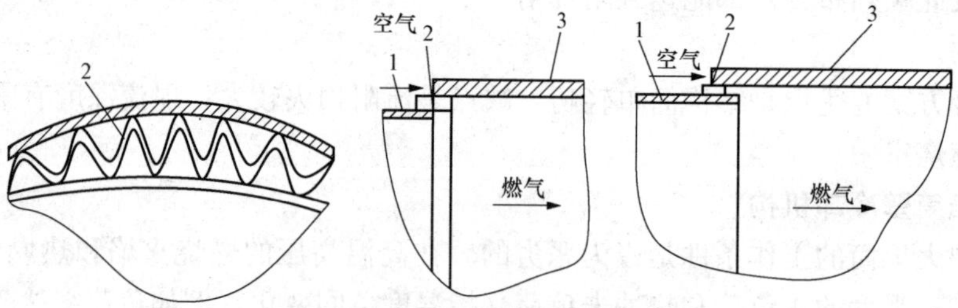

图 5-15 波纹形冷却环套的结构方案

1—火焰筒前段；2—波纹形的冷却环套；3—火焰筒后段

这种结构的优点：①可以全部利用冷却空气的动压头，因而气膜流量大，有效长度长(一般为 80～160mm)，冷却效果好；②允许火焰筒自由膨胀；③由于火焰筒之间并不采取搭接焊，因而不容易出现应力集中现象。其主要缺点：①波纹形环套不易做得均匀和准确，焊接时又会引起变形，致使波纹形通道的面积不易保证；②气膜通道间隙的微小不均匀就会引起火焰筒内、外压差的显著变化，从而改变了冷却空气流量，致使冷却效果变差，会直接影响出口温度场及壁温分布特性的变化；③制造工艺比较复杂，要求较严，点焊工作量很大。

以上两种方案，由于所能维持的气膜长度有限，火焰筒必须由很多节套管组成，MS6001机组上的火焰筒就是由十多节火焰套管组合而成的。分管型火焰筒组件包括冷却结构，多由板件冲压成型后焊接而成；很多航空燃气轮机的环型燃烧室火焰筒是在锻造毛坯上机加工出筒壁和复杂的冷却结构的，这是为了保证结构的精确性，从而也降低了产生大的局部热应力的危险。

3. 鱼鳞孔式的冷却方案

图5-16所示为鱼鳞孔式冷却方案的示意，冷却气流由鱼鳞孔流入火焰筒（如同小百叶窗），气流紧贴内壁流动形成冷却气膜。这种大量的呈圆形或凸肩形的鱼鳞孔以错列布置为宜，以便使所有壁面都能均匀地受到气膜的保护。这种方案的优点是结构简单，质量小。但是不易加工，孔槽的高度不易精确地控制，在孔槽两边的尖角处容易由于应力集中而发生应力疲劳，因此这种结构已少应用。

4. 双层壁多孔式气膜冷却方案

图5-17所示为双层壁多孔式气膜冷却方案的结构。在这种方案中，火焰筒为双层，在内外层之间保持一定间距，形成环形腔道。在内外层壁面上分别钻有许多彼此错列的冷却小孔，通常小孔尺寸为$\phi 5$。在设计中，内层小孔数目较多，以保证气膜分布均匀，总的冷却空气量靠外层孔的数量来控制。一般来说，内外层壁面上冷却孔数的比例可取3.0～7.0。冷却空气通过外层壁上的冷却小孔进到环形腔道，再由内层壁上的冷却小孔渗入火焰筒，就可以在火焰筒内层壁的表面上形成一股密布的冷却空气保护膜。

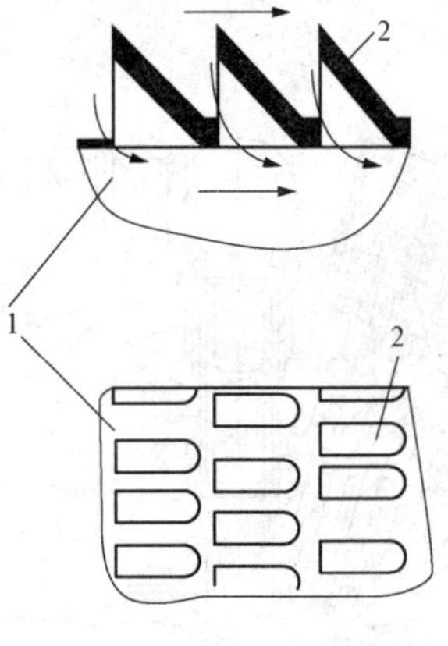

图5-16 鱼鳞孔式的冷却方案

1—火焰筒壁；2—鱼鳞孔

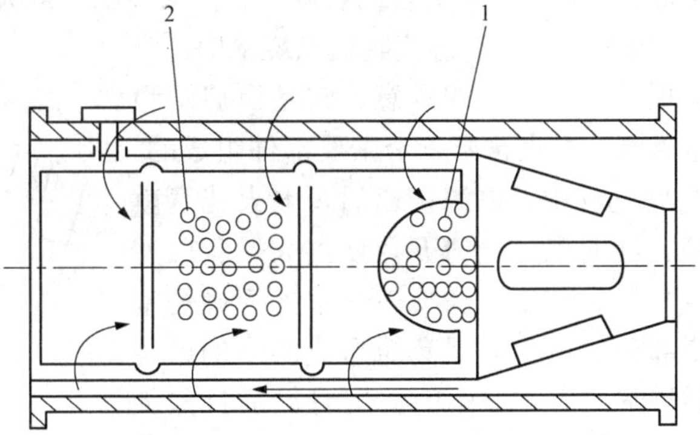

图5-17 双层壁多孔式气膜冷却方案

1—外层壁冷却孔；2—内层壁冷却孔

经验表明，这种方案的冷却效果相当良好，制造不难，调整也方便。在火焰筒直径较大的圆筒形燃烧室中，获得了较多应用。

火焰筒外层壁的温度一般不会很高，可以选用耐热性能较差的材料制作。它还兼有遮热板的作用，能防止火焰筒内层壁的辐射热直接传给燃烧室的外壳，因此外壳表面温度不会过高。

四、过渡段

不论是圆筒形、分管形，还是环管形燃烧室都存在一个使火焰筒出口圆形截面过渡为涡轮导叶前的扇形截面的问题。一方面截面形状要改变；另一方面截面积要有一定收敛（缩小），以达到涡轮进口截面要求的轴向流速，此任务是由过渡段（又称燃气收集器）完成的。

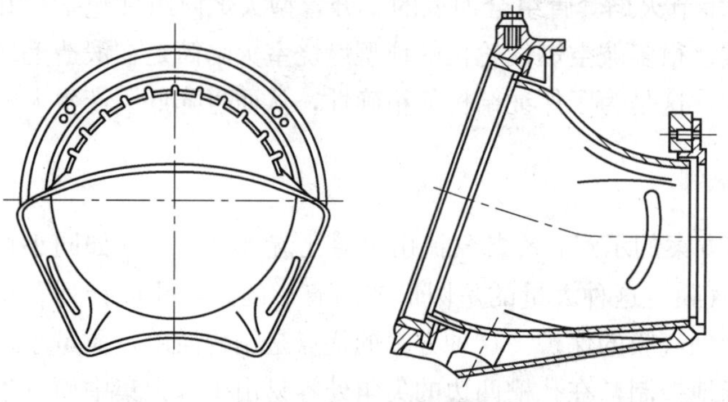

图 5 - 18　过渡段结构

过渡段造型一般都比较复杂，如图 5 - 18 所示。在设计上要保证：①截面由圆形变到扇形；②型线尽可能平滑过渡，流阻损失要小；③截面积收敛速度要恰当，收敛速度大时收集器长度可缩短，且出口流场均匀性改善，但由于型面变化过于剧烈，在热冲击下易发生较大内应力。在运行中，过渡段往往是燃烧室结构中一个寿命较低的薄弱环节，原因是形状复杂，厚度变化大（焊接安装边外），难以保证刚度和热强度，易产生应力集中。有时可以在型面变化剧烈的部位，局部开些冷却小孔，既可使壁面获得冷却保护，又能部分消除应力集中。

五、点火机构

燃烧室的点火是燃气轮机启动过程中一个重要的问题。燃气轮机首先要利用外部驱动达到一定转速，从而压气机能够向燃烧室供应空气；然后开动燃油泵喷入燃料，与空气混合形成可燃混合物。但这时不会自动着火，必须先利用由点火机构供给的外界能源将燃烧室中一部分可燃混合物加热到着火温度而起燃，再依靠这个局部的初始火源点燃整个燃烧室。当主燃烧火焰能够维持连续而稳定的燃烧后，点火成功，点火机构就可停止工作。

图 5 - 19 所示为一种燃气轮机燃烧室中经常采用的火炬式点火装置的示意。它是由启动喷油嘴、电磁阀、电火花塞三个主要部件组成的。在启动点火过程中，电源接通后，电火花塞就放电起弧，同时电磁阀打开，使点火燃料（燃油或燃气）从启动喷油嘴喷向一个处于燃烧室二次流道部位的由点火器套筒形成的小的燃烧空间。燃烧室二次流道中的空气可以通过点火器套筒壁上的开孔进入，与点火燃料形成可燃混合物。这部分可燃混合物数量少，空间范围小，借助于火花塞放电产生的能量就可以进入着火状态，从而形成一股点火火炬。当燃烧室的主燃料喷出与一次空气形成可燃混合物后，就可以依靠点火火炬的能量而点燃。

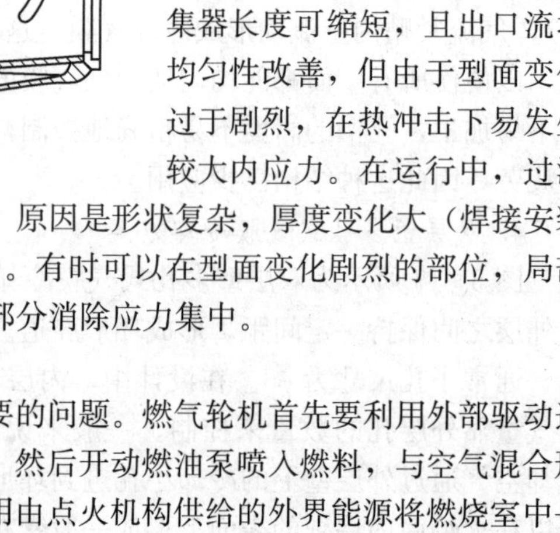

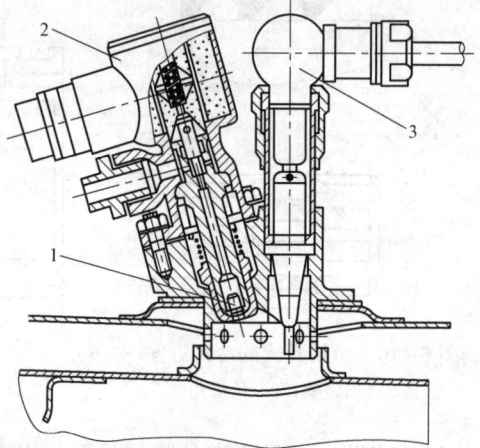

图 5 - 19　火炬式点火装置

1—启动喷油嘴；2—电磁阀；3—电火花塞

在分管形或环管形燃烧室中，通常只需要在两三个燃烧室上装有这种点火装置。如图 5 - 20 所示的 MS6001 机组上共有 10 个分管形燃烧室，其中只在 1 号和 10 号两个燃烧室上装有点火机构。而所有相邻的燃烧室之间都装设联焰管，使每个燃烧室的燃烧空间彼此串通起来。当某几个燃烧室在点火装置的引燃下形成了主燃烧火焰后，那里的压力会在瞬间升高，高温燃气连同火焰就会通过联焰管进入相邻的未着火的燃烧室中去，将那里的可燃混合物也点燃，从而达到所有燃烧室都成功点火的目的。设计时为了提高联焰的可靠性可适当放大联焰管的直径。

图 5 - 21 所示为 MS6001 燃烧室的联焰管结构示意。联焰管内套与外套分别沟通相邻的火焰筒空间和冷却空气的流道，夹层中可以从二次流道引入冷却空气以防止联焰管烧毁，结构上还要保证拆装的方便。

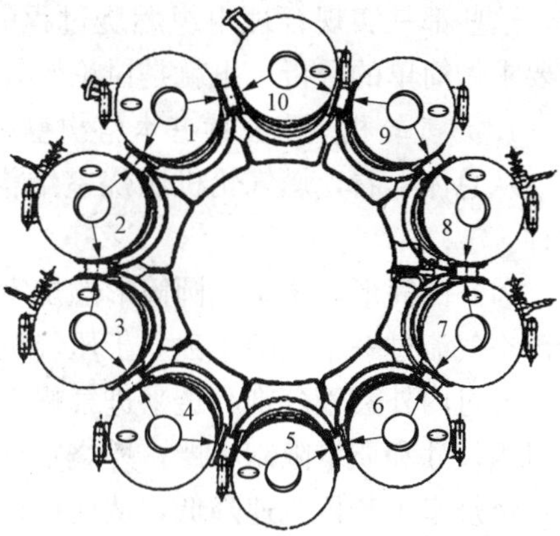

图 5 - 20　MS6001 机组的 10 个分管形燃烧室的布置

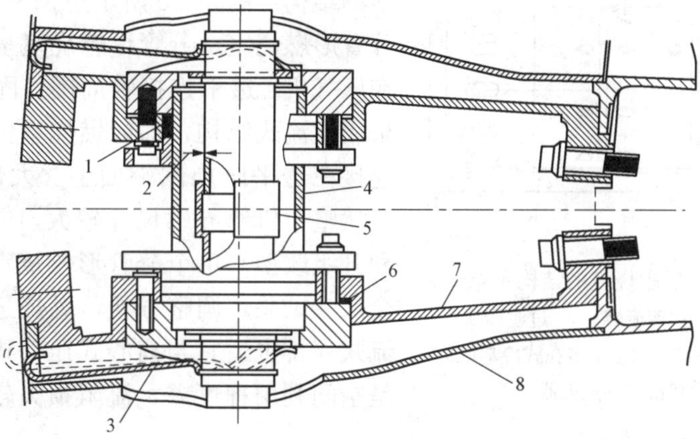

图 5 - 21　MS6001 燃烧室的联焰管结构示意

1—垫片；2—间隙；3—弹簧片；4—联焰管外套；5—联焰管内套；6—密封垫；7—燃烧室外壳；8—火焰筒

六、燃气轮机燃烧室结构分析要点

燃烧室的结构除了满足工作性能要求之外，由于其工作条件的恶劣而产生了一系列自身的问题。随着燃气轮机的发展，燃烧室的结构型式日益发展变化，出现了多种结构方案。总的来说，燃烧室的结构选择应该能体现工作性能高、使用可靠、制造维护简便的原则。具体地说，应该满足下列一些要求：

(1) 在气动方面和结构上与机组其他部件配合良好，整体性强；

(2) 具有可靠的火焰稳定机构；

(3) 具有高效能的混合机构；

(4) 具有可靠的壁面冷却机构；

(5) 具有足够的刚度与强度；

(6) 作为热部件既能稳固地定位，又允许必要的热膨胀；

(7) 作为易损部件，应便于拆装和维护。

在以上各小节中已分别介绍了一次配气结构、二次空气混合机构、冷却机构和点火机构，这些都是实现合理组织燃烧过程的根本性环节，在这里着重对上面的第（1）、第（6）点要求做简单的分析，也就是讨论燃烧室结构形式的选取及燃烧室的定位和热膨胀问题。

1. 燃气轮机燃烧室的基本结构型式

从总体上看，燃气轮机燃烧室结构型式大致可以分成圆筒形、分管形、环管形和环形四种。

（1）圆筒形燃烧室。圆筒形燃烧室在固定式燃气轮机中广泛应用。其优点是结构简单，全部空气流过一个或两个独立于压气机-透平轴系之外的燃烧室，比较适应固定式机组。燃烧室通过内外套管分别与透平进气蜗壳和压气机出气蜗壳相连接，装拆维修方便。由于固定式机组尺寸和质量限制不严，燃烧室结构又独立，可以做得大些，即采用比较低的燃烧热强度。燃烧室中整体流速降低，从而可以在较小的流阻损失下取得燃烧效率高、燃烧稳定性好的效果。其缺点是单个燃烧室尺寸巨大，难以做全尺寸燃烧室的全参数试验，设计调整比较困难。圆筒形燃烧室的结构实例可参见图 5-22，该示例为双筒形。

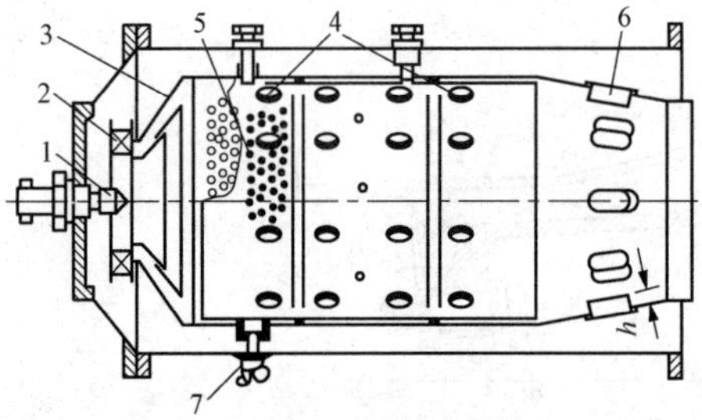

图 5-22 圆筒形燃烧室的结构示意

1—喷油嘴；2—径向旋流器；3—过渡锥顶；4—一次空气射流孔；5—双层壁多孔式冷却机构；6—掺混喷管；7—点火器

（2）分管形燃烧室。分管形燃烧室是应用最多的结构。图 5-20 所示为 MS6001 燃机上应用的分管形燃烧室。分管形燃烧室呈环形均匀地布置在压气机-透平连接轴周围。固定式机组目前多采用逆流式结构，即各燃烧室仅以外壳的出口端连接在透平匣周围端面上，大部分悬挂在外面，虽然整个机组外廓尺寸较大，但便于拆装、维修和升级改型。单个分管形燃烧室尺寸小、便于做全尺寸试验，调整方便，燃烧过程较易组织。逆流式安排也适宜与离心式压气机配合工作，缺点是空间利用程度差，流阻损失较大，需要全联焰点火，制造工艺要求也较高。

（3）环形燃烧室。环形燃烧室只有一个火焰筒，由压气机-透平轴外围的环形空间构成，仅头部仍需沿圆周配置若干个喷油嘴以保证燃料能够沿圆周分布，环形燃烧室的优点是体积和质量小，流阻损失小，联焰方便，排气冒烟少，结构上特别适宜与轴流式压气机相配，在航空燃气轮机上应用较多。缺点是由于燃烧空间完全联通，各喷嘴形成的燃料炬与气流的配合不容易组织，燃烧性能难以控制，出口温度场不易保持均匀稳定。全尺寸试验也需要很大功率的气源，而分扇段（沿圆周截取包含 1、2 个喷嘴的一段加侧壁构成）试验不完全能反映整个燃烧室的情况。

（4）环管形燃烧室。环管形燃烧室是介于环形和分管形之间的结构型式。燃烧室外套是环形连通的，而火焰筒是分开的单管，布置如图 5-23 所示。它兼备了环形与分管形燃烧室的优点，但也继承了质量大、火焰筒结构复杂、需要联焰管传焰点火、制造工艺要求高等缺点。它适宜与轴流式压气机配合工作，能充分利用由压气机流来气流的动能。目前应用也相当广泛。实例见图 5-24 中 OTF 2100S-4 型燃气轮机

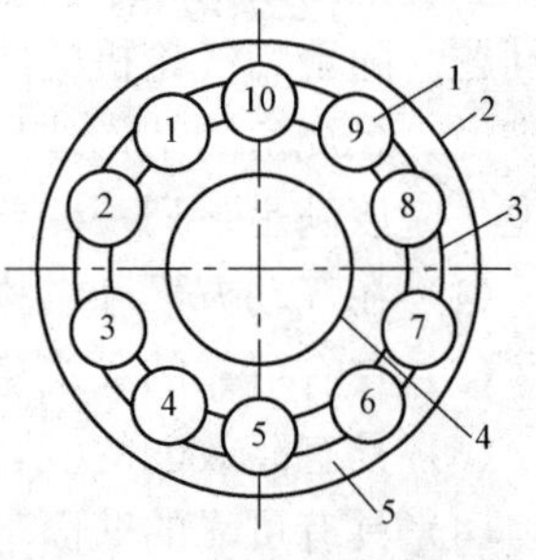

图 5-23 环管形燃烧室的布置

1—火焰筒；2—燃烧室外壳外环；3—联焰管；4—燃烧室外壳内环；5—环形内腔

采用的环管形燃烧室。

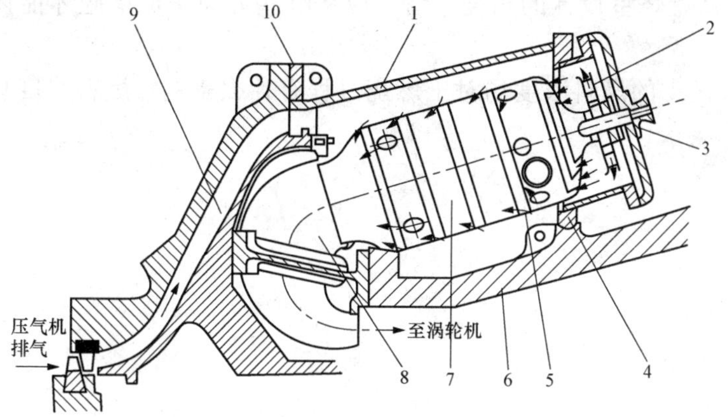

图 5-24 OTF2100S-4 型燃气轮机上采用的环管形燃烧室

1—燃烧室外壳；2—径向旋流器；3—喷油嘴；4—燃烧室外壳内径上的圆周法兰；5—冷却导流环；6—涡轮气缸；7—火焰筒；8—涡轮入口过渡段；9—压气机出口的扩压器；10—前段法兰

2. 燃烧室热部件的结构特征

由于燃烧区内燃气温度很高，工作时火焰筒材料的温度比起外面的燃烧室外套升高很多，燃烧室和相连接的部件（如压气机、轴系等）的温度和膨胀也有很大差别，如果在结构上全部紧固连接，热膨胀的差异会造成极大的热应力，从而引起扭曲变形甚至破裂，还可能导致内部气流偏离正常工作状况和冷却过程恶化，进一步影响火焰筒的寿命。因此热部件的安装必须使相邻部件之间有相对自由膨胀的余地，但又必须同时保证准确的相对位置（同心度、间隙保持等）。另外，对于容易发生热应力集中的零件或部位（例如凸缘、小孔、焊口处）也必须采取相应的防范措施。

思考题

5-1 燃烧室在燃气轮机中的两项最基本的功能是什么？

5-2 燃气轮机燃烧室在设计和制造中，应满足哪些要求？

5-3 燃烧室主要由哪些构件组成？

5-4 对燃烧室有哪些基本要求？为什么提出这些要求？

5-5 衡量燃烧室性能的主要指标有哪些？这些指标的数值目前达到怎样的水平？

5-6 提高燃烧室出口的燃气温度对燃气轮机有什么重要意义，可采取哪些措施？受到什么限制？

5-7 说明容积热强度 Q_V 和面积热强度 Q_A 所表达的概念，为什么说它们不能确切地反映燃烧室结构的紧凑程度？

5-8 燃烧室按结构形式可分为哪几类？试从工作原理上比较它们的优缺点。

5-9 为了保证燃料燃烧稳定和安全，根据燃烧理论，燃烧室中空气流应该怎样组织才好？

5-10 按功能来分，进入火焰筒的空气可分为哪几部分？试说明火焰筒上各种功用不同的孔的特点。

5-11 在火焰筒的主燃区中，气流的流动结构特点如何？它们对于稳定和强化燃烧过程有什么影响？从燃烧室设计的角度来看，应从哪些方面采取措施才能体现这些特点和要求？

5-12 燃烧区中的燃料浓度场对于燃烧过程有什么影响？燃料浓度场应该怎样组织才好？

第六章　透 平 工 作 原 理

燃气轮机与汽轮机都有透平，且两种动力设备的功也都是由透平产生的。由工程热力学的基本原理可知，透平要输出功就需要有高温高压的工质进入透平并在透平内将工质的热力学能转化为机械能。在燃气轮机中，高温高压的工质为经过压气机压缩并在燃烧室内燃烧升温后的气体工质；在汽轮机中，高温高压的工质为经过泵增压并在锅炉中升温的水蒸气。在燃气轮机和汽轮机中工作的工质不同。工质性质的不同导致工质在透平内的工作过程及对透平的要求不同，如燃气轮机中由于工质温度较高，当工质温度超过 900℃时需要对透平叶片进行冷却，而在汽轮机中随着水蒸气在透平内的膨胀做功，在末级会有液态水析出，导致在汽轮机中存在湿汽损失。同时由于对经过透平做功后工质应用方式的不同，工质离开透平的压力不同。在燃气轮机中，工质的排气压力高于大气压，可以采用联合循环等对工质中的能量进一步的应用；在汽轮机中根据对蒸汽应用方式的不同，工质的压力可以高于大气压（背压式汽轮机）也可以低于大气压（凝汽式汽轮机）。因此，在本章中除了对燃气轮机与汽轮机透平工作原理的介绍外，还针对各自的特点进行了介绍。

需要强调的是，在工程中所指的燃气轮机是包括压气机、燃烧室、透平三大部件的，而汽轮机一般只是包括汽轮机本体（即透平部分），汽轮机需要与泵、锅炉、凝汽器、加热器等组成成套装置，共同工作。在燃气轮机中，通常将透平称为燃气透平，在汽轮机中透平就是指汽轮机，在本章中统一将这种部件称为透平。

按照工质在透平内部的流动方向，通常可以把透平分为轴流式和径流式两大类。在燃气轮机和汽轮机中，以轴流式透平用得多，因为轴流式可以通过较大的工质流量、效率较高、结构上便于做成多级型式，因而能满足高膨胀比和大功率的要求。径流式透平在微小型燃气轮机、汽轮机中应用较广。本章只介绍轴流式透平的相关内容。

透平中能完成能量转换的基本单位是透平级，简称为级，级由一列静叶栅和一列动叶栅组成。级组是由各单级沿气流流动的方向串列而成。当高温高压的工质流过静叶时，由于静叶流道是收敛形的，在亚声速流动的情况下，就可以使气流流动速度加快，相应的工质的压力、温度会逐渐下降。这意味着在静叶中工质的部分焓转化为动能，当这股具有相当速度的工质以一定的方向流经动叶时，就会推动转子旋转，并使工质速度下降。此过程中，工质把部分能量交给了转子，使转子在高速旋转中对外做出机械功，这就是透平级的工作概况。

在讨论级的工作时，与轴流式压气机中的思路相同，假设级是由许多基元级沿半径（叶高）方向叠合而成。而基元级可变成两列叶栅（一列静叶栅和一列动叶栅）。如此简化，即从基元级入手来讨论透平的工作原理，概念比较清晰，易于读者理解。

第一节　气流在基元级内的流动

一、基本假设和基本方程式

（一）基本假设

一般来说，蒸汽分子间的距离较小，分子间的作用力及分子本身的体积不能忽略，因此蒸汽一般不能作为理想气体处理，但为了讨论问题的方便将燃气轮机中的工质和汽轮机中的工质都假设为理想气体，除此外还假设：

（1）气流在级内的流动是稳定流动，即气流的所有参数在流动过程中与时间无关，实际上绝对的稳定流动是没有的，气流流过一个级时，由于有动叶在喷嘴栅后转过，气流参数总有一些波动，当透平稳定工作时，由于气流参数波动不大，可以相对地认为是稳定流动。

（2）气流在级内的流动是一元流动，即级内气流的任一参数只是沿一个坐标（流程）方向变化，而在垂直截面上没有任何变化。显然这和实际情况也是不相符的，但当级内通道弯曲变化不激烈，即曲率半径较大时，可以认为是一元流动。

（3）气流在级内的流动是绝热流动，即气流流动的过程中与外界无热交换。由于气流流经一个级的时间很短暂，可近似认为正确。

考虑到即使用更复杂的理论来研究气流在级内的流动，其结论与透平真实的工作情况也不完全相符，而且推算也甚为麻烦。因此，上述的假设在用一些实验系数加以修正后，在工程实践中也证明是可行的。

（二）基本方程式

在透平的热力计算中，往往需要应用可压缩流体一元流动方程式，这些基本方程式有状态及过程方程式、连续性方程式和能量守恒方程式。

1. 状态及过程方程式

理想气体的状态方程式为

$$pv = R_g T \tag{6-1}$$

式中：p 为绝对压力，Pa；v 为气体比体积，m^3/kg；R_g 为气体常数，蒸汽常数 $R_g=461.5J/(kg\cdot K)$，空气常数 $R_g=287.06J/(kg\cdot K)$；T 为热力学温度，K。

当气流进行等熵膨胀时，膨胀过程可表示为

$$pv^{\kappa} = 常数 \tag{6-2}$$

其微分形式为

$$\frac{dp}{p} + \kappa\frac{dv}{v} = 0 \tag{6-2a}$$

式中：κ 为等熵指数，对于过热气流 $\kappa=1.3$，对于湿蒸汽，$\kappa=1.035+0.1x$，其中 x 是膨胀过程初态的蒸汽干度，对于空气 $\kappa=1.4$。

2. 连续性方程式

在稳定流动的情况下，每单位时间流过流管任一截面的气流流量不变，用公式表示为

$$Gv = Ac \tag{6-3}$$

式中：G 为气流流量，kg/s；A 为流管内任一横截面积，m^2；c 为垂直于截面的气流速度，m/s。

对式（6-3）取对数值并微分，可得连续性方程的另一形式为

$$\frac{dA}{A} + \frac{dc}{c} - \frac{dv}{v} = 0 \tag{6-4}$$

3. 能量守恒方程式

根据能量守恒定律可知，加到气流中的热量与气体压缩功的总和必等于机械功、摩擦功、热力学能、位能及动能增值的总和，而在透平中，气体位能的变化以及与外界的热交换

可略去不计，同时气流通过叶栅槽道时若只有能量形式的转换，对外界也不做功，则能量守恒方程可表达为

$$h_0 + \frac{c_0^2}{2} = h_1 + \frac{c_1^2}{2} \tag{6-5}$$

或

$$h_0 - h_1 = \frac{c_1^2 - c_0^2}{2} \tag{6-5a}$$

式中：h_0、h_1 为气流进入和流出叶栅的比焓值，J/kg；c_0、c_1 为气流进入和流出叶栅的速度，m/s。

其微分形式为

$$c\mathrm{d}c + v\mathrm{d}p = 0 \tag{6-6}$$

对于在理想条件下的流动，没有流动损失，与外界没有热交换，也就是说在等熵条件下，叶栅出口处的流动速度为理想速度 c_{1t}，则

$$h_0 - h_{1t} = \frac{c_{1t}^2 - c_0^2}{2} \tag{6-7}$$

二、气流在喷嘴中的膨胀过程

（一）气流的滞止参数

理想气体在等熵过程中的比焓差可表示为

$$h_0 - h_{1t} = \frac{\kappa}{\kappa - 1}(p_0 v_0 - p_1 v_{1t}) \tag{6-8}$$

根据式（6-7）可得

$$\frac{c_{1t}^2}{2} = \frac{\kappa}{\kappa - 1}(p_0 v_0 - p_1 v_{1t}) + \frac{c_0^2}{2} \tag{6-9}$$

当用下角标 0 与 1 分别表示喷嘴进出口处的状态时，则式（6-9）表明，气流在喷嘴出口处的动能是由喷嘴进口和出口的气流参数决定的，并和喷嘴进口气流的动能有关。当喷嘴进口气流动能 $c_0^2/2$ 很小，并可忽略不计时，喷嘴出口的气流流速仅是热力学参数的函数。若喷嘴进口气流的动能不能忽略不计，那么我们可以假定这一动能是由于气流从某一假设状态 0* （其参数为 p_0^*、h_0^*、v_0^* 等）等熵膨胀到喷嘴进口状态 0（其参数为 p_0、v_0、h_0 等）时所产生的，在这一假想状态下，气流的初速为零。换言之，参数 p_0^*、v_0^* 是以初速 c_0 从 p_0、v_0 等熵滞止到速度为零时的状态，我们称 p_0^*、h_0^*、v_0^* 等为滞止参数，若用滞止参数表示，则式（6-9）可写成

$$\frac{c_{1t}^2}{2} = \frac{\kappa}{\kappa - 1}(p_0^* v_0^* - p_1 v_{1t}) \tag{6-9a}$$

滞止系数在 h-s 图上如图 6-1 所示。

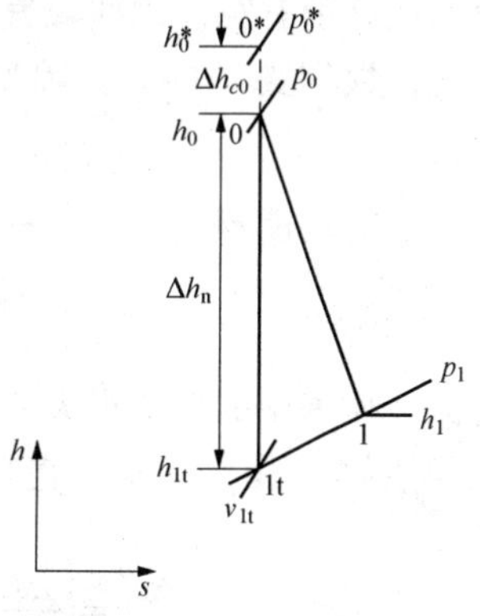

图 6-1 气流在喷嘴中的热力过程

（二）喷嘴出口气流速度

根据式（6-7）对于稳定的绝热流动过程（等比熵过程）喷嘴出口气流的理想速度为

$$c_{1t} = \sqrt{2(h_0 - h_{1t}) + c_0^2} = \sqrt{2\Delta h_n + c_0^2} = \sqrt{2(h_0^* - h_{1t})} = \sqrt{2\Delta h_n^*} \tag{6-10}$$

式中：h_{1t}为理想条件下，喷嘴出口的比焓，J/kg；Δh_n 为理想条件下，喷嘴中的理想比焓降，$\Delta h_n = h_0 - h_{1t}$，J/kg；$\Delta h_n^*$ 为喷嘴中的滞止理想比焓降，$\Delta h_n^* = \Delta h_{c0} + \Delta h_n$，J/kg。

若用压力比的形式表示，由式（6-9a）可得

$$c_{1t} = \sqrt{\frac{2\kappa}{\kappa-1} p_0^* v_0^* \left[1-\left(\frac{p_1}{p_0^*}\right)^{\frac{\kappa-1}{\kappa}}\right]} = \sqrt{\frac{2\kappa}{\kappa-1} p_0^* v_0^* \left(1-\varepsilon_n^{\frac{\kappa-1}{\kappa}}\right)} \tag{6-11}$$

式中：$\varepsilon_n = p_1/p_0^*$ 为喷嘴压力比，是喷嘴出口压力 p_1 与喷嘴进口滞止压力 p_0^* 之比，是个小于1的数。

（三）喷嘴速度系数及动能损失

由于气流在实际流动过程中总是有损失的，所以喷嘴出口气流的实际速度 c_1 总是要小于理想速度 c_{1t}，速度系数正是反映喷嘴内由于各种损失而使气流速度减小的一个修正值，即

$$c_1 = \varphi c_{1t} \tag{6-12}$$

式中：φ 为喷嘴速度系数，是一个小于1的数，其值主要与喷嘴高度、叶型、喷嘴槽道形状、气体的性质、流动状况及喷嘴表面粗糙度等因素有关。

由于影响因素复杂，现在还很难用理论计算求解，往往是由实验来决定。图6-2所示为渐缩喷嘴速度系数 φ 随喷嘴高度 l_n 的变化曲线。

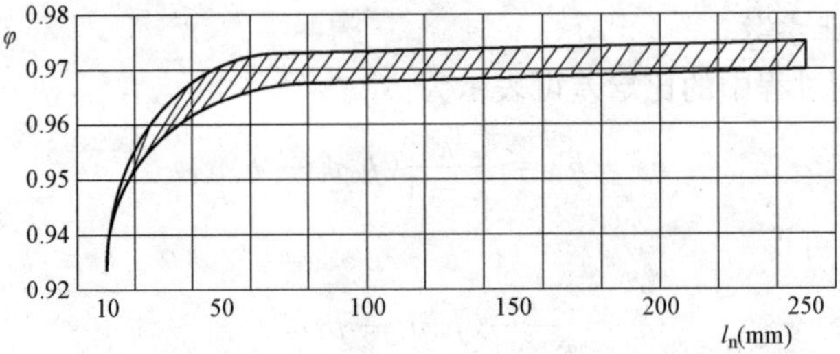

图6-2　渐缩喷嘴速度系数 φ 随喷嘴高度 l_n 的变化曲线

气流在喷嘴中的膨胀过程如图6-1所示。在其出口，喷嘴的实际气流速度 c_1 比理想速度 c_{1t}要小，所损失的动能又重新转变为热能，在等压下被气流吸收，比熵增加，使喷嘴出口气流的比焓值升高。因此，气流在喷嘴内的实际膨胀过程不再按等比熵线进行，而是一条熵增曲线，根据式（6-10）喷嘴出口气流的实际速度可写成

$$c_1 = \sqrt{2(h_0 - h_1) + c_0^2} = \sqrt{2(h_0^* - h_1)} \tag{6-12a}$$

喷嘴中的动能损失 $\Delta h_{n\varepsilon}$ 与速度系数 φ 之间的关系可表示为

$$\Delta h_{n\varepsilon} = \frac{c_{1t}^2 - c_1^2}{2} = (1-\varphi^2)\frac{c_{1t}^2}{2} = (1-\varphi^2)\Delta h_n^* \tag{6-13}$$

气流在喷嘴中的动能损失 $\Delta h_{n\varepsilon}$ 与气流在喷嘴中的滞止理想比焓降 Δh_n^* 之比称为喷嘴的能量损失系数，用 ζ_n 表示，它与速度系数 φ 之间的关系可表示为

$$\zeta_n = \frac{\Delta h_{n\zeta}}{\Delta h_n{}^*} = \frac{\frac{1}{2}(c_{1t}^2 - c_1^2)}{\frac{1}{2}c_{1t}^2} = 1 - \frac{c_1^2}{c_{1t}^2} = 1 - \varphi^2 \tag{6-14}$$

（四）喷嘴中的临界条件和喷嘴临界压力比

在喷嘴中，当气流等比熵膨胀到某一状态时，气流速度就和当地声速相等，即 $c_{1t} = a$，则称这时气流达到临界状态，此时马赫数 $Ma = c_{1t}/a = 1$，这一条件称为临界条件，临界条

件下的所有参数均称为临界参数，在右下角以“c”表示，如临界速度 c_{1c}，临界压力 p_{1c}等。临界速度为

$$c_{1c}=\sqrt{\frac{2}{\kappa+1}a^2}=\sqrt{\frac{2\kappa}{\kappa+1}p_0^* v_0^*} \tag{6-15}$$

式中：κ 为气流的等熵指数。由式（6-15）可知，当气流状态确定后，临界速度 c_{1c}只取决于喷嘴的进口气流参数。

压力比 ε_n 和马赫数 Ma 的关系为

$$\varepsilon_n=\left(1+\frac{\kappa-1}{2}Ma^2\right)^{\frac{-\kappa}{\kappa-1}} \tag{6-16}$$

当马赫数 $Ma=1$ 时，可得临界压力比为

$$\varepsilon_{nc}\left(1+\frac{\kappa-1}{2}\right)^{\frac{-\kappa}{\kappa-1}}=\left(\frac{2}{\kappa+1}\right)^{\frac{\kappa}{\kappa-1}} \tag{6-17}$$

与上述 κ 值相对应，对过热蒸汽而言，临界压力比 $\varepsilon_{nc}=0.546$，对于干饱和蒸汽 $\varepsilon_{nc}=0.577$，对于空气 $\varepsilon_{nc}=0.528$。

（五）通过喷嘴的流量

在理想情况下，当喷嘴前后的压力比 ε_{nc} 大于临界压力比时为亚临界流动，根据连续性方程式 $G_{nt}v_{1t}=A_n c_{1t}$，可得

$$G_{nt}=A_n\sqrt{\frac{2\kappa}{\kappa-1}\left(\varepsilon_n^{\frac{2}{\kappa}}-\varepsilon_n^{\frac{\kappa+1}{\kappa}}\right)\frac{p_0^*}{v_0^*}} \tag{6-18}$$

流经喷嘴的实际流量 G_n 和理想流量 G_{nt}之比称为流量系数，用 μ_n 表示，即

$$\mu_n=\frac{G_n}{G_{nt}} \tag{6-19}$$

μ_n 与喷嘴的几何和气动参数以及气体的物理性质等因素有关。从式（6-19）不难看出，影响速度系数的因素也影响流量系数。但流量系数并不等于速度系数，它还与喷嘴出口的实际密度 ρ_1 和等熵密度 ρ_{1t}之比有关。流道中的能量损失越大，即速度系数越低，则密度 ρ_1 和 ρ_{1t}差别也越大，因而流量系数与速度系数差别相应地也越大。由于损失的存在，气体的实际密度 ρ_1 小于理想密度 ρ_{1t}，所以 $\mu_n<\varphi$。对于燃气和过热蒸汽，一般取 $\mu_n=0.95\sim0.98$。

因此，通过喷管的实际流量可由下式求得

$$G_n=\mu_n G_{nt}=\mu_n A_n\sqrt{\frac{2\kappa}{\kappa-1}\left(\varepsilon_n^{\frac{2}{\kappa}}-\varepsilon_n^{\frac{\kappa+1}{\kappa}}\right)\frac{p_0^*}{v_0^*}} \tag{6-20}$$

式中：A_n 对于渐缩喷嘴为出口截面积，对于缩放喷嘴则为喉部面积，此时 ε_n 改用临界压力 ε_{nc}。

流量系数 μ_n 主要与气流状态及气流在喷嘴内膨胀的程度有关，可根据试验曲线查得，如图 6-3 所示。

当喷嘴前后压力比 ε_n 等于或小于临界压力比时，则流量为临界流量，根据式（6-18）为

$$G_{nct}=A_n\sqrt{\kappa\left(\frac{2}{\kappa+1}\right)^{\frac{\kappa+1}{\kappa-1}}\frac{p_0^*}{v_0^*}} \tag{6-21}$$

令

$$\alpha=\sqrt{\kappa\left(\frac{2}{\kappa+1}\right)^{\frac{\kappa+1}{\kappa-1}}}$$

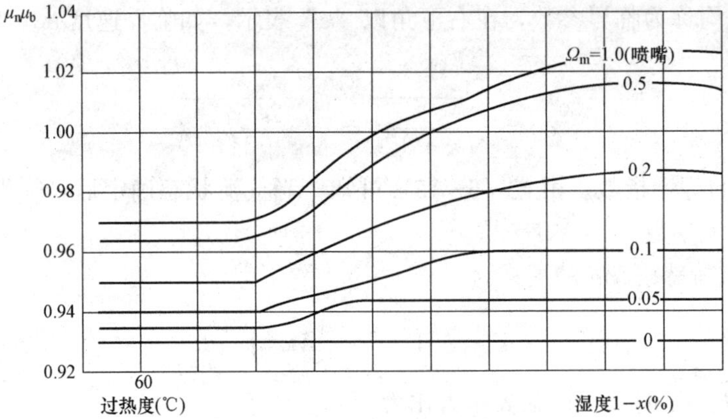

图 6-3　喷嘴和动叶的流量系数

得
$$G_{nct}=\alpha A_n\sqrt{\frac{p_0^*}{v_0^*}}$$

上式中系数 α 与气体的性质有关，对于过热蒸汽的喷嘴，$\kappa=1.3$，此时 $\alpha=0.6673$；对于过饱和蒸汽的喷嘴，$\kappa=1.35$ 时，$\alpha=0.6356$；对于空气 $\kappa=1.4$，$\alpha=0.685$。

实际临界流量 $G_{nc}=\mu_n G_{nct}$，则

对于过热蒸汽，$\mu_n=0.97$，则

$$G_{nc}=0.6473A_n\sqrt{\frac{p_0^*}{v_0^*}} \tag{6-22}$$

对于饱和蒸汽 $\mu_n=1.02$，则

$$G_{nc}=0.6483A_n\sqrt{\frac{p_0^*}{v_0^*}} \tag{6-22a}$$

对于空气 $\mu_n=0.97$，则

$$G_{nc}=0.66445A_n\sqrt{\frac{p_0^*}{v_0^*}} \tag{6-22b}$$

可见，通过喷嘴的最大工质流量（即临界流量），在喷嘴出口面积和气流性质确定后，只与气流的初参数有关，只要气流初参数已知，通过喷嘴的临界气流流量即可确定。

下面我们引出流量比的概念，当喷嘴进出口压力比 $\varepsilon_n=p_1/p_0^*$ 为定值时，其相应的流量 G_n 与同一初状态下的临界流量 G_{nc} 之比称为流量比，用 β 表示，也称为彭台门系数，即

$$\beta=\frac{G_n}{G_{nc}}=\frac{A_n\sqrt{\frac{2\kappa}{\kappa-1}\left(\varepsilon_n^{\frac{2}{\kappa}}-\varepsilon_n^{\frac{\kappa+1}{\kappa}}\right)\frac{p_0^*}{v_0^*}}}{A_{nc}\sqrt{\kappa\left(\frac{2}{\kappa+1}\right)^{\frac{\kappa+1}{\kappa-1}}\frac{p_0^*}{v_0^*}}}=\frac{\sqrt{\frac{2}{\kappa-1}\left(\varepsilon_n^{\frac{2}{\kappa}}-\varepsilon_n^{\frac{\kappa+1}{\kappa}}\right)}}{\sqrt{\left(\frac{2}{\kappa+1}\right)^{\frac{\kappa+1}{\kappa-1}}}} \tag{6-23}$$

由式（6-23）可知，β 的大小与喷嘴的进口状态（p_0^*，v_0^*），压力比 ε_n 和气流的绝热指数 κ 有关，如果气流的进口状态已知，那么，在亚临界压力的情况下，只是喷嘴出口压力 p_1 的单值函数；而在临界压力和超临界压力的情况下，β 达最大值（$\beta=1$），不再随出口压力 p_1 的变化而变化。

三、气流在动叶中的流动

（一）反动度

气流在静止的喷嘴中从压力 p_0（当喷嘴进口气流速度不为 0 时，则应为 p_0^*）膨胀到出

口压力 p_1，以速度 c_1 流向旋转的动叶栅。当气流通过动叶时，一般还要继续膨胀，从喷嘴后的压力 p_1 膨胀到动叶后的压力 p_2。在有损失的情况下，对整个级来说，其理想比焓降 Δh_t^* 应该是喷嘴中的理想比焓降 Δh_n^* 和动叶中的理想比焓降 Δh_b 之和，如图 6-4 所示。

严格来讲，在 $h-s$ 图中，比焓降 $\Delta h_b'$ 并不等于 Δh_b，因为由于喷嘴中的损失，气流在流出喷嘴后，温度比等熵膨胀到喷嘴后稍高，这就使得 Δh_b 比 $\Delta h_b'$ 稍有增大，如果喷嘴中的损失不大，可认为 $\Delta h_b'=\Delta h_b$，此时，级的理想比焓降可近似地由压力 p_0^* 和 p_2 之间的等熵线来截取，即

$$\Delta h_t^* = \Delta h_n^* + \Delta h_b \tag{6-24}$$

为了表明在一级中，气流在动叶中膨胀程度的大小，我们引入反动度的概念。级的平均直径处的反动度 Ω_m 是动叶内理想比焓降 Δh_b 和级的理想比焓降 Δh_t^* 之比，

$$\Omega_m = \frac{\Delta h_b}{\Delta h_t^*} = \frac{\Delta h_b}{\Delta h_b + \Delta h_n^*} \tag{6-25}$$

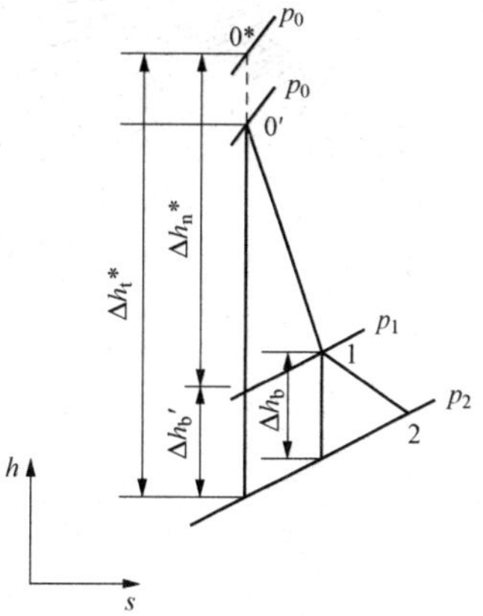

图 6-4　确定级的反动度所用热力过程示意

如果气流的膨胀全部发生在喷嘴中，在动叶栅中不再膨胀，即 $\Delta h_n^*=\Delta h_t^*$，$\Delta h_b=0$，$\Omega_m=0$，这种级称为纯冲动级，如果气流的膨胀不仅发生在喷嘴中，而且在动叶中也有同等程度的膨胀，即 $\Delta h_n^*=\Delta h_b=0.5\Delta h_t^*$，因此 $\Omega_m=0.5$，这种级称为典型反动级。

目前习惯上将具有不大的反动度值，即 $\Omega_m=0.05\sim0.3$ 的级，仍称为冲动级（或带反动度的冲动级）；而当反动度较大，即 $\Omega_m=0.4\sim0.6$ 时，才称为反动级，更高的反动度在透平中一般不予采用。

（二）气流在动叶中的热力过程及速度三角形

1. 热力过程

动叶和喷嘴的断面通道形状是十分相似的，若干个动叶或喷嘴环形排列，构成动叶栅或喷嘴叶栅，它们的区别主要表现在喷嘴叶栅是静止不动的，而动叶栅以一定的速度在旋转。因此，喷嘴进出口的气流速度是以绝对速度分别表示为 c_0 和 c_1，而动叶进出口的气流速度是以相对速度分别表示为 w_1 和 w_2，前面对喷嘴的讨论全部适用于动叶。

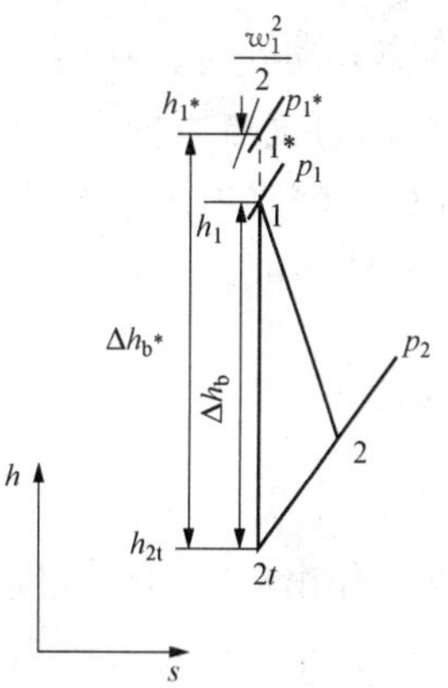

图 6-5　气流在动叶栅中的热力过程

如图 6-5 所示，在理想情况下，气流从动叶进口状态（即喷嘴出口状态）p_1、h_1，等熵膨胀至动叶出口压力 p_2。由于在流动过程中存在能量损失，因此，气流在动叶通道中实际的膨胀过程是按熵增曲线进行的，与喷嘴相似，此时动叶栅出口气流的理想相对速度为

$$w_{2t} = \sqrt{2(h_1 - h_{2t}) + w_1^2} = \sqrt{2\Delta h_b + w_1^2} = \sqrt{2\Delta h_b^*} \tag{6-26}$$

式中：Δh_b 为动叶栅理想比焓降，$\Delta h_b = h_1 - h_{2t}$，J/kg；$\Delta h_b^*$ 为动叶栅滞止理想比焓降，$\Delta h_b^* = \Delta h_b + w_1^2/2$，J/kg。

动叶栅出口实际速度

$$w_2 = \phi w_{2t} \tag{6-27}$$

式中：ϕ 为动叶速度系数，它与级的反动度 Ω_m 和动叶出口气流的理想速度 w_{2t} 有关，可由图 6-6 查得。

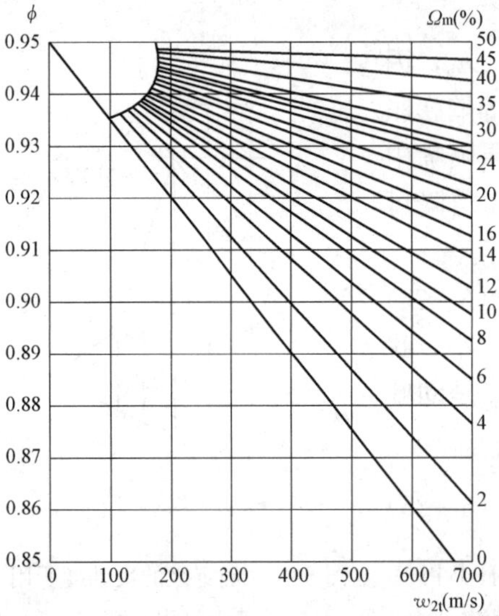

图 6-6 动叶速度系数 ϕ 与 Ω_m 和 w_{2t} 的关系曲线

气流流经动叶的能量损失为

$$\Delta h_{b\zeta} = \frac{w_{2t}^2 - w_2^2}{2} = (1-\phi^2)\Delta h_b^* \tag{6-28}$$

气流在动叶中的能量损失与气流在动叶中的滞止理想比焓降之比称动叶的能量损失系数，即

$$\zeta_b = \Delta h_{b\zeta}/\Delta h_b^* = 1-\phi^2 \tag{6-29}$$

2. 速度三角形

(1) 动叶进口速度三角形。气流在喷嘴中膨胀后，以绝对速度 c_1 离开喷嘴。c_1 与叶轮旋转平面的夹角用 α_1 表示，为喷嘴出口气流方向角。当气流进入动叶栅时，由于动叶栅是以圆周速度 $u=\pi d_m n/60$ (m/s) 在移动（式中 d_m 是动叶片高度一半的直径，称为级的平均直径；n 为透平每分钟的转数），当以旋转叶轮为参照物时，进入动叶栅的气流速度就不是 c_1，而是气流与动叶栅的相对速度 w_1，w_1 与叶轮旋转平面的夹角用 β_1 表示，β_1 为动叶进口气流方向角。此时，由式 (6-12) 可得

$$c_1 = \varphi\sqrt{2(1-\Omega_m)\Delta h_t^*} \tag{6-30}$$

在求出速度 c_1 后，可以根据喷嘴出口气流方向角 α_1 及圆周速度 u 作出动叶进口速度三角形，如图 6-7 (a) 所示，进而可求得动叶进口相对速度 w_1 及其方向角 β_1，也可根据三角形的余弦定理、正弦定理用分析法求得 w_1 和 β_1，分别为

$$w_1 = \sqrt{c_1^2 + u^2 - 2c_1 u\cos\alpha_1} \tag{6-31}$$

$$\beta_1 = \arcsin\left(\frac{c_1}{w_1}\sin\alpha_1\right) \tag{6-32}$$

(2) 动叶出口速度三角形。气流在动叶通道内改变方向后，在离开动叶时，其相对速度用 w_2 表示，它的方向与动叶轮旋转平面的夹角用 β_2 表示，为动叶出口气流方向角。w_2 的数值可以比 w_1 大，也可以比它小。一般在冲动级内，气流在动叶栅中膨胀很少或是没有膨胀。由于气流在动叶中总有损失存在，则可能 $w_2<w_1$；当冲动级的反动度较大或是在反动级中，由于气流在动叶通道内继续膨胀，因而使 $w_2>w_1$。

由式 (6-27) 和式 (6-24)，可得

$$w_2 = \phi\sqrt{2\Omega_m \Delta h_t^* + w_1^2} \tag{6-33}$$

在求出相对速度 w_2 后，可根据动叶气流出口角 β_2 及圆周速度 u 作出动叶出口速度三角形，如图 6-7 (a) 所示。β_2 的数值为 20°～30°。对于冲动级，β_2 比 β_1 小 3°～6°，进而可求出动叶出口绝对速度 c_2 及其方向角 α_2，也可用分析法求得

$$c_2 = \sqrt{w_2^2 + u^2 - 2w_2 u\cos\beta_2} \tag{6-34}$$

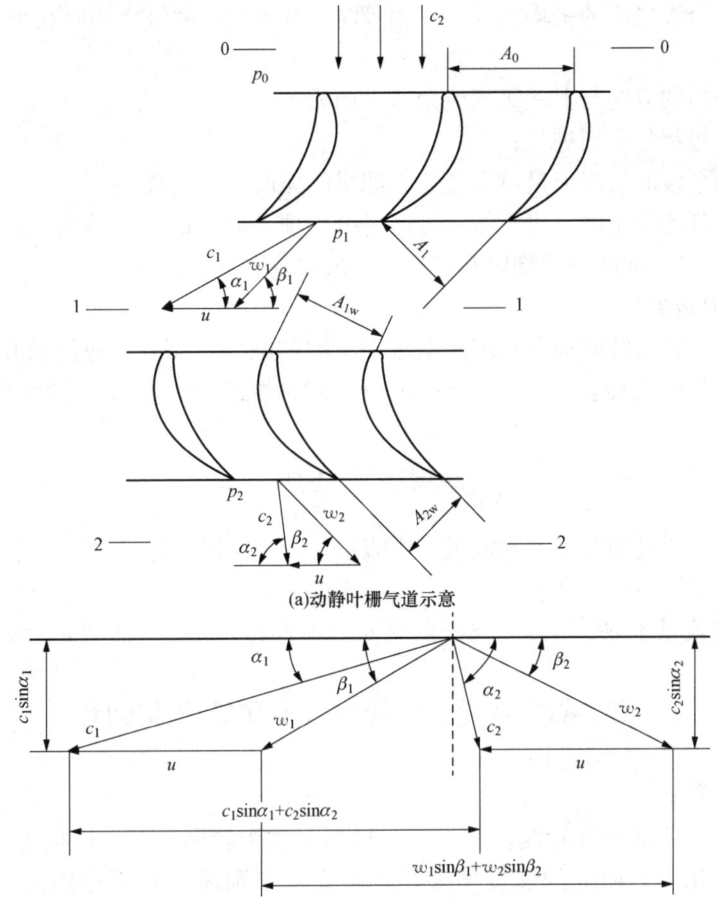

(b)顶点靠拢的速度三角形

图 6-7 动叶栅进出口气流速度三角形

$$\alpha_2 = \arcsin\left(\frac{w_2}{c_2}\sin\beta_2\right) \tag{6-35}$$

在实际应用中，我们常将一级的速度三角形画成如图 6-7（b）的形式，以便于计算。

当气流以绝对速度 c_2 离开这一级时，气流所带走的动能为 $c_2^2/2$。对于这一级来说，这部分能由于不能被利用，所以称为该级的余速损失，用 Δh_{c2} 表示，即

$$\Delta h_{c2} = \frac{c_2^2}{2} \tag{6-36}$$

在多级透平中，一级的余速损失常可部分或全部被下一级所利用。若以余速利用系数 μ_1 表示该级的余速动能被下一级所利用的部分，也就是下一级喷嘴进口气流所具有的动能，则

$$\mu_1 \frac{c_2^2}{2} = \frac{c_0'^2}{2} \tag{6-37}$$

式中：c_0' 为下一级喷嘴进口的气流速度，m/s。

对于多级透平，相邻两个级之间的关系比较复杂，余速利用的情况也就不是一个简单的全部利用或是不利用的问题。一般可有下列情况：

（1）相邻两个级之间的平均直径接近相等时，气流通过两级之间时在半径方向上运动距离不大；

（2）喷嘴进口的方向与上一级气流余速方向相等；

（3）相邻两级都是全周进气；

（4）相邻两个级的气流流量没有变化，即级间无回热抽气流。

当上述情况都能满足时，可取 $\mu_1=1$；当第三项不满足时，$\mu_1=0$；当第四项不满足时 $\mu_1=0.5$；第一、第二项的条件难以判定时，一般可取 $\mu_1=0.3\sim0.8$。

（三）动叶的通流能力

如果忽略喷嘴和动叶间轴向间隙中上端和下端的漏气，那么，通过动叶的气流流量 G_{bt} 应该就是通过喷嘴的气流流量 G_{nt}，所以在设计时，要求动叶栅和喷嘴叶栅的通流能力相等，即

$$G_{bt}=\frac{A_b w_{2t}}{v_{2t}}=\frac{A_n c_{1t}}{v_{1t}}=G_{nt} \tag{6-38}$$

和喷嘴一样，通过动叶的实际流量可用流量系数来修正，有

$$G_b=\mu_b G_{bt} \tag{6-38a}$$

式中：μ_b 为动叶流量系数，对于空气一般取 $\mu_b=0.93\sim0.96$。应注意 $\mu_b\neq\mu_n$。

第二节　基元级的轮周效率和最佳速度比

一、轮周功率

单位时间内气流推动叶轮旋转所做的机械功，称为轮周功率。根据力学的定义，功率应为作用力与作用力方向上的速度的乘积，轮周功率则应是轮周作用力与轮周速度的乘积，即

$$P_u=F_u u \tag{6-39}$$

式中：P_u 为轮周功率，W；F_u 为气流对于动叶栅在轮周方向上的作用力，N；u 为动叶栅在轮周方向上的速度，m/s。

根据力学原理，气流作用于动叶的轮周力 F_u 应与动叶作用于气流的力 F_u' 大小相等，方向相反，即

$$F_u=F_u'$$

由力学第二定律得

$$F_u'=ma$$

$$a=\frac{\Delta v}{\Delta t}=\frac{-w_{2u}-w_{1u}}{\Delta t} \quad \text{（令轮周方向为正）}$$

式中：m 为在单位时间内通过动叶栅的气流质量，kg/s；a 为单位时间内，气流在轮周方向上速度的变化，m/s^2。

所以

$$F_u'=m\frac{-w_{2u}-w_{1u}}{\Delta t} \tag{6-40}$$

又因为单位时间内通过动叶栅的气流量 $G=m/\Delta t$，代入式（6-40），得

$$F_u=-F_u'=G(w_{1u}+w_{2u}) \tag{6-40a}$$

则轮周功率

$$P_u = Gu(w_{1u} + w_{2u}) = Gu(c_{1u} + c_{2u}) \tag{6-41}$$

每单位质量气流所产生的轮周功为

$$w_u = \frac{P_u}{G} = u(w_{1u} + w_{2u}) = u(c_{1u} + c_{2u}) \tag{6-42}$$

式中：$c_{1u} = c_1\cos\alpha_1$，$c_{2u} = c_2\cos\alpha_2$。

根据速度三角形的余弦定理可得

$$w_1 = \sqrt{c_1^2 + u^2 - 2c_1u\cos\alpha_1}$$

$$w_2 = \sqrt{c_2^2 + u^2 - 2c_2u\cos\alpha_2}$$

代入式（6-42），即可导出轮周功的另一表达式为

$$w_u = \frac{1}{2}[(c_1^2 - c_2^2) + (w_2^2 - w_1^2)] \tag{6-43}$$

式（6-43）表明，单位气流流量在一级内所做的轮周功 w_u 为由喷嘴带进动叶的气流动能 $c_1^2/2$、气流在动叶栅中由于热能的继续转换而增加的动能（$w_2^2 - w_1^2$）/2 以及气流离开该级时所带走的能量（$-c_2^2/2$）这三部分能量的代数和。

轮周功也可以根据一个级的能量平衡条件所得。一级中的理想可用能量包括被分配在该级中的气流理想比焓 Δh_t 和喷嘴进口处的气流动能 $c_0^2/2$，而轮周损失则包括喷嘴损失 $\Delta h_{n\zeta}$、动叶损失 $\Delta h_{b\zeta}$和余速损失 Δh_{c2}，因此每单位气流流量所做的轮周功为

$$w_u = \frac{1}{2}c_0^2 + \Delta h_t - \Delta h_{n\zeta} - \Delta h_{b\zeta} - \Delta h_{c2} \tag{6-44}$$

二、轮周效率及其与速度比的关系

（一）轮周效率

单位流量流过某级时所产生的轮周功 w_u 与气流在该级中的理想可用能 E_0 之比，称为该级的轮周效率，用 η_u 来表示，即

$$\eta_u = \frac{w_u}{E_0} \tag{6-45}$$

在计算轮周效率时，若该级的余速损失中有部分可被下一级所利用，其值为（$\mu_1 c_2^2/2$），并已计入在下一级的理想可用能中，应在该级的理想可用能中扣除这一部分，所以该级的理想可用能为

$$E_0 = \frac{c_0^2}{2} + \Delta h_t - \mu_1\frac{c_2^2}{2} = \frac{c_{1t}^2}{2} + \frac{w_{2t}^2 - w_1^2}{2} - \mu_1\frac{c_2^2}{2} \tag{6-46}$$

将式（6-43）和式（6-46）代入式（6-45），则轮周效率为

$$\begin{aligned}\eta_n &= \frac{w_u}{E_0} = \frac{c_1^2 - c_2^2 + w_2^2 - w_1^2}{c_{1t}^2 - \mu_1 c_2^2 + w_{2t}^2 - w_1^2} = \frac{2u(c_1\cos\alpha_1 + c_2\cos\alpha_2)}{c_{1t}^2 - \mu_1 c_2^2 + w_{2t}^2 - w_1^2} \\ &= \frac{2u(w_1\cos\beta_1 + w_2\cos\beta_2)}{c_{1t}^2 - \mu_1 c_2^2 + w_{2t}^2 - w_1^2}\end{aligned} \tag{6-47}$$

若轮周功以输入能量与损失的关系表示，则轮周效率又可以表示为

$$\eta_u = \frac{w_u}{E_0} = \frac{\dfrac{c_0^2}{2} + \Delta h_t - \Delta h_{n\zeta} - \Delta h_{b\zeta} - \Delta h_{c2}}{E_0} = 1 - \frac{\Delta h_{n\zeta} + \Delta h_{b\zeta} + (1-\mu_1)\Delta h_{c2}}{E_0}$$

$$= 1 - \frac{\Delta h_{n\zeta}}{E_0} - \frac{\Delta h_{b\zeta}}{E_0} - \frac{(1-\mu_1)\Delta h_{c2}}{E_0} = 1 - \zeta_n - \zeta_b - (1-\mu_1)\zeta_{c2} \tag{6-48}$$

式中：ζ_n 为喷嘴损失系数，即喷嘴损失所占级的理想可用能的份额；ζ_b 为动叶损失系数，即动叶损失所占级的理想可用能的份额；ζ_{c2} 为余速损失系数，即余速损失所占级的理想可用能的份额。

轮周效率的物理意义从上式看得十分清楚，如果透平内的喷嘴损失 $\Delta h_{n\zeta}$，动叶损失 $\Delta h_{b\zeta}$ 和余速损失 Δh_{c2} 比较大，则该级的轮周效率比较低，反之亦然。为了提高级的轮周效率，就必须从减小各项轮周损失入手。

对于燃气轮机，如果透平叶片有冷却，计算轮周效率时，不仅要考虑静叶、动叶的流动损失和余速动能损失，还要考虑因冷却引起的损失，此时的轮周效率表达式为

$$\eta_u = \frac{\Delta h_t^* - \Delta h_{n\zeta} - \Delta h_{b\zeta} - \Delta h_{c2} - q_n - q_b}{E_0} \tag{6-48a}$$

式中：q_n 为喷嘴中散失的热量，J/kg；q_b 为动叶中散失的热量，J/kg。

（二）轮周效率与速度比的关系

为了对透平的轮周效率有进一步的认识，必须找出影响轮周效率的主要参数及其变化规律。根据理论分析可知，对轮周效率影响最大的是无因次参数速度比 $x_1 = u/c_1$。对一个级，总是努力提高喷嘴和动叶的速度系数，以使喷嘴和动叶的损失最小，而一个级在设计和运行时，只是余速损失在变化，因此从本质上讲，x_1 反映的是余速损失的大小。下面就分析这个主要参数是如何影响轮周效率的。

1. 纯冲动级的轮周效率和速度比的关系

对于纯冲动级，级内反动度 Ω_m 为零，$w_{2t} = w_1$。若假设进入喷嘴时气流的动能很小，可以忽略不计，即 $c_0 = 0$；又假设其余速全部损失掉，未被下一级所利用，即 $\mu_1 = 0$。根据式（6-48）可得

$$\eta_u = \frac{2u(c_1\cos\alpha_1 + c_2\cos\alpha_2)}{c_{1t}^2} = \frac{2u(w_1\cos\beta_1 + w_2\cos\beta_2)}{c_{1t}^2}$$
$$= \frac{2u}{c_{1t}^2} w_1\cos\beta_1\left(1 + \phi\frac{\cos\beta_2}{\cos\beta_1}\right)$$

根据动叶进口速度三角形，$w_1\cos\beta_1 = c_1\cos\alpha_1 - u$，代入上式，得

$$\eta_u = \frac{2u}{c_{1t}^2}(c_1\cos\alpha_1 - u)\left(1 + \phi\frac{\cos\beta_2}{\cos\beta_1}\right) = 2\varphi^2\frac{u}{c_1}\left(1 + \phi\frac{\cos\beta_2}{\cos\beta_1}\right)\left(\cos\alpha_1 - \frac{u}{c_1}\right)$$
$$= 2\varphi^2\left(1 + \phi\frac{\cos\beta_2}{\cos\beta_1}\right)x_1(\cos\alpha_1 - x_1) \tag{6-49}$$

式（6-49）即为纯冲动级轮周效率的一般公式。由此式可知，轮周效率的高低与喷嘴和动叶的速度系数 φ、ϕ 及速度比 x_1 有关，提高喷嘴和动叶的速度系数，便可提高轮周效率。特别是喷嘴，其速度系数的大小对轮周效率的影响更大。此外，速度比 x_1 也是影响轮周效率的一个重要因素，若假设上式中喷嘴和动叶的速度系数 φ 和 ϕ 以及 α_1 和 β_1 均为常数，则纯冲动级的轮周效率 η_u 和速度比 x_1 之间的关系将具有如图 6-8 所示的抛物线形状。

如图 6-8 所示，当 x_1 变化时，若喷嘴中的比焓降与速度系数不变，则喷嘴损失为一不变的常数。对于动叶损失，因为 x_1 变大时 w_1 变小，在速度系数不变时，动叶损失随着 x_1 的增大而变小。变化最大的是余速损失部分。由图 6-8 可见，当 $x_1 = 0$ 时，即 $u = 0$，气流

作用在动叶上的力，虽为最大，但叶轮不转动，无输出功率，则轮周效率 η_u 为零。当 $x_1=1$ 时，即 $u=c_1$，这表示动叶进口处气流相对速度 w_1 圆周方向的分速度为零，由于纯冲动级的反动度为零，所以此时动叶出口处气流相对速度为零。在这两极端条件下 η_u 均为零。为求得最佳效率，应当正确选定作用力与移动速度两者间的关系，也就是要在由 0 到 1 的范围内找出一个最佳的 x_1 值，其对应的 η_u 值为最大，轮周效率为最大值时的速度比，称为最佳速度比，用 $(x_1)_{op}$ 表示，其值应在当 $d\eta_u/dx_1=0$ 时出现，即

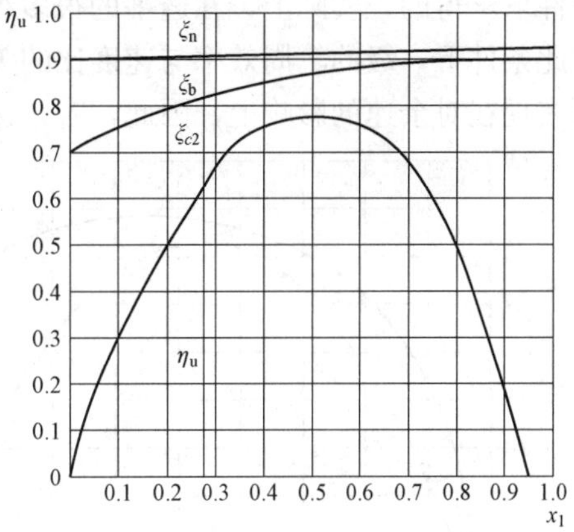

图 6-8 纯冲动级轮周效率曲线

$$d\eta_u/dx_1 = 2\varphi^2(1-\phi\cos\beta_2/\cos\beta_1)(\cos\alpha_1-2x_1)=0$$

所以，对于纯冲动级，由于 $2\varphi^2$ $(1-\phi\cos\beta_2/\cos\beta_1)\neq 0$，只有 $\cos\alpha_1-2x_1=0$，则

$$(x_1)_{op}=\frac{1}{2}\cos\alpha_1 \tag{6-50}$$

式（6-50）表明，要使纯冲动级的轮周效率有最大值，就必须保证速度比 x_1 近似等于 1。从速度三角形可以清楚地看出式（6-50）的物理意义。

对纯冲动级而言，$\beta_2=\beta_1$，$w_2=w_1$，在这样的条件下，要使 $(x_1)_{op}=(\cos\alpha_1)/2$ 即 $u=(c_1\cos\alpha_1)/2=c_{1u}/2$，则 c_2 的方向角 α_2 必定等于 90°，此时 c_2 值为最小，如图 6-9 所示。当 $x_1\neq(x_1)_{op}$时，c_2 的方向必将偏离 90°，使 c_2 增大，余速损失增大。

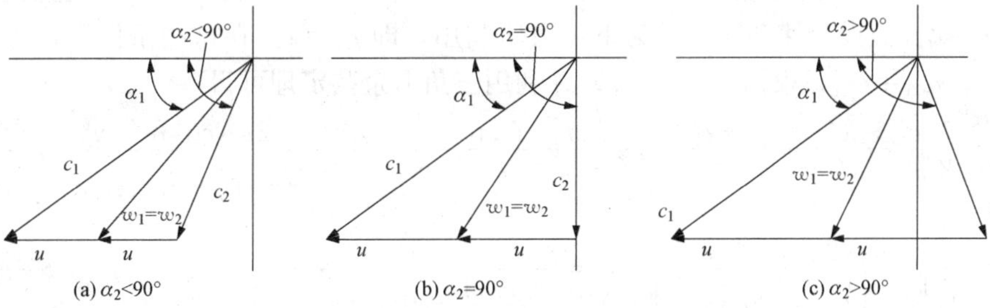

图 6-9 不同速比下纯冲动级的速度三角形

在透平级的计算中，由于级的反动度尚未取定，或尚未求出，而级的滞止理想比焓降 Δh_t^* 是已知的，所以假想速度 $c_a=\sqrt{2\Delta h_t^*}$ 也是已知的，则假想速度比

$$x_a=\frac{u}{c_a}=\frac{u}{\sqrt{2\Delta h_t^*}} \tag{6-51}$$

而

$$x_1=\frac{u}{c_1}=\frac{u}{\varphi\sqrt{2(1-\Omega_m)\Delta h_t^*}}$$

那么 x_a 与 x_1 之间的关系为

$$x_a=\varphi x_1\sqrt{1-\Omega_m} \tag{6-52}$$

在前面讨论轮周效率与速度比的关系时，是假定级的余速全部损失掉，即是在 $\mu_1=0$ 的

条件下求得的，实际上，在透平的很多级中，一级的余速经常全部或部分被下一级所利用，在此条件下，级的轮周效率与速度比的关系将有所改变。由于速度比的大小对效率的影响主要表现在对余速的影响上，因此，若余速全部被利用则级的轮周效率将增大，且效率曲线将有平坦得多的顶部，这表明当速度比在最佳值附近变化时，轮周效率的变化很小。

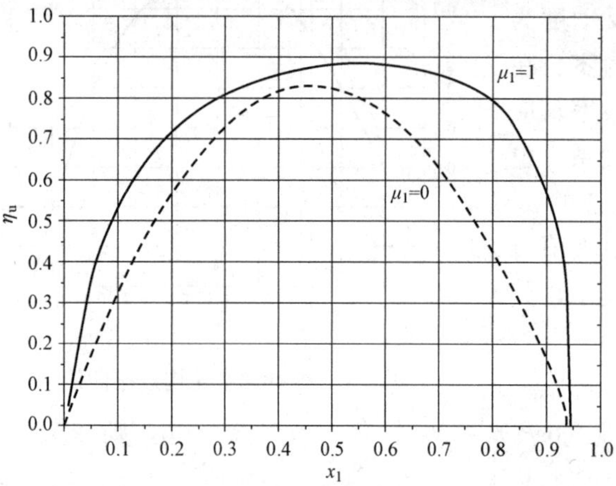

图 6-10　余速利用对轮周效率和最佳速度比的影响

图 6-10 所示为一纯冲动级在余速利用系数分别为 0 和 1 时的轮周效率曲线。从图中可以看出，由于在速度比较大时，即 c_1 较小时，w_1 及 w_2 也较小，叶片损失较小，则最佳效率的速度比将变大。实际上，由于当速度比偏离 $(\cos\alpha_1)/2$ 时，余速变大，α_2 也偏离 90°较大，这将使余速能被下级利用的部分变小，不能保证 $\mu_1=1$，因此当余速只是部分可被下一级利用时，轮周效率曲线将介于上述两极限情况（$\mu_1=1$ 和 $\mu_1=0$）之间。

2. 反动级的轮周效率和速度比的关系

对于典型反动级，喷嘴与动叶中的比焓降相等，即反动度为 0.5。为了制造方便，多将喷嘴与动叶的型线做成形状完全相同，即 $\alpha_1=\beta_2$，$w_2=c_1$，此时喷嘴与动叶的速度系数大致相等，即 $\varphi=\phi$。假设余速动能全部为下一级所利用，即 $\mu_1=1$。在这些条件下，则有 $w_2=c_1$，$w_1=c_2$，$w_{2t}=w_{1t}$，根据式（6-47）并利用三角形余弦定理可得

$$\eta_u=\frac{1}{2}\frac{c_1^2-w_1^2+w_2^2-c_2^2}{c_{1t}^2-w_1^2}=\frac{c_1^2-w_1^2}{c_{1t}^2-c_1^2+c_1^2-w_1^2}=\frac{2uc_1\cos\alpha_1-u^2}{c_1^2\left(\dfrac{1}{\varphi^2}-1\right)+2uc_1\cos\alpha_1-u^2}$$

$$=\frac{x_1(2\cos\alpha_1-x_1)}{\left(\dfrac{1}{\varphi^2}-1\right)+x_1(2\cos\alpha_1-x_1)}=\frac{1}{\dfrac{\dfrac{1}{\varphi^2}-1}{x_1(2\cos\alpha_1-x_1)}+1} \tag{6-53}$$

上式即为典型反动级的轮周效率与速度比的关系。根据不同的 x_1 值，可求出对应的 η_u 值。轮周效率和速度比之间的关系曲线如图 6-11 所示。

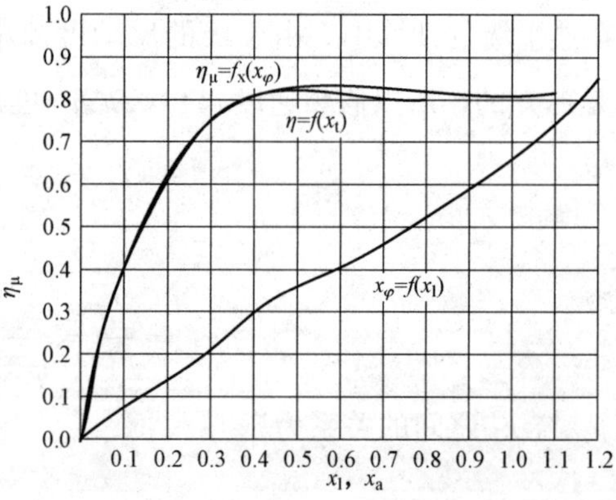

图 6-11　典型反动级轮周效率与速比 x_1 和 x_a 的关系

由式（6-53）可以看出，为了得到轮周效率的最大值，必须使 $x_1(2\cos\alpha_1-x_1)$ 之值为最大，即令

$$\frac{d}{dx_1}(2x_1\cos\alpha_1-x_1^2)=2\cos\alpha_1-2x_1=0 \tag{6-54}$$

可得典型反动级的最佳速比和假想速

比，分别为

$$(x_1)_{op} = \cos\alpha_1 \tag{6-55}$$

$$\begin{aligned} x_a &= \varphi\sqrt{1-\Omega_m}x_1 = \varphi x_1/\sqrt{2} \\ &= \varphi\sqrt{\frac{1}{2}}\cos\alpha_1 = \frac{\varphi}{\sqrt{2}}\cos\alpha \end{aligned} \tag{6-56}$$

式（6-55）的物理意义仍可由反动级的速度三角形看出。对于典型反动级而言，其进口速度三角形和出口速度三角形是对称相等的，即 $\alpha_1=\beta_2$，$w_2=c_1$，$w_1=c_2$，如图 6-12 所示。在上述情况下，要使 $(x_1)_{op}=\cos\alpha_1$，即 $u=c_1\cos\alpha_1=c_{1u}$，则 c_2 的方向角 α_2 必等于 90°，此时 c_2 值最小。如果 $x_1>(x_1)_{op}$，或者 $x_1<(x_1)_{op}$，这时 c_2 将偏移到垂直位置的左方或右方，都将使 c_2 值增大，余速损失增大。

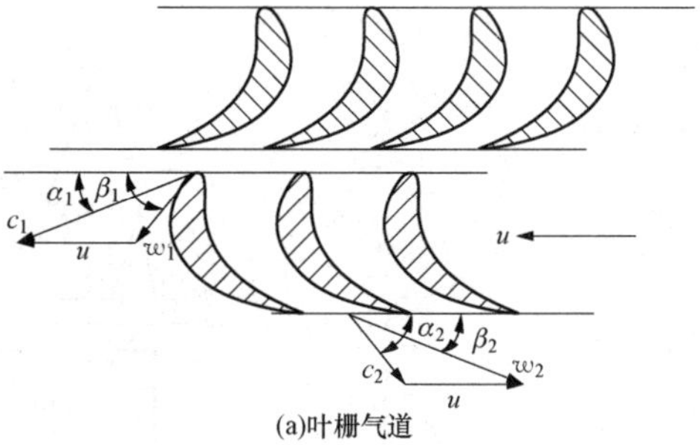

(a)叶栅气道

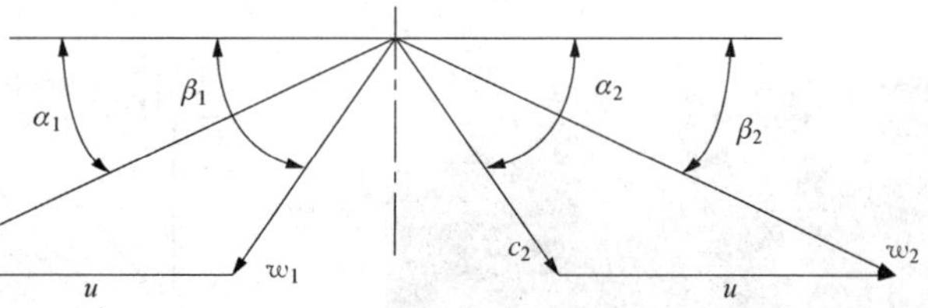

(b)速度三角形

图 6-12 典型反动级的叶栅气道与速度三角形

对于带反动度的冲动级，当 $\phi=\varphi=1$，以及 $\beta_1=\beta_2$ 时，其最佳速度比为

$$(x_1)_{op} = \frac{\cos\alpha_1}{2(1-\Omega_m)} \tag{6-57}$$

对于纯冲动级，$\Omega_m=0$，式（6-57）即为式（6-50）；对于典型反动级，$\Omega_m=0.5$，式（6-57）即为式（6-55）。这表明带反动度的冲动级，其最佳速度比介于纯冲动级和典型反动级之间，并随着反动度的提高而增大。

三、蒸汽轮机的速度级及其轮周功率、轮周效率

（一）概念的引出及其特点

根据前面对轮周效率的讨论可知，只有当级的速度比 $x_1=u/c_1$ 具有一定的数值时，该级的轮周效率才能达到最大值，或者说，在级的圆周速度 u 一定时，喷嘴出口气流速度 c_1 应该具有一个相应的数值，即 u 与 c_1 应保持一定的关系。

但是，平均直径处圆周速度的大小受到动叶和叶轮材料强度的限制。根据目前叶轮和动叶材料的允许应力，圆周速度一般不大于 300m/s。对于冲动级，最佳速度比为 0.45～0.50，相应的气流速度为 750～600m/s，这个速度相当于级的理想比焓降为 314～201kJ/

kg，涡轮的工作转速是 3000r/min，相应的叶轮直径约为 1.9m。

从上述可知，当希望一个级能利用较大的比焓降，而且效率也较高时，使用单列级就会比较困难，或者会由于速度比远小于最佳值，而使余速损失增大，轮周效率明显降低；或者会由于不得不采用过大的叶轮直径，而使涡轮制造困难。同时由于叶轮直径太大，在一定的体积流量条件下，会使叶片高度或部分进气度过小，增加损失，也会降低效率。如图 6-8 所示，当速度比偏离最佳值时，效率降低的主要原因是余速损失的增大。此时，如能设法利用其余速，就可提高效率。速度级或称复速级就因此而制成。其构造特点是在一个级的叶轮上安装有两列动叶栅，在两列动叶栅之间再加装一列转向导叶，以改变第一列动叶出口的气流方向使之与喷嘴出口气流的方向一致，如图 6-13 所示。因此，应用速度级可在叶轮直径较小的条件下，利用较大的气流比焓降，而仍能保持较高的效率。速度级一般用于涡轮的调节级，或制成单级汽轮机。

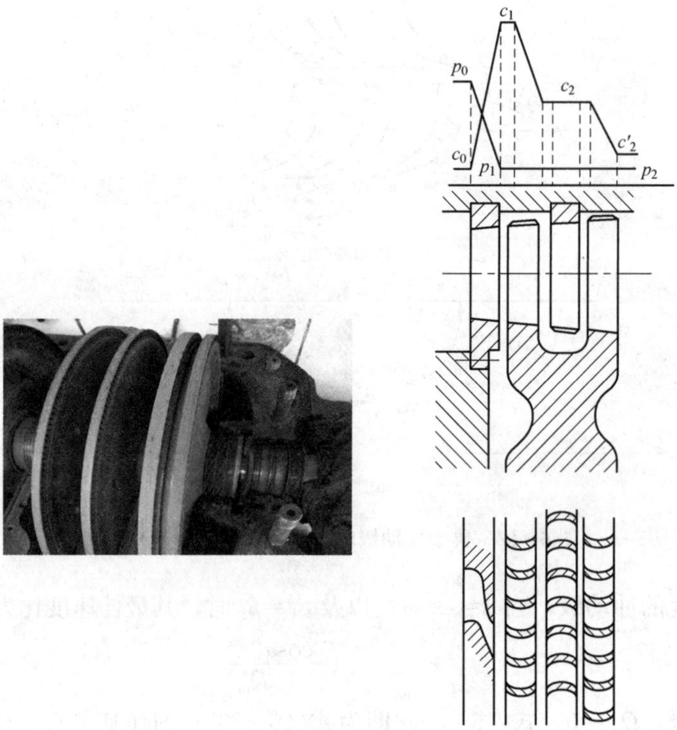

图 6-13　速度级实物，叶片叶型和速度压力

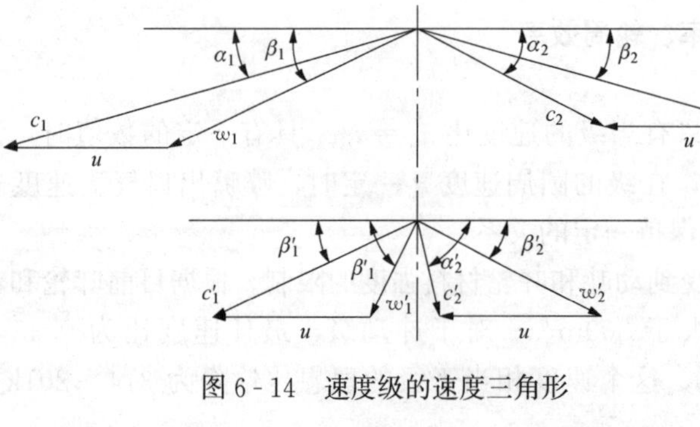

图 6-14　速度级的速度三角形

（二）轮周功率、轮周效率和最佳速度比

图 6-14 所示为速度级的速度三角形，其上部为第一列动叶的进口、出口速度三角形，下部则为第二列动叶的进口、出口速度三角形。

在下面的讨论中，为便于分

析，并简化公式，特作如下假设：

（1）气流只在喷嘴中膨胀，在各列动叶和导叶中均无膨胀，即在各列动叶和导叶中均无反动度，$\Omega_m=\Omega_{gb}=\Omega'_b=0$。

（2）气流在喷嘴、导叶和各列动叶内均无能量损失，其速度系数均为1，即 $\varphi=\phi=\varphi_{gb}=\varphi'=1$。

（3）各列动叶及导叶的进出口角度相等，即 $\beta_1=\beta_2$，$\alpha_2=\alpha'_1$，$\beta'_1=\beta'_2$。此时有 $w_1=w_2$，$c_1=c_2$，$w'_1=w'_2$，其速度三角形变为图6-15。图6-16所示为具有反动度的速度级的热力过程线。

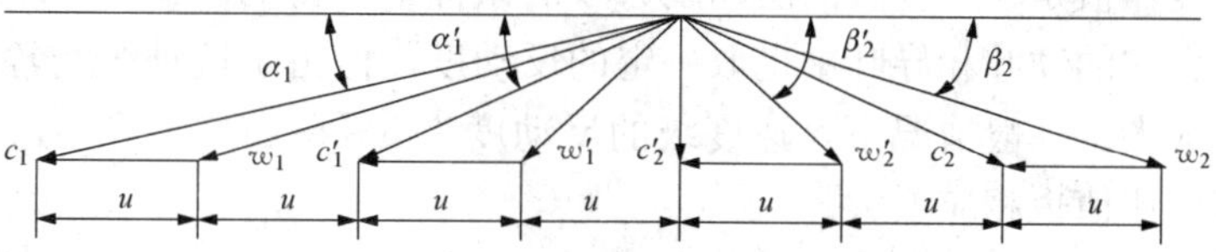

图6-15　确定速度级最佳速度比的速度三角形

从图6-15可以看出：单位气流流量通过速度级时所产生的轮周功为第一列和第二列动叶分别产生的有效功之和，即

$$
\begin{aligned}
w_u &= w_u^1+w_u^2\\
&= u(2c_1\cos\alpha_1+c_2\cos\alpha_2)\\
&\quad +u(2c'_1\cos\alpha'_1+c'_2\cos\alpha'_2)\\
&= u(2c_1\cos\alpha_1-2u)+u(2c'_1\cos\alpha'_1-2u)\\
&= u(2c_1\cos\alpha_1-u)+2u(2c_1\cos\alpha_1-3u)\\
&= u(4c_1\cos\alpha_1-8u)
\end{aligned}
\tag{6-58}
$$

速度级的轮周效率则为

$$
\begin{aligned}
\eta_u &= \frac{w_u}{\Delta h_t^*}=\frac{8u(c_1\cos\alpha_1-2u)}{c_{1t}^2}\\
&= 8\varphi^2 x_1(\cos\alpha_1-2x_1)\\
&= 8x_a(\varphi\cos\alpha_1-2x_a)
\end{aligned}
\tag{6-59}
$$

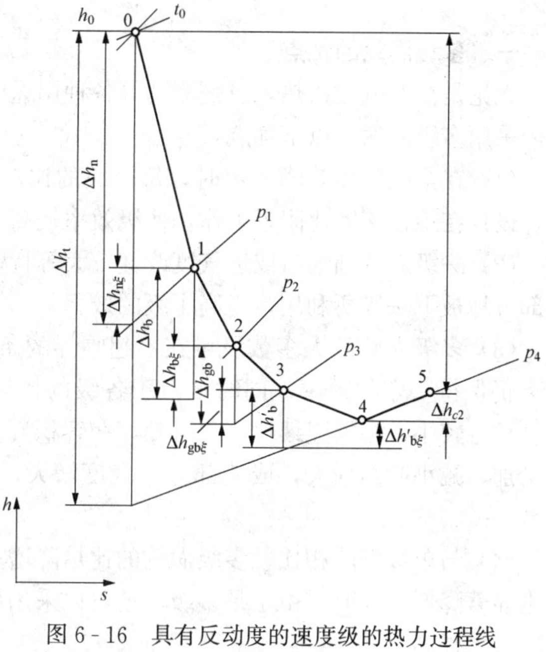

图6-16　具有反动度的速度级的热力过程线

上式中，由于速度级的进口速度 c_0 很小，其余速多半因直径和部分进气度的改变，也不能为下一级所利用，因此，级的理想可用能即为该级的理想比焓降。轮周功和轮周效率也可由能量平衡的条件求得，即

$$
w_u=\Delta h_t-\Delta h_{n\xi}-\Delta h_{b\xi}-\Delta h_{gb\xi}-\Delta h'_{b\xi}-\Delta h_{c2} \tag{6-60}
$$

式中等号右侧各量依次为级的理想焓降、喷嘴损失、第一列动叶损失、导叶损失、第二列动叶损失及余速损失。

轮周效率则为

$$
\eta_u=\frac{\Delta h_t-\Delta h_{n\varepsilon}-\Delta h_{b\varepsilon}-\Delta h_{gb\varepsilon}-\Delta h'_{b\varepsilon}-\Delta h_{c2}}{\Delta h_t}
$$

$$= 1 - \xi_n - \xi_b - \xi_{gb} - \xi_b' - \xi_{c2} \tag{6-61}$$

式中：ξ_n、ξ_b、ξ_{gb}、ξ_b'、ξ_{c2}分别为速度级的各项损失系数。

速度级的最佳速度比可由图 6-14 分析得到，也可按 $d\eta_u/dx_1=0$ 的条件求得，则

$$(x_1)_{op} = \frac{\cos\alpha_1}{4} \tag{6-62}$$

最佳的假想速度比则为

$$(x_a)_{op} = \frac{\varphi\cos\alpha_1}{4} \tag{6-63}$$

上述最佳速度比值是在速度级的反动度为零的条件下求得的。在速度级的实际应用中，为提高其效率，在它的动叶和导叶中也取一定的反动度，但由于这种级经常是部分进气的，因此反动度不能太大。一般情况下，速度级的反动度为 5%～15%，采用适当的反动度后，速度级的最佳速度比值也相应增大。

第三节　多级涡轮的优越性及其特点

一、多级涡轮的优点

无论是在发电、供热，或是驱动等各种用途中，多级涡轮得到广泛的应用。

采用多级涡轮有以下优点：

(1) 在全机整体焓降一定时，每个级的比焓降较小，每级都可在材料强度允许的条件下，设计在最佳速度比附近工作，使级效率较高。

(2) 除级后有抽气口或进气度改变较大等特殊情况外，多级涡轮各级的余速动能可全部或部分地被下一级所利用，提高了级的效率。

(3) 多级涡轮的大多数级可在不超临界的条件下工作，使喷嘴和动叶在工况变动的条件下仍保持一定的效率。同时，由于各级的比焓降较小，速度比一定时级的圆周速度和平均直径也较小，根据连续性方程可知，在容积流量相同的条件下，要使喷嘴和动叶的出口高度增加，减小叶高损失，或使部分进气度增大，减小部分进气损失，这都有利于级效率的提高。

(4) 与单级涡轮相比，多级涡轮的比焓降增大很多，相应地进气参数大大提高，排气压力也显著降低，同时，由于是多级，还可以采用回热循环和中间再热循环，这些都使循环热效率大大提高。

(5) 由于重热现象的存在，多级涡轮前面级的损失可以部分地被后面各级利用，使全机效率提高。

此外，多级涡轮的单位功率造价、材料消耗和占地面积都比单级涡轮明显减小，机组容量越大，减小就越显著，大大节省了投资。

二、重热现象和重热系数

在 h-s 图上等压线是沿着比熵增大的方向逐渐扩张的，也就是说，等压线之间理想比焓降随着比熵的增大而增大。这样上一级的损失（客观存在）造成比熵的增大使后面级的理想比焓降增大，即上一级损失中的一小部分可以在以后级中得到利用，这种现象称为“多级涡轮的重热现象”。

图 6-17 所示为具有四个级的涡轮的简化热力过程线。从图中可以看出，若各级没有损失，全机总的理想比焓降 ΔH_t 为

$$\Delta H_t = \Delta h_{t1} + \Delta h'_{t2} + \Delta h'_{t3} + \Delta h'_{t4}$$

由于在各个级中存在损失，使各级的累计理想比焓降 $\sum \Delta h_t$ 大于没有损失时全机总的理想比焓降 ΔH_t。各级的累计比焓降 $\sum \Delta h_t$ 为

$$\sum \Delta h_t = \Delta h_{t1} + \Delta h_{t2} + \Delta h_{t3} + \Delta h_{t4}$$

两者之差，即增大的那部分比焓降与没有损失时全机总的理想比焓降之比，称为重热系数。它永远是一个正值，用 α 表示，即

$$\alpha = \frac{\sum \Delta h_t - \Delta H_t}{\Delta H_t} \tag{6-64}$$

重热系数的大小与下列因素有关：

（1）多级涡轮各级的效率。若级效率为 1，即各级没有损失，后面的级也就无损失可利用，则重热系数 $\alpha=0$。级效率越低，则损失越大，后面级利用的部分也越多，α 值也就越大。

（2）多级涡轮的级数。级数越多，则上一级的损失被后面级利用的可能性越大，利用的份额也越大，α 值将增大。

（3）各级的初参数。当初温越高，初压越低时，初态的比熵值较大，即膨胀过程接近等压线间扩张较大的部分，α 较大。此外，对于汽轮机，由于在过热气流区等压线扩张程度较大，而在湿蒸汽区较小，因此在过热区 α 值较大，湿蒸汽区 α 值较小。

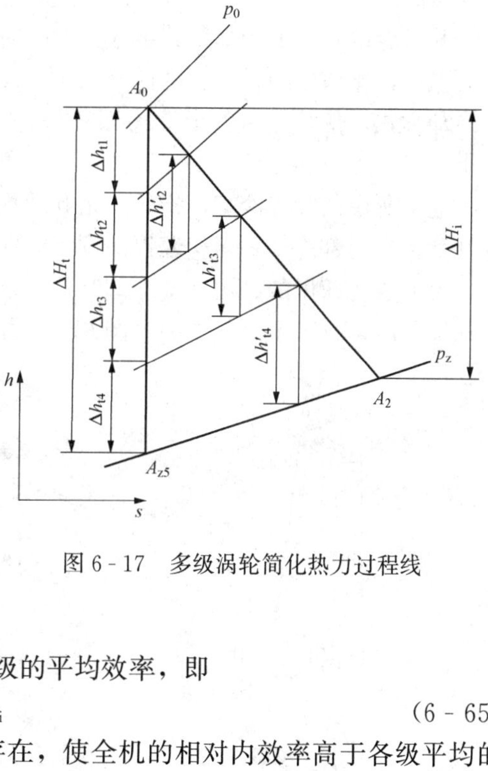

图 6-17　多级涡轮简化热力过程线

（4）涡轮的参数。膨胀比越大，重热系数就越大。

由于存在重热现象，多级涡轮的效率大于各级的平均效率，即

$$\eta_t > \eta_i \tag{6-65}$$

从式（6-65）可以看出，由于重热现象的存在，使全机的相对内效率高于各级平均的相对内效率。这里需特别指出，这一结论只表明当各级有损失时，全机的效率要比各级平均的效率好一些，而不是说有损失时全机的效率比没有损失时全机的效率高。更不应从上式简单地得出 α 越大，全机效率越高的结论，这是因为 α 的提高是在各级存在的损失、各级效率降低的前提下实现的，重热现象的存在仅仅是使多级涡轮能回收其损失的一部分而已。

第四节　燃气轮机涡轮叶片的冷却

从燃气轮机的热力循环分析可知，燃气初温（即涡轮进口温度）对整个机组的效率有

很大影响，燃气初温高，效率就高，故人们总希望用较高的燃气初温。为得到较高的燃气初温，必须解决涡轮热端高温部件（静叶、动叶、转子、叶轮和气缸）在高温下的强度和使用寿命问题。为此，人们从两个方面着手努力，一方面是不断研制新的耐高温的合金材料，另一方面是采用冷却叶片并不断提高其冷却效果。据有关统计资料表明，采用叶片冷却使燃气温度提高的效果比研制新的实用高温材料来得显著，而且研究费用也远低于前者，冷却叶片的采用可称得上是突破性进展。目前生产的燃气轮机，其透平中除工作在温度较低区域的叶片外，均采用冷却叶片，使叶片在高温燃气包围下的金属材料温度不大于 800℃，以达到足够长的工作寿命。因而叶片冷却的设计成为现代透平设计的重要组成部分。

叶片冷却的方式有两类，一类是以冷却空气吹向叶片外表进行冷却，另一类是把冷却空气通入叶片内部的专门流道进行冷却。对叶根间隙进行吹风冷却就是外表冷却，它对叶根的冷却很有效，而叶身则是通过叶片本身的热传导把能量传至叶根再被冷却，故只有靠近叶根处的叶身能得到一定冷却，其余部分的叶身冷却效果很少。这种冷却，一般可使叶身的根部截面温度，比该处的燃气温度低 50～100℃。而为使叶身能得到有效的冷却还是要依赖内部的冷却方式，使叶片沿整个叶高都获得冷却，且获得降温幅度很大（数百摄氏度）的冷却效果。

通常所说的叶片冷却，指的就是叶片内部冷却。一般在燃气初温大于 800℃时，第一级静叶就要有内部冷却，当初温提高到 1000℃以上时，动叶也要进行内部冷却。

目前成功应用的是用空气冷却叶片，从压气机引来一定量的空气，使其流过叶片内部的冷却通道后，排入主燃气流中。图 6-18 所示为冷却叶片及内部流道形式。

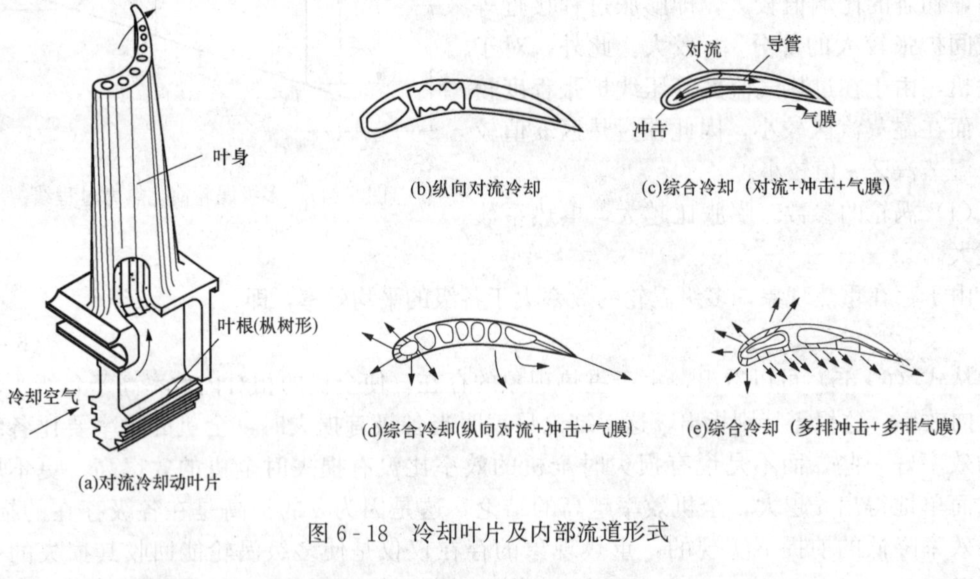

图 6-18 冷却叶片及内部流道形式

根据冷却空气在叶片内部的流动状况和流出叶片方式的不同，可分为以下几种形式。

一、对流冷却

冷却空气经过叶片内部流道后，自叶片的一端或由出气边排出至主燃气流中，空气靠与叶片内部通道壁面的对流放热来冷却叶片，故称为对流冷却。

在图 6-19 所示的精铸静叶中，冷却空气自外缘板处流入，在叶片内部绕流后从出气边排出。图 6 - 19（a）中，冷却空气在流入叶片后分成两股，一股流经头部通道，以保证进气边的冷却；另一股则绕流内腔，最后两股气流皆从出气边排出。图 6 - 19（b）中，冷却空气全部通过头部，使进气边可以得到更充分的冷却。两静叶在中间较宽流道的表面，铸有很多径向突起的筋，大大增加了与冷却空气的换热表面，可获得良好的冷却效果。在出气边的空气通道中，两壁面之间铸有一些针状筋，既加强该处的冷却效果，又有效地增强了出气边的刚性。

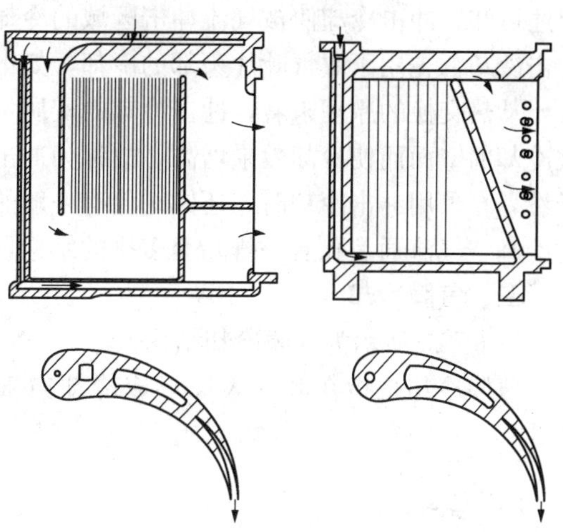

(a)双股冷却叶片　　(b)单股冷却叶片

图 6 - 19　对流冷却的精铸静叶

图 6 - 20 中，(a) 为多个圆形孔道；(b) 为多个椭圆形孔道；(c) 为中间流道间铸有多条筋；(d) 为孔道在芯杆与套壳间芯杆承载，套壳受热。这四种形状中，(c)、(d) 两种通道的换热面积大，当冷却空气量分配恰当时，冷却效果好，温度场较均匀，因而叶片的热应力小。从冷却效果看，(b) 次之，(a) 较差。(d) 的芯杆精铸，套壳与芯杆焊接，所以结构与工艺较复杂。

图 6 - 21 所示为冷却空气自出气边排出的动叶。与冷却空气从叶顶排出的方式相比较，其对出气边的冷却效果增强，但出气边因而增厚，对叶片的效率有所影响。

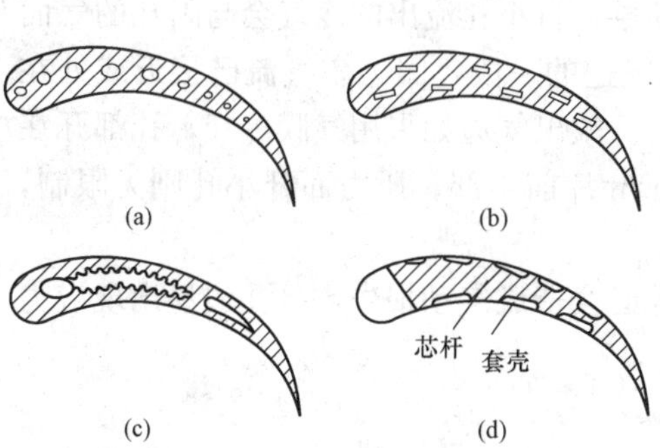

图 6 - 20　叶片内部冷却通道的形状

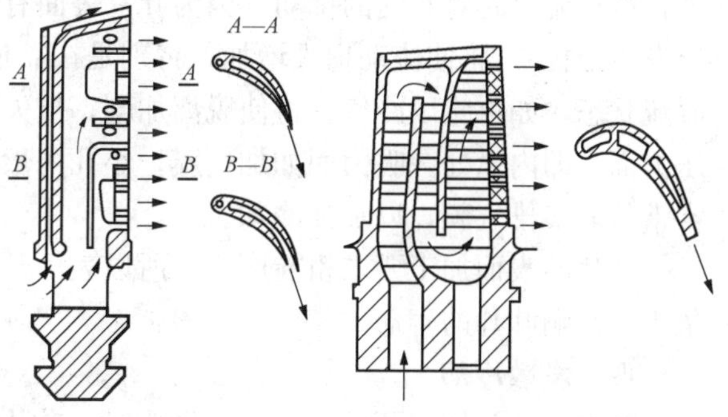

图 6 - 21　冷却空气自出气边排出的动叶

二、冲击冷却

如图 6 - 22 所示为有冲击冷却的静叶。它是在空心的叶片内部加一导管，导管上开有许多小孔，冷却空气先流入导管，再从导管上的小孔流出去冷却叶片。导管上的一排小孔正对着叶片进气边内表面，自小孔流出的冷却空气直接冲向进气边内表面进行冷却，故称冲击冷却（也称撞击冷却）。它的冷却效果由于冲击使放热系数加大而提高。之后，冷却空气沿导管在叶片内表面之间做横向流动进行对流冷却，最后从出气边排出。从

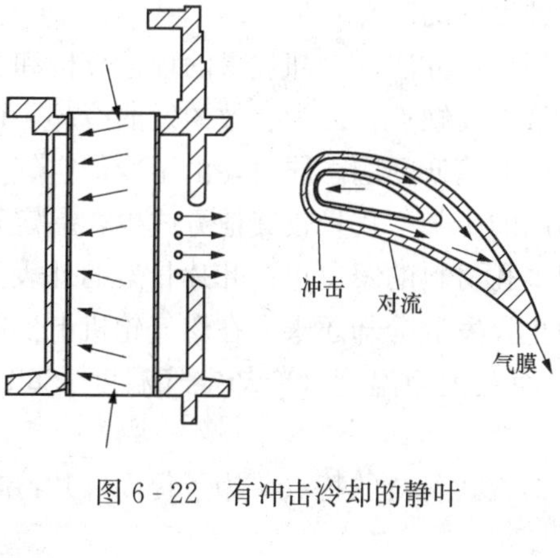

图 6 - 22　有冲击冷却的静叶

上述可知，冲击冷却使被气流冲击区域的冷却效果增加，故应将气流对着叶片最高温度，故冲击冷却首先用于改善叶片头部的冷却，如本例即是。

从热交换的原理来看，冲击冷却的实质仍然是对流冷却。但由于冷却空气流动方向冲着被冷却的壁面而使冷却效果增高，故称为冲击冷却，以区别于一般的对流冷却。从图示的例子看，在采用冲击冷却时，还同时伴有一般的对流冷却，成为一种综合冷却的型式。导管上的冷却空气流通小孔有一排乃至多排的结构，多排的可以改善叶片更多部位的冷却效果。

三、气膜冷却

图 6-23 所示为气膜冷却结构。

气膜冷却是指在叶片表面形成冷却空气薄膜，把叶片表面与燃气隔开，同时又冷却叶片。

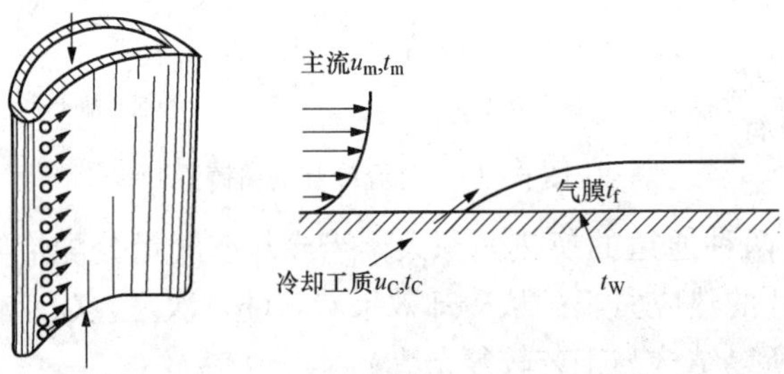

图 6-23　气膜冷却结构

目前广泛应用的气膜冷却结构是用一排均匀密布的小孔来形成气膜的。虽然从缝隙中流出的气流能形成完整的气膜，但要在叶片上开连续的缝隙将降低叶片的刚性，因而一般不用。实用的为用一排均匀密布的小孔来形成气膜，小孔的直径应小，但又不宜过小，以免工作时被冷却空气中可能含有的灰尘颗粒所堵塞。在采用气膜冷却时，还要注意到冷却孔的位置。由于燃气流在叶片的吸力面流速高，冷却流出时对燃气的扰动（因为叶片表面有附面层，自小孔流出的冷气会与附孔的气面层发生干扰），将使流动损失增加，特别是在靠近出气边的一段，因为燃气流已接近或处在脱流状态，如再吹以冷气，将使脱离加剧，损失增大。故出气边如采用气膜冷却，孔都开在压力面，即内弧处。吸力面如加气膜，小孔一般位于叶片前半部。压力面开小孔则无限制，常常采取多排气膜，以加强冷却。

叶片的表面加工要求粗糙度小，所以表面开小孔必会造成气动损失，且孔边易出现应力集中而影响叶片的寿命。

四、发散冷却

当空心叶片用多孔的透气材料做成时，叶片内部的冷却空气就像“出汗”那样自叶片表面流出，称为发散冷却。由于空气流动时与多孔壁的接触良好，能带走大量热量，而流出多孔壁后，又在叶片表面各处形成保护薄膜，故它能达到良好的冷却效果。

研究人员对发散冷却已进行了长期的研究，不论是计算方法、冷却效果的理论分析和实验研究，还是结构和工艺上进行不断的探索。但它有重大的缺点，因为有效的发散冷却，微孔应当很小，从而导致由于材料氧化和外来污染而造成的堵塞问题。同时，由于冷却空气垂直喷入边界层，气动损失也是严重的。不过发散冷却用的冷却空气量较其他方式少，一定程度上弥补了这个缺点。这种冷却方式的试验叶片是把多孔材料的蒙皮包在叶片骨架的外表上并焊接而成，从而焊接的可靠性也是问题。到目前为止，发散冷却还未见在燃气轮机上实际采用。图 6-24 所示为这种试验的发散冷却叶片的断面及表面温度（冷却空气温度 188℃，冷却空气流量与燃气流量之比为 4.5%）。

我们已经说明了对流、冲击和气膜冷却等四种冷却方式各自的特点，为了提高叶片冷却

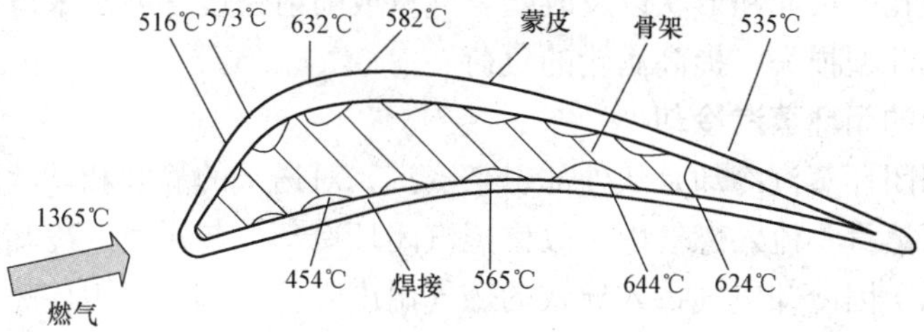

图 6-24 发散冷却叶片断面及表面温度

的效果，使叶片各部分的温度趋于均匀，往往把它们联合应用，构成综合冷却。

五、综合冷却叶片

图 6-18（b）～（e）所示为综合冷却的叶片截面。图（b）为纵向对流冷却，它的三个内部通道使冷却效果好，且叶片的温度比较均匀。

图（c）为综合冷却（对流＋冲击＋气膜），进气边有冲击冷却，出气边压力面有气膜冷却，冲击进气边的冷却空气沿叶片表面和导管间的间隙，横向向出气边流动，导管后部也有开口流出冷却空气，以进行对流冷却。这种形式的热交换面积大，进气边可得到较好的冷却，冷却效果显著，一般可降温 100～200℃，而且温度场均匀，但结构及制造工艺比较复杂。

图（d）也为综合冷却，是纵向对流，进气边采用冲击和气膜冷却，出气边采用气膜冷却。这种冷却方式的热交换面积大，进气边采用了强冷措施，压力面又增加气膜冷却，冷却效果十分显著。一般可降温 200℃以上，而且温度场均匀。但其制造工艺比较复杂。

图（e）为具有多排冲击冷却和多排气膜冷却的叶片，在出气边有多排针状筋，曾用在航机的一级静叶上。

在燃气温度很高时，对静叶的内缘板和外缘板需加强冷却（见图 6-25），在内、外缘板上开数排小孔形成气膜冷却，即可达此目的。

关于叶片冷却的效益，从设计来说，有两方面的考虑，首先是希望用最少量的冷却空气来达到满意的冷却效果，其次是冷却空气对透平机效率的影响尽量少，即采用冷却后仍能有相当的经济收益。

为了能够布置适当的冷却孔，冷却涡轮的叶型通常设计得比较厚，其前缘和后缘的尺寸相对较大，并且叶栅的稠度变小（叶片数目减少），流量系数较高（叶型比较平直）。这些都会引起叶型损失的增加。更主要的是冷却空气都是由叶片内部通过一系列小孔从叶型表面流出的，自叶片冷却小孔射出来的冷却空气先是渗入到附面层中，接着便由于主流的影响转而沿型面流动并与附面层相混合。这样，冷却气流对附面层起扰动和混合的作用。导致了流动损失的增加。所以，对冷却涡轮叶栅的研究，还应考虑以下方面：通过改变冷却空气喷射点的数目和位置、改变喷射的角

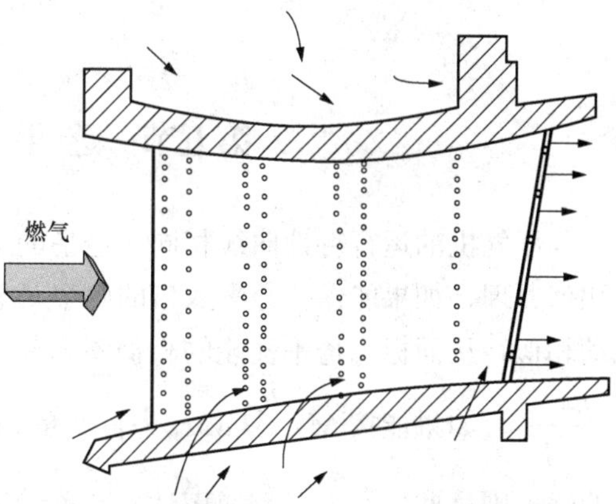

图 6-25 静叶内、外缘板表面的气膜冷却

度、改变缝隙或小孔的尺寸和形状以及改变空气量或喷射速度等办法来适当地控制叶片表面的附面层，以降低叶型损失，提高涡轮的负荷。

六、透平叶片的闭环蒸汽冷却

透平叶片采用闭环蒸汽冷却是从外部引来蒸汽，对透平的静叶和动叶冷却后再引出，即蒸汽与燃气隔开，蒸汽不流入燃气中，故称蒸汽闭环冷却。与用空气冷却的叶片相比，它的优点如下：①消除了因冷却空气掺入导致的燃气温度降低，燃气仅因传热而降温，这增大了燃气的做功能力；②无冷却空气掺混引起的扰动，消除扰动引起的损失；③不需要从压气机中引气来冷却这些叶片，减少了因冷却抽气引起的损失。当然，叶片用蒸汽冷却时，需要外界蒸汽源的供给。当使用蒸汽、燃气联合循环时，冷却蒸汽可以从蒸汽循环侧引来，经冷却涡轮叶片后，再回至蒸汽循环侧，这样可使问题得到圆满解决，与此同时，蒸汽在冷却叶片时被加热升温，增大了回到蒸汽侧时的做功能力。

目前首次采用闭环蒸汽冷却燃烧室火焰筒和过渡段的燃气轮机已投入运行。图 6-26 所示为空气冷却叶片与闭环蒸汽冷却叶片的对比。

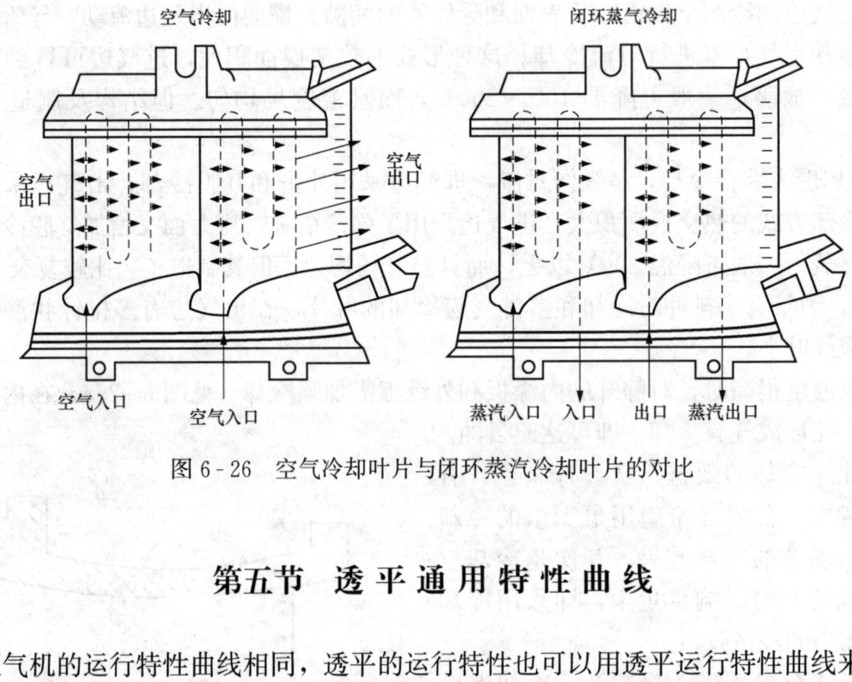

图 6-26　空气冷却叶片与闭环蒸汽冷却叶片的对比

第五节　透平通用特性曲线

与压气机的运行特性曲线相同，透平的运行特性也可以用透平运行特性曲线来表示，根据相似原理，如果能保持透平入口的两个马赫数 Ma_{cz} 和 Ma_u 相等，则几何相似的透平内就流动相似，从而标志透平性能的相似参数就对应相等。这些参数包括 $\pi_T(\pi_T^*)$、$\eta_T(\eta_T^*)$ 和 $\dfrac{p_T}{p_3^*\sqrt{T_3^*}}$。如果能按 Ma_{cz} 和 Ma_u 为自变量和参变量与相似参数一起来整理透平的变工况性能曲线，则这些曲线就具有通用性，常称为透平的通用特性曲线。通常整理为

$$\pi_T = f_1\left(\frac{q_T\sqrt{T_3^*}}{p_3^*},\ \frac{n}{\sqrt{T_3^*}}\right)$$

$$\eta_T = f_2\left(\frac{q_T\sqrt{T_3^*}}{p_3^*},\ \frac{n}{\sqrt{T_3^*}}\right)$$

讨论透平的变工况时，几何相似是必然满足的，且不管透平初压 p_3^* 和初温 T_3^*、转速 n 的变化，透平的性能可用一组曲线表示，如图 6 - 27 所示。

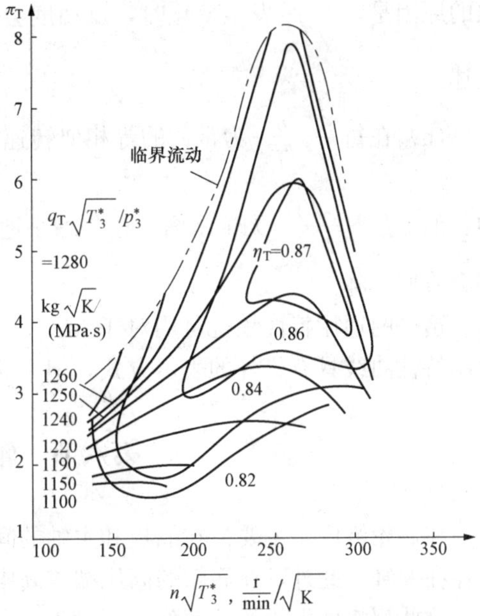

图 6 - 27 透平通用特性曲线

从图上可以看出以下特点：

(1) 在表征透平工作特性的四个参数 $\frac{q_T\sqrt{T_3^*}}{p_3^*}$、$\pi_T$、$\frac{n}{\sqrt{T_3^*}}$和 η_T 中，当 π_T 和$\frac{n}{\sqrt{T_3^*}}$或是$\frac{n}{\sqrt{T_3^*}}$、$\frac{q_T\sqrt{T_3^*}}{p_3^*}$这两个参数确定后，那么其余两个参数也就相应地确定不变了。这时透平就有一个确定不变的工况。这就说明，决定透平运行工况点及其工作特性的独立参变量只有两个。

(2) 气流流经透平的通流能力（相似流量）$\frac{q_T\sqrt{T_3^*}}{p_3^*}$不仅与膨胀比 π_T 有关，而且还与透平的相似转速$\frac{n}{\sqrt{T_3^*}}$有关。

(3) 当透平的相似转速$\frac{n}{\sqrt{T_3^*}}$恒定不变时，随看透平膨胀比 π_T 的增加，透平的通流能力$\frac{q_T\sqrt{T_3^*}}{p_3^*}$就会逐渐增加。但是当透平的膨胀比 π_T 提高到与临界流动边界上的极限膨胀比相同时，由于透平级的某列叶栅中，气流的速度达到了声速（在该列叶栅的喉部处），透平的通流能力也将达到某个极限。此后，$\frac{q_T\sqrt{T_3^*}}{p_3^*}$再也不能随着膨胀比的增加而继续加大。但是，极限膨胀比的数值却与透平的相似转速$\frac{n}{\sqrt{T_3^*}}$有关。在一定的范围内，极限膨胀比将随着$\frac{n}{\sqrt{T_3^*}}$的增大而增大。这主要与气流在膨胀过程中，级的反动度会随相似转速$\frac{n}{\sqrt{T_3^*}}$的改变而相应变化有关。因为对气流产生拥塞的某级来说，当转速增加以后，反动度即随之增加（因为 $\Delta\rho_T$ 与 ΔX_a 是正变的关系），从而使该级静叶出口的压力 p_1 增加，流速 c_1 降低，且会小于当地声速，因而在更高的膨胀比 π_T 下，才能使流速达到声速。所以，$\frac{n}{\sqrt{T_3^*}}$的增加促进了极限膨胀比的增加。

(4) 当透平比 π_T 恒定不变时，透平的相似转速$\frac{n}{\sqrt{T_3^*}}$对透平的通流能力$\frac{q_T\sqrt{T_3^*}}{p_3^*}$也是有一定影响的。当转速不大时，随着$\frac{n}{\sqrt{T_3^*}}$的增加，透平的通流能力将逐渐减小，造成这种现象的原因是，$\frac{n}{\sqrt{T_3^*}}$发生变化时，反动度会随之变化，已在级的变工况中讨论过，此处不再复述。

(5) 在每一$\frac{n}{\sqrt{T_3^*}}$为常数的等相似转速线上，透平具有一最佳效率运行点。当流经透平的相似流量$\frac{q_T\sqrt{T_3^*}}{p_3^*}$无论是增大还是缩小地偏离最佳效率运行点所对应的数值时，透平效率都会有所下降。

透平的通用特性线也可用对于 Ma_{cz}、Ma_u 完全是一一对应的相似参数来表示，从而使通用特性曲线具有另外的表示方式，但本质是一样的。

第六节 轴封及其系统

在涡轮级内，主要是在隔板和主轴的间隙处，以及动叶顶部与气缸（或隔板套）的间隙处存在漏气。此外，在涡轮的高压端或高中压缸的两端、主轴穿出气缸处，气流也会向外泄漏，这些都将使涡轮的效率降低。对于汽轮机，在涡轮的低压端或低压缸的两端，因汽缸内的压力小于大气压力在主轴穿出气缸处，会有空气漏入汽缸，使机组真空恶化，增大抽气器的负荷。在涡轮中广泛采用齿形曲径轴封阻挡上述各处的漏气（汽），以提高涡轮的效率。在涡轮的高压段（或高中压缸）常采用高低齿曲径轴封；在涡轮的低压段（或低压缸）常采用平齿光轴轴封。

图 6-28（a）所示为常见的曲径轴封示意。可把轴封看成是由许多狭小通道及相间的小室串联而成的，从侧面看上去，即为许多环形孔口和环状气室。

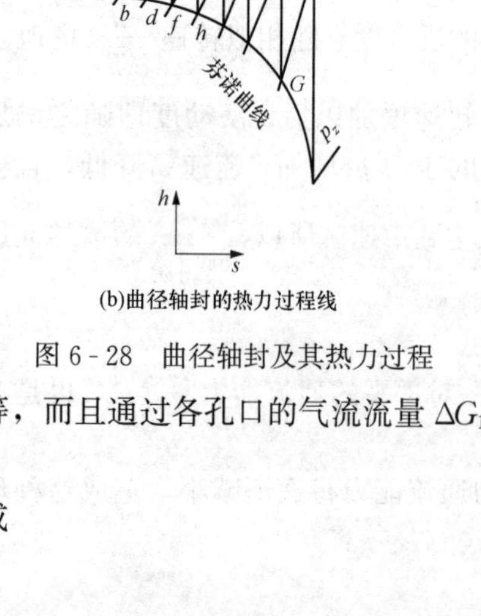

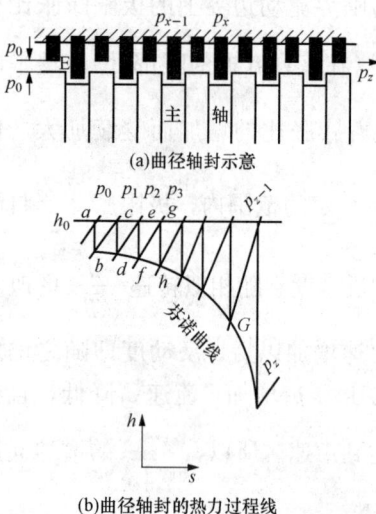

(a)曲径轴封示意

(b)曲径轴封的热力过程线

图 6-28 曲径轴封及其热力过程

轴封内气流从高压侧流向低压侧，当气流通过环形孔口时，由于通流面积变小，气流流速增大，压力降低。例如，流过图 6-28（a）中的第一孔口时，压力由 p_0 降到 p_1。比焓值由 $h_a=h_0$ 降为 h_b。当气流进入环状气室 E 时，通流面积突然变大，流速降低，气流转向，产生涡流，气流减速近似降到零，但压力 P_1 不变，气流原来具有的动能变成热能，热量重新加到气流中去。轴封内气流的散热量与气流的总热量相比很小，可以忽略，故气流的比焓值应由 h_b 恢复到 h_c，即恢复到原来的数值，比熵值由 s_b 增大为 s_c，如图 6-28（b）所示。气流依次通过各轴封片时都发生这样的过程。由此可见

$$p_0 > p_1 > p_2 > \cdots > p_x \tag{6-66}$$

$$h_0 = h_a = h_c = \cdots = h_{z-1} = h_z \tag{6-67}$$

如果近似认为各轴封孔口的环状漏气面积 A_1 都相等，而且通过各孔口的气流流量 ΔG_1 相同，则各孔口均有

$$\Delta G_1 = \mu A_1 c_x \rho_x \tag{6-68}$$

或

$$\Delta G_1/\mu A_1 = c_x\rho_x = 常数 \quad (6-68a)$$

气流依次流过各轴封片时不断膨胀，气流密度 ρ_x 不断减小，在 ΔG_1 和 A_1 不变的条件下，由式（6-68）可知，气流流速 c_x 必然逐渐增大。也就是说，任何一片轴封孔口的气流速度必然比前一片孔口的流速大，而比下一片孔口的流速小。由于工质流速大时比焓降也大，故任何一片轴封孔口的比焓降必然比前一片孔口的比焓降大，而比下一片孔口的比焓降小，也就是图 6-57（b）中所示的，$ab<cd<ef<$……曲线 $b\ d\ f\ h$……称为等流量曲线或称芬诺曲线。

当轴封最后一片孔口的压差足够大时，气流速度可以达到与当地声速相等的临界速度，此时该轴封的漏气量达到最大值。若把轴封的环形孔口看成是没有斜切部分的渐缩喷嘴，那么最后一片轴封孔口的气流速度在任何情况下部不可能超过临界速度，而前面的各轴封孔口处的气流速度都只能小于临界速度。也就是说，对轴封而言，临界速度只能发生在最后一片轴封孔口处。

思考题

6-1　透平在工作过程，使用了哪几个基本方程式？它们是在哪几种假设下推导出来的？

6-2　工质在级中的工作过程，由热能转换成机械功要经过哪两个基本过程？

6-3　纯冲动级、反动级和带反动度的冲动级在叶型结构上各有什么特点？

6-4　速度级和单列级相比在结构上和做功能力上有什么特点？哪种级的效率高？哪种级的做功能力大？

6-5　喷嘴和动叶出口的气流速度如何计算？

6-6　喷嘴速度系数与哪些因素有关？

6-7　喷嘴的流量系数与哪些因素有关？

6-8　级的轮周功率的表达式有哪几种？

6-9　何谓级的速度比？纯冲动级、反动级、速度级的最佳速度比的表达式各为什么？

6-10　在相同直径 d、转速 u、出气角 α_1 的条件下，纯冲动级、反动级、速度级的焓降等于多少？

6-11　什么是多级涡轮的重热系数？它与哪些因素有关？涡轮整机的内效率与级的内效率之间有怎样的关系？

6-12　在什么情况下采用多级涡轮？

6-13　为什么要设置轴封系统？

第七章　汽轮机的变工况工作

汽轮机与燃气轮机的热力设计就是在已经确定初终参数、功率和转速的条件下，计算和确定工质流量、级数、各级尺寸、参数和效率，得出各级和全机的热力过程线等。汽轮机与燃气轮机在设计参数下运行称为设计工况。由于汽轮机与燃气轮机各级的主要尺寸基本上是按照设计工况的要求确定的，所以一般在设计工况下汽轮机与燃气轮机的内效率达最高值，因此设计工况也称为经济工况。

在实际运行中，因外界负荷、工质的状态参数、转速以及设备本身结构的变化等，均会引起级内各项参数以及零部件受力情况的变化，进而影响其经济性和安全性。这种偏离设计工况的运行工况叫做变工况。研究变工况的目的，在于分析汽轮机与燃气轮机在不同工况下的效率、各项热经济指标以及主要零部件的受力情况，以便设法保证在这些工况下安全、经济运行。汽轮机与燃气轮机的变工况有两种情况，一种是平衡工况，即参数按各组成部件相互平衡的内在规律而变的稳态工况；另一种是不平衡工况，是从一个平衡工况变至另一个平衡工况的过渡过程，即非稳态工况，本章中主要讨论平衡工况下机组的性能。

对于汽轮机，工质的增温增压过程是通过辅助设备（水泵、锅炉等）完成的，汽轮机与这些设备之间通过气动连接。汽轮机的变工况是通过改变进入汽轮机工质的温度、压力和流量（即滑压运行、喷嘴配汽和节流配汽）来实现的，因此汽轮机的变工况主要是汽轮机本体即涡轮部件的变工况。对于燃气轮机在涡轮中做功的工质是通过压气机和燃烧室来增压、增温的，压气机、燃烧室、涡轮除了气动连接外还存在硬连接，因此变工况下各部件之间要满足功率平衡、流量平衡、压力平衡与转速平衡 4 个平衡关系，这些平衡关系将各个部件联系在一起，相互制约，使之按照一定的内在规律变化。因此，对燃气轮机变工况计算过程是在各个部件性能的基础上，按各平衡关系求得各部件的一系列共同工作点，接着对各共同工作点做热力循环计算，得到燃气轮机的功率和效率等各项参数，从而完成变工况计算。不同轴系方案燃气轮机的变工况计算均同此，只是计算的复杂程度随着机组组成的部件数与转轴数的增加而加大。

本章主要介绍汽轮机的变工况。同研究设计工况下的特性一样，分析汽轮机的变工况特性也应从构成汽轮机级的基本元件——喷嘴和动叶开始。喷嘴和动叶虽然作用不同，但是如果对动叶以相对运动的观点进行分析，则喷嘴的变工况特性完全适用于动叶。第八章，重点介绍了应用最多的单轴与分轴两种轴系方案的燃气轮机带动两种典型负载时的变工况性能，其中恒速负载为 $n=n_0$，螺旋桨负载为 $\overline{P_e}=\overline{n}^3$（带下标 0 的参数为设计值，参数上部加一横，表示相对于设计值的比值）。

第一节　涡轮变工况

一、渐缩喷嘴的变工况

研究喷嘴的变工况，主要是分析喷嘴前后压力与流量之间的变化关系。这种关系是以后研究汽轮机级和整个汽轮机变工况特性的基础。喷嘴又分渐缩喷嘴和缩放喷嘴两种型式。本节主要分析渐缩喷嘴的变工况特性。

（一）渐缩喷嘴的流量关系式

对渐缩喷嘴，在等熵指数 κ 和流量系数 μ_n 都不变的条件下，当其初参数 p_0^*、ρ_0^* 及出口面积 A_n 不变时，通过喷嘴的蒸汽流量 G 与喷嘴前后压力比 ε_n 的关系可用流量曲线（如图 7-1 中曲线 ABC 所示）表示。

当 $\varepsilon_n > \varepsilon_c$ 时，其流量为

$$G_n = A_n \mu_n \sqrt{p_0^* \rho_0^*} \sqrt{\frac{2\kappa}{\kappa - 1}\left(\varepsilon_n^{\frac{2}{\kappa}} - \varepsilon_n^{\frac{\kappa+1}{\kappa}}\right)} \tag{7-1}$$

当 $\varepsilon_n \leqslant \varepsilon_c$ 时，其流量为

$$G_n = G_c = 0.648 A_n \sqrt{p_0^* \rho_0^*} \tag{7-2}$$

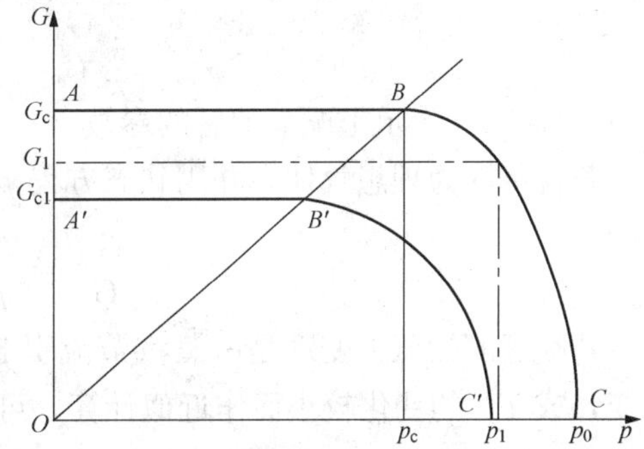

图 7-1　渐缩喷嘴的流量与出口压力的关系曲线

显然，对应另一组初参数（p_{01}^*、ρ_{01}^*），可得到另一条相似的流量曲线 $A'B'C'$（$p_{01}^* < p_0^*$），此时通过该喷嘴的临界流量也相应地变为

$$G_{c1} = 0.648 A_n \sqrt{p_{01}^* \rho_{01}^*}$$

由于初参数不同的同一工质具有相同的临界压力比 ε_c，又由式（6-22）可知，G_c 与初压力 p_0^* 成正比，因此不管初压力 p_0 怎么变动，$\varepsilon_c = p_c/p_0 = \left(\frac{2}{\kappa+1}\right)^{\frac{1}{\kappa-1}}$ 是个定值，故各条流量曲线的临界点 B、B_1 均在过原点的辐射线上，如图 7-1 所示，这时喷嘴的最大流量等于另一个数值 G_{c1}。

（二）彭台门系数 β 的近似关系

彭台门根据计算指出，曲线 BC 段与椭圆的 1/4 线段相当近似，若用椭圆弧代替它，误差较小，故根据椭圆方程，曲线段 BC 可表示为

$$\left(\frac{G_n}{G_c}\right)^2 + \left(\frac{p_1 - p_c}{p_0 - p_c}\right)^2 = 1$$

若设 $\varepsilon_n = \frac{p_1}{p_0}$，$\varepsilon_c = \frac{p_c}{p_0}$，$\beta = \frac{G_n}{G_c}$ 代入上式，并简化得

$$\beta = \frac{G_n}{G_c} = \sqrt{1 - \left(\frac{\varepsilon_n - \varepsilon_c}{1 - \varepsilon_c}\right)^2} \tag{7-3}$$

式中：β 为彭台门系数，也称喷嘴的流量比。

式（7-3）便是彭台门系数的近似关系式，而根据式（6-23）中彭台门系数的定义式，彭台门系数的精确式则为

$$\beta = \frac{G_n}{G_c} = \sqrt{\frac{2}{\kappa - 1}\left(\frac{\kappa + 1}{2}\right)^{\frac{\kappa+1}{\kappa-1}}\left(\varepsilon_n^{\frac{2}{\kappa}} - \varepsilon_n^{\frac{\kappa+1}{\kappa}}\right)} \tag{7-4}$$

表 7-1 列出了用近似式（7-3）代替精确式（7-4）的计算误差，这一误差是由式（7-3）的计算结果减去式（7-4）的计算结果，再除式（7-4）的计算结果而得。比较这些数据可见，用式（7-3）计算所引起的误差是很小的，可以满足一般工程计算的要求。

表 7-1　不同方法计算喷嘴流量比结果比较（κ=1.3）

压力比 ε_n	0.600	0.700	0.800	0.900	0.950	0.975	0.985	0.990	1.000
误差（%）	−0.035	−0.226	−0.463	−0.756	−0.866	−0.933	−0.960	−1.120	0

（三）喷嘴前后参数变化后的流量变化

通过喷嘴的任意流量 G 可表示为

$$G_n = \beta G_c = 0.648\beta A_n \sqrt{p_0^* \rho_0^*} \tag{7-5}$$

当喷嘴前、后蒸汽参数同时改变时，不论喷嘴是否达到临界状态，通过喷嘴的流量均可按下式计算，即

$$\frac{G_{n1}}{G_n} = \frac{\beta_1}{\beta}\sqrt{\frac{p_{01}^* \rho_{01}^*}{p_0^* \rho_0^*}}$$

式中下标“1”表示工况变动后的参数。

若视蒸汽为理想气体，并用状态方程 $p=RT\rho$，则上式可写成

$$\frac{G_{n1}}{G_n} = \frac{\beta_1}{\beta} \times \frac{p_{01}^*}{p_0^*}\sqrt{\frac{T_0^*}{T_{01}^*}} \tag{7-6}$$

若喷嘴前的压力变动是由蒸汽节流引起的（即 $p_{01}^*/\rho_{01}^* = p_0^*/\rho_0^*$），或工况变动前后 T_0^* 未变，或 T_0^* 的变化较小而作近似计算，可忽略，则式（7-6）可简化为

$$\frac{G_{n1}}{G_n} = \frac{\beta_1}{\beta} \times \frac{p_{01}^*}{p_0^*} = \sqrt{\frac{(1-\varepsilon_c)^2-(\varepsilon_{n1}-\varepsilon_c)^2}{(1-\varepsilon_c)^2-(\varepsilon_n-\varepsilon_c)^2}}\,\frac{p_{01}^*}{p_0^*} \tag{7-7}$$

如果设计工况和变工况均为临界工况，则 $\beta_1=\beta=1$，故有

$$\frac{G_{c1}}{G_c} = \frac{p_{01}^*}{p_0^*}\sqrt{\frac{T_0^*}{T_{01}^*}} \tag{7-8}$$

若略去初温的变化，则有

$$\frac{G_{c1}}{G_c} = \frac{p_{01}^*}{p_0^*} \tag{7-9}$$

运用以上诸式，便可进行喷嘴的变工况计算，即由已知工况确定任意工况的流量或压力。

二、级与级组的变工况

上一章指出，当喷嘴前、后压力比变化时，流经喷嘴的工质流量要相应发生变化；反之，当流过喷嘴的工质流量变化时，喷嘴及动叶前后的压力比也要随之变化，从而引起级内各项损失、反动度、级的功率、效率、轴向推力及其他特性的变化。研究汽轮机和燃气轮机级的变工况特性，主要分析级中诸参数随流量变化而变化的基本规律。

（一）级前后压力与流量的关系

1. 设计工况和变工况下级均为临界状态

级在临界工况工作时，其喷嘴或动叶必定处于临界状态。

(1) 喷嘴在临界工况下工作时。此时通过该级的流量只与级前蒸汽参数有关，而与喷嘴后和级后压力无关，变工况前后的流量变化关系可采用式（7-8）、式（7-9）进行计算。

(2) 动叶在临界工况下工作时。这种情况与喷嘴变工况特性相同，若忽略温度的变化，则通过该级动叶的流量，即通过该级的流量与动叶的滞止压力成正比，即

$$\frac{G_{c1}}{G_c} = \frac{p_{11}^*}{p_1^*} \tag{7-10}$$

在设计工况下，由于

$$w_1 = \sqrt{\frac{2\kappa}{\kappa-1} \times \frac{1}{RT_1^*}\left[1-\left(\frac{p_1}{p_1^*}\right)^{\frac{\kappa-1}{\kappa}}\right]}$$

故动叶进口截面的流量方程为

$$G_c = A'_b p_1^* \sqrt{\frac{2\kappa}{\kappa-1} \times \frac{1}{RT_1^*} (\varepsilon_1^{\frac{2}{\kappa}} - \varepsilon_1^{\frac{\kappa+1}{\kappa}})}$$

同理，在变工况下有

$$G_{c1} = A'_b p_{11}^* \sqrt{\frac{2\kappa}{\kappa-1} \times \frac{1}{RT_{11}^*} (\varepsilon_{11}^{\frac{2}{\kappa}} - \varepsilon_{11}^{\frac{\kappa+1}{\kappa}})}$$

上几式中：A'_b为动叶进口截面积；ε_1、ε_{11}为工况变动前、后动叶前实际压力与滞止压力之比。

故

$$\frac{G_{c1}}{G_c} = \frac{p_{11}^*}{p_1^*} \sqrt{\frac{T_1^* (\varepsilon_{11}^{\frac{2}{\kappa}} - \varepsilon_{11}^{\frac{\kappa+1}{\kappa}})}{T_{11}^* (\varepsilon_1^{\frac{2}{\kappa}} - \varepsilon_1^{\frac{\kappa+1}{\kappa}})}} \tag{7-11}$$

由于$\frac{G_{c1}}{G_c}=\frac{p_{11}^*}{p_1^*}$，并近似地认为$T_1^*=T_{11}^*$，则必有

$$\frac{\varepsilon_{11}^{\frac{2}{\kappa}} - \varepsilon_{11}^{\frac{\kappa+1}{\kappa}}}{\varepsilon_1^{\frac{2}{\kappa}} - \varepsilon_1^{\frac{\kappa+1}{\kappa}}} = 1$$

由此可得$\varepsilon_1=\varepsilon_{11}$或$\frac{p_1}{p_1^*}=\frac{p_{11}}{p_{11}^*}$，即有

$$\frac{G_{c1}}{G_c} = \frac{p_{11}^*}{p_1^*} = \frac{p_{11}}{p_1} \tag{7-12}$$

式（7-12）说明，当动叶达到临界状态时，通过该级的流量不仅与动叶前的滞止压力成正比，而且与动叶前的实际压力成正比。

在做级的变工况估算时，通常略去动叶顶部的间隙漏汽，这样两工况下的流量G_c、G_{c1}又可用喷嘴的气动参数表示，即

$$G_c = \mu_n A_n p_0^* \sqrt{\frac{2\kappa}{\kappa-1} \times \frac{1}{RT_0^*} (\varepsilon_n^{\frac{2}{\kappa}} - \varepsilon_n^{\frac{\kappa+1}{\kappa}})}$$

$$G_{c1} = \mu_n A_n p_{01}^* \sqrt{\frac{2\kappa}{\kappa-1} \times \frac{1}{RT_{01}^*} (\varepsilon_{n1}^{\frac{2}{\kappa}} - \varepsilon_{n1}^{\frac{\kappa+1}{\kappa}})}$$

$$\varepsilon_n = \frac{p_1}{p_1^*}$$

$$\varepsilon_{n1} = \frac{p_{11}}{p_{11}^*}$$

式中：A_n为喷嘴出口面积；ε_{n1}、ε_n为工况变动前后喷嘴压比；μ_n为喷嘴流量系数。

若近似认为$T_0^*=T_{01}^*$并代入（7-11）则得

$$\frac{G_{c1}}{G_c} = \frac{p_{11}^*}{p_1^*} \sqrt{\frac{\varepsilon_{n1}^{\frac{2}{\kappa}} - \varepsilon_{n1}^{\frac{\kappa+1}{\kappa}}}{\varepsilon_n^{\frac{2}{\kappa}} - \varepsilon_n^{\frac{\kappa+1}{\kappa}}}} = \frac{p_{11}}{p_1}$$

从而得到$\varepsilon_{n1}=\varepsilon_n$，即$\frac{p_{11}}{p_{01}^*}=\frac{p_1}{p_0^*}$，因此

$$\frac{G_{c1}}{G_c} = \frac{p_{11}}{p_1} = \frac{p_{01}^*}{p_0^*} \tag{7-13}$$

若 c_0 变化不大，则

$$\frac{G_{c1}}{G_c}=\frac{p_{01}}{p_0} \tag{7-14}$$

式（7-13）和式（7-14）说明，如果动叶在各种工况下均达到临界状态，则通过该级的流量与级前压力成正比。可见，只要级在临界状态下工作，不论临界状态是发生在喷嘴中还是发生在动叶中，其流量均与级前压力成正比，而与级后压力无关。

2. 设计工况和变动工况下，级均为亚临界状态

在此条件下，汽轮机任意一级喷嘴出口截面的连续方程式为

$$G=\mu_n A_n c_{1t}\rho_{1t}$$

或

$$G=(\mu_n A_n \rho_{2t}\sqrt{2\Delta h_t^*})\frac{\rho_{1t}}{\rho_{2t}}\sqrt{1-\Omega_m} \tag{7-15}$$

方括号内的部分表示级的反动度等于零（$p_{11}=p_2$）时，通过该喷嘴的流量，用 G' 表示，流量 G' 也可以根据式（7-3）、式（7-5）表示为（假定初速为零）

$$G'=0.648A_n\sqrt{p_0\rho_0}\sqrt{1-\left(\frac{p_2-p_c}{p_0-p_c}\right)^2}$$

于是式（7-15）可以写成

$$G=0.648A_n\sqrt{p_0\rho_0}\sqrt{1-\left(\frac{p_2-p_c}{p_0-p_c}\right)^2}\frac{\rho_{1t}}{\rho_{2t}}\sqrt{1-\Omega_m} \tag{7-16}$$

同理，对于另外一种工况，可以得到类似的公式

$$G_1=0.648A_n\sqrt{p_{01}\rho_{01}}\sqrt{1-\left(\frac{p_{21}-p_{c1}}{p_{01}-p_{c1}}\right)^2}\frac{\rho_{1t1}}{\rho_{2t1}}\sqrt{1-\Omega_{m1}} \tag{7-17}$$

$$\Omega_{m1}=\Omega_m+\Delta\Omega$$

试验证明，在亚临界工况下，近似认为（ρ_{1t1}/ρ_{2t1}）=（ρ_{1t}/ρ_{2t}）是相当精确的。此外，假设 $\Delta\Omega=0$，（$p_{01}^2-p_{21}^2$）远大于（$p_{01}-p_{21}$）^{2}。则以上两式相比并简化得到某级在变工况前后均处于亚临界状态时，流量与工质参数之间的关系式，即

$$\frac{G_1}{G}=\sqrt{\frac{p_{01}^2-p_{21}^2}{p_0^2-p_2^2}}\sqrt{\frac{T_0}{T_{01}}} \tag{7-18}$$

或

$$\frac{G_1}{G}=\sqrt{\frac{p_{01}^2-p_{21}^2}{p_0^2-p_2^2}} \tag{7-19}$$

式（7-18）和式（7-19）说明，当级内未达到临界状态时，通过级的流量不仅与初参数有关，而且与级后参数有关。

需要指出，虽然式（7-18）是在级前气流初速为零的条件下推导出来的，并且作了若干简化，但是，计算表明，运用该式所得到的结果与实测数据基本相符。这是因为式（7-18）所略去的各部分相互之间有补偿作用。但若以上简化条件不满足时，运用式（7-18）进行工况计算，则误差较大。

（二）级组压力与流量的关系

级组是一些流量相等，通流面积不随工况而变（或变化程度相同）的依次串联排列的若干级的组合。当级组内各级的汽流速度均小于临界速度时，称级组为亚临界工况；当级组内

至少有一列叶栅（如某一级的喷嘴或动叶）的出口流速达到或超过临界速度时，称级组为临界工况。讨论级组的变工况主要是研究级组前后蒸汽参数与流量之间的变化关系。

1. 工况变化前后级组均为临界工况

在各级通流面积不变的条件下，处于亚临界工况的级组，若级组前后压差由小变大，则各级流量和流速也要增大，这时一般是级组内最后一级最先达到临界速度，因为后面级的比体积较大，其平均直径往往比前面的级要大，若相邻两级的速度比和反动度基本相同，则后一级的比焓降较大，也就是最后一级的比焓降往往最大，流速也最大；然而，最后一级的蒸汽绝对温度最低，因此最后一级常最先达到临界速度。

亚临界工况级组中某一级（一般是最末级）的喷嘴或动叶的气流速度刚升到临界速度时，级组前后的压力比称为级组临界压力比，以 ε_{gc} 表示，级组背压 p_g 称为级组在初压 p_0 下的级组临界压力，以 p_{gc} 表示，这时的流量为级组的临界流量，仍以 G_c 表示。

图 7-2 所示为通流面积不变的汽轮机级组。若级组内第三级在变工况前后均在临界工况下工作，并忽略温度变化，即 $T_0/T_{01} \approx T_2/T_{21} \approx T_4/T_{41}$，则

$$\frac{G_{c1}}{G_c} = \frac{p_{41}}{p_4}$$

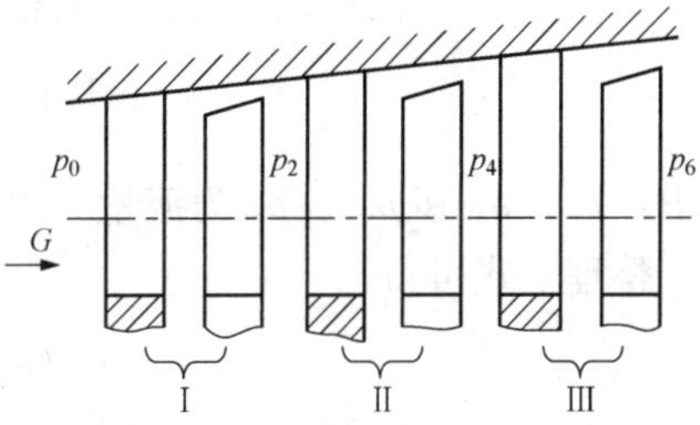

图 7-2　通流面积不变的汽轮机级组示意

因第三级前的气流未达到临界，故对第二级可写为

$$\frac{G_{c1}}{G_c} = \sqrt{\frac{p_{21}^2 - p_{41}^2}{p_2^2 - p_4^2}}$$

由于通过各级的流量相等，从而有

$$\left(\frac{G_{c1}}{G_c}\right)^2 = \left(\frac{p_{41}}{p_4}\right)^2 = \frac{p_{21}^2 - p_{41}^2}{p_2^2 - p_4^2}$$

由此得

$$\frac{G_{c1}}{G_c} = \frac{p_{41}}{p_4} = \frac{p_{21}}{p_2}$$

即第二级前压力也与流量成正比。同理，可得到该级组前的压力与流量成正比的关系式为

$$\frac{G_{c1}}{G_c} = \frac{p_{01}}{p_0} \tag{7-20}$$

所以，级组中若某一级始终在临界状态下工作，则这一级前的所有各级中流量均与级组前压力成正比。若考虑温度变化，还与级组前的热力学温度的平方根成反比，上式改写为

$$\frac{G_{c1}}{G_c} = \frac{p_{01}}{p_0}\sqrt{\frac{T_0}{T_{01}}} \tag{7-21}$$

2. 工况变化前后级组均为亚临界工况

由式（7-18）知级组内任一级（第 i 级）流量与级前参数间的关系式为

$$\left(\frac{G_1}{G}\right)_i = \sqrt{\left(\frac{p_{01}^2 - p_{21}^2}{p_0^2 - p_2^2}\right)_i}\sqrt{\left(\frac{T_0}{T_{01}}\right)_i}$$

即

$$\left(\frac{G_1}{G}\right)_i^2 \left(\frac{T_{01}}{T_0}\right)_i (p_0^2 - p_2^2)_i = (p_{01}^2 - p_{21}^2)_i$$

假设级组内共有 z 级，可列出从 $i=1$ 到 $i=z$ 的各个类似的方程式

$$\left(\frac{G_1}{G}\right)_1^2\left(\frac{T_{01}}{T_0}\right)_1(p_0^2-p_2^2)_1=(p_{01}^2-p_{21}^2)_1$$

$$\left(\frac{G_1}{G}\right)_2^2\left(\frac{T_{01}}{T_0}\right)_2(p_0^2-p_2^2)_2=(p_{01}^2-p_{21}^2)_2$$

$$\vdots$$

$$\left(\frac{G_1}{G}\right)_z^2\left(\frac{T_{01}}{T_0}\right)_z(p_0^2-p_2^2)_z=(p_{01}^2-p_{21}^2)_z$$

对于同一级组，$(G_1/G)_1=(G_1/G)_2=\cdots(G_1/G)_z=G_1/G$。实验证明，工况变动时，级组内各级前的热力学温度比值的变化几乎相同。因而可以用级组前的温度比值表示，即 $\left(\frac{T_{01}}{T_0}\right)_i\approx\frac{T_{01}}{T_0}$。此外应注意，某一级前的压力就是其前一级的级后压力，即 $(p_2)_2=(p_0)_3$，于是，将上面 z 个式子的左右分别相加可得

$$\left(\frac{G_1}{G}\right)^2\frac{T_{01}}{T_0}(p_0^2-p_z^2)=p_{01}^2-p_{z1}^2$$

式中：p_0、p_z 和 p_{01}、p_{z1} 为流量 G 和 G_1 下该级组前后的压力。

整理上式可得

$$\frac{G_1}{G}=\sqrt{\frac{p_{01}^2-p_{z1}^2}{p_0^2-p_z^2}}\sqrt{\frac{T_0}{T_{01}}} \tag{7-22}$$

若忽略温度变化的影响，则

$$\frac{G_1}{G}=\sqrt{\frac{p_{01}^2-p_{z1}^2}{p_0^2-p_z^2}} \tag{7-23}$$

式（7-22）和式（7-23）称为弗留格尔公式。此式为多级涡轮变工况计算中最常用、最基本的公式。利用该式计算时，在一个级组内可以取不同的级数，只要该级组内无调节抽汽口便可。

对于凝汽式汽轮机，若所取级组的级数较多时，则 $\left(\frac{p_z}{p_0}\right)^2$ 和 $\left(\frac{p_{z1}}{p_{01}}\right)^2$ 通常很小，故式（7-22）和式（7-23）可近似简化为

$$\frac{G_1}{G}=\frac{p_{01}}{p_0}\sqrt{\frac{T_0}{T_{01}}} \tag{7-24}$$

或

$$\frac{G_1}{G}=\frac{p_{01}}{p_0} \tag{7-25}$$

即凝汽式汽轮机各级（最后一、二级除外）级前压力与流量成正比。图 7-3 所示为哈尔滨汽轮机厂 600MW 反动式凝汽式汽轮机非调节级级组 p_0-G 关系曲线。由图可见，压力与流量的关系式可用许多通过原点的相应直线表示。证明了公式（7-25）的正确性。

斯托陀拉在弗留格尔之前进行了汽轮机蒸汽流量与组级前后压力关系的著名实验。而弗留格尔是在斯托陀拉实验研究的基础上导出的数学公式。但是该公式对余速利用系数、损失、效率和比体积等影响喷嘴、动叶出口连续方程计算结果的许多变化因数不可能全部体现，因此弗留格尔公式只是一个近似公式。

三、汽轮机的配汽方式

汽轮机通流部分是按经济功率设计的。运行中，外界负荷不断改变，为了保证机组出力与用户所需功率相适应，必须利用配汽机构来改变汽轮机组的出力。从汽轮机功率方程式

$$P_e = \frac{D_0 \Delta H_t \eta_i \eta_m \eta_g}{3.6} \tag{7-26}$$

可以看出，为了调节出力，可以调节进入汽轮机的蒸汽量 D_0，也可以调节蒸汽在汽轮机中的做工能力 ΔH_t（实际上，对一个量进行调节时，另一个量也会跟着改变，只是改变的程度不同而已）。不同的配汽方式可以实现 D_0 和 $\Delta H_t'$ 的改变。目前常用的配汽方式有喷嘴配汽与节流配汽两种。旁通配汽主要用在船、舰汽轮机上，故本教材中将不予讨论。

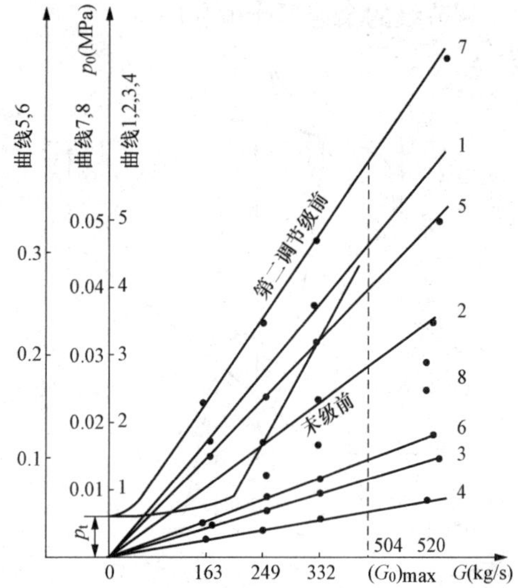

图 7-3　哈尔滨汽轮机厂 600MW 反动式凝汽式汽轮机非调节级级组 p_0-G 关系曲线

（一）喷嘴调节和调节级的变工况

1. 喷嘴配汽

喷嘴配汽如图 7-4 所示，汽轮机第一级是调节级，调节级分为几个喷嘴组，蒸汽经过全开自动主汽门 1 后，再经过依次开启的几个调节汽门 2，通向调节级。通常一个调节级汽门控制一个喷嘴组，喷嘴组一般有 3～6 组。当负荷很小时，只有一个调节汽门开启，也就是只有第一喷嘴组进汽，部分进汽度最小；负荷增大而第一调节汽门接近全开时，打开第二调节汽门，第二喷嘴组才进汽，部分进汽度增大，依次类推。因此，只有部分开启的那个调节汽门中的蒸汽节流较大，而其余全开汽门中的蒸汽节流已减到最小，故在部分负荷时机组的经济性较好，是喷嘴配汽的主要特点。

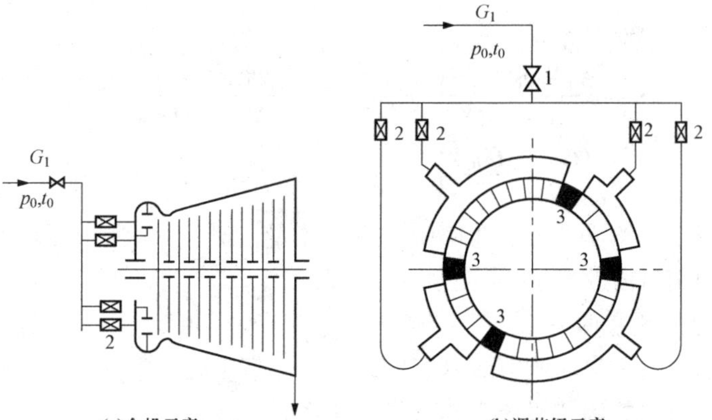

(a)全机示意　　(b)调节级示意

图 7-4　喷嘴配汽

1—自动主汽门；2—调节汽门；3—喷嘴组间壁

由于各喷嘴组间有间壁（或距离），因此，即使各调节汽门均已全开，调节级仍是部分进汽，也就是说在最大功率下调节级仍有部分进汽损失，而且调节级的直径比第一非调节级

大，调节级的余速不能被利用。

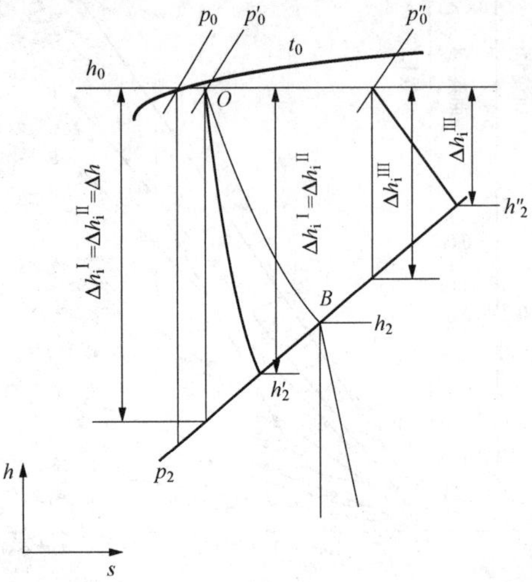

图 7-5　调节级的热力过程线

设调节级为四个喷嘴组，图 7-5 所示为第Ⅰ、Ⅱ调节汽门全开，第Ⅲ调节汽门部分开启，第Ⅳ调节汽门关闭时的调节级热力过程线。初压为 p_0 的新蒸汽流经自动主汽门和两个全开调节汽门后，压力降到 p_0'，调节级后压力为 p_2，第Ⅰ、Ⅱ两喷嘴组和动叶的理想比焓降相等，即 $\Delta h_t^{\mathrm{I}}=\Delta h_t^{\mathrm{II}}=\Delta h_t$，有效比焓降也相等，即 $\Delta h_i^{\mathrm{I}}=\Delta h_i^{\mathrm{II}}$，动叶后比焓为 Δh_2。流经部分开启第Ⅲ调节汽门的蒸汽，其节流较大，第Ⅲ喷嘴组前压力降为 p_0''，理想比焓降较小，为 $\Delta h_t^{\mathrm{III}}$，有效比焓降为 $\Delta h_i^{\mathrm{III}}$，动叶后比焓较高，为 h_2''。由于调节级后的环形空间是相通的，即级后压力 p_2 相同。故两股初压不同的气流在调节级中同样膨胀到 p_2，在调节级汽室混合后，流入第一压力级。为使这两股汽流混合均匀，调节级汽室容积较大，且调节级直径大于第一非调节级直径。不利用余速，以免汽流在未混合之前进入第一压力级，使得进汽不均匀而效率下降。

两股汽流混合后的比焓，可用下面式子求得

$$(G_{\mathrm{I}}+G_{\mathrm{II}})h_2'+G_{\mathrm{III}}h_2''=(G_{\mathrm{I}}+G_{\mathrm{II}}+G_{\mathrm{III}})h_2=Gh_2$$

$$\begin{aligned}h_2&=\frac{(G_{\mathrm{I}}+G_{\mathrm{II}})h_2'+G_{\mathrm{III}}h_2''}{G}\\&=\frac{(G_{\mathrm{I}}+G_{\mathrm{II}})(h_0-\Delta h_i^{\mathrm{I}})+G_{\mathrm{III}}(h_0-\Delta h_i^{\mathrm{III}})}{G}\\&=h_0-\left[\frac{(G_{\mathrm{I}}+G_{\mathrm{II}})\Delta h_i^{\mathrm{I}}}{G}+\frac{G_{\mathrm{III}}(h_0-\Delta h_i^{\mathrm{III}})}{G}\right]\end{aligned} \tag{7-27}$$

那么，调节级的相对内效率 η_i 为

$$\begin{aligned}\eta_i&=\frac{h_0-h_2}{h_0}=\frac{(G_{\mathrm{I}}+G_{\mathrm{II}})}{G}\times\frac{\Delta h_i^{\mathrm{I}}}{\Delta h_t}+\frac{G_{\mathrm{III}}}{G}\times\frac{\Delta h_i^{\mathrm{III}}}{\Delta h_t}\\&=\frac{(G_{\mathrm{I}}+G_{\mathrm{II}})}{G}\eta_i^{\mathrm{I}}+\frac{G_{\mathrm{II}}}{G}\eta_i^{\mathrm{III}}\end{aligned} \tag{7-28}$$

式中：G_{I}、G_{II}、G_{III} 为第Ⅰ、Ⅱ、Ⅲ喷嘴组中的流量；η_i^{I}，η_i^{III} 为全开与部分开启调节汽门后喷嘴组和动叶的相对内效率。

2. 调节级压力与流量的关系

在喷嘴配汽的汽轮机中，调节级是特殊级，它的变工况与中间级和末级都不同，需要专门介绍。本节介绍简化的调节级压力与流量的关系。

以凝汽式汽轮机中具有四组渐缩喷嘴的单列动叶调节级为例。为了突出调节级主要的变工况特点，可作以下简化假定：

(1) 忽略调节级后温度变化的影响，调节级后压力 p_2 正比于全机流量；

(2) 各种工况下级的反动度都保持为零，$p_{11}=p_{21}$；

(3) 四个调节汽门依次开启，没有重叠度；

(4) 凡全开调节汽门后的喷嘴组前压力均为 p_0 不变。

图 7-6 (a) 所示为上述假定条件下调节级具有四个喷嘴组的 p-G_1 曲线。设计工况下，前三个调节汽门全开，第Ⅳ调节汽门关闭，流量为 G。最大流量下，四个调节汽门全开，流量为 1.2G。图 7-6 (b) 所示为各喷嘴组蒸汽流量与总流量的关系曲线，由于纵横坐标都是流量 G_1，故 OQ 线必然是 45°角斜线。

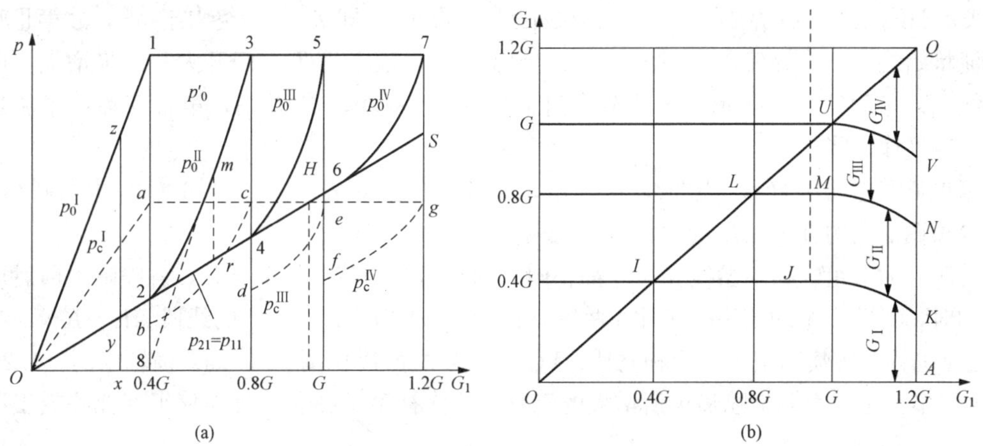

图 7-6　简化的调节级的压力与流量关系

调节级汽室压力 p_{21} 变化线，以图 7-6 (a) 中的辐射线 OS 表示，凝汽式汽轮机以全部非调节级为一级组，忽略调节级后温度变化，有 $G_1/G=p_{21}/p_2$，故 p_{21} 与流量 G_1 成正比。已设调节级的反动度始终为零，则 $p_{11}=p_{21}$，故直线 OS 也代表 p_{11}。

第Ⅰ调节汽门开始开启到全开之后，第Ⅰ喷嘴组前压力 p_0^{I} 的变化由折线 $O17$ 表示，在第Ⅰ调节汽门开始开启到全开的过程中，调节级只有第Ⅰ喷嘴组通汽，通汽面积不变，故可把调节级和所有非调节级看成一个级组，因此第Ⅰ喷嘴组前压力 p_0^{I} 与 G_1 成正比，如辐射线 $O1$ 所示，点 1 表示第Ⅰ调节汽门全开，p_0^{I} 达最大值 p_0'，直线 137 表示第Ⅱ、Ⅲ、Ⅳ调节汽门依次开启时，第Ⅰ喷嘴组前压力 $p_0^{\mathrm{I}}=p_0'$ 不变。虚线 Oag 是折线 $O17$ 时临界压力 p_c^{I} 变化线，$p_c^{\mathrm{I}}=\varepsilon_c p_0^{\mathrm{I}}$。$O2H$ 段（表示 p_{21}，也是 p_{11}）低于虚线 OaH（表示 p_c^{I}），故第Ⅰ喷嘴组流过的是临界流量，如图 7-6 (b) 中的折线 OIJ 所示，其中 $O1$ 段表示第Ⅰ调节汽门逐渐开大时，临界流量正比于 p_0^{I} 增大；IJ 段表示 $p_0^{\mathrm{I}}=p_0'$ 不变时，临界流量也不变。图 7-6 (a) 中 HS 段表示的 p_{21}（即 p_{11}）大于虚线 Hg 表示的临界压力，表明第Ⅰ喷嘴组处于亚临界工况，p_0^{I} 又不变，故第Ⅰ喷嘴组的流量随背压 p_{21} 升高而按椭圆曲线下降，如图 7-6 (b) 中 JK 段所示。

第Ⅱ调节汽门开启过程中和全开后，第Ⅱ喷嘴组前压力 p_0^{II} 的变化以曲线 $2m37$ 表示，p_0^{II} 的临界压力 p_c^{II} 以虚线 bcg 表示。第Ⅱ调节汽门开启之前，第Ⅱ喷嘴组前汽室，经喷嘴、动叶与级后汽室相通，故第Ⅱ组喷嘴前的压力也是 p_{21}。以 $2r$ 段表示的调节级后压力 p_{21}（即 p_{11}）大于虚线 br 表示的 p_c^{II}，故第Ⅱ喷嘴组及其动叶所组成的级为亚临界工况，现 p_{21} 稍有增大，故曲线 $2m$ 是近似双曲线。以 $r4$ 段表示的 p_{21}（即 p_{11}）小于以虚线 rc 表示的 p_c^{II}，所以这一段内第Ⅱ喷嘴组是临界工况。以 $m3$ 表示的 p_0^{II} 与第Ⅱ喷嘴组的蒸汽流量成正比，故 $m3$ 是过点 8 的辐射线上的一段。直线 37 表示第Ⅱ调节汽门已全开，在第Ⅲ、Ⅳ调节汽门开启时，$p_0^{\mathrm{II}}=p_0'$不变。图 7-6（b）中的斜线 IL 表示第Ⅱ调节汽门不断开大，第Ⅱ喷嘴组中流量不断增加。直线 LM 表示第Ⅱ调节汽门全开后，$p_0^{\mathrm{II}}=p_0'$不变，第Ⅱ喷嘴组中临界流量也保持不变。两椭圆曲线 MN 与 JK 的差值表示第Ⅱ喷嘴组的背压 HS 段高于临界压力，且 $p_0^{\mathrm{II}}=p_0'$不变，流量随背压升高而按椭圆曲线规律减小。

第Ⅲ调节汽门开启时和全开后，第Ⅲ喷嘴组前压力 p_0^{III} 的变化如曲线 457 所示，虚线 deg 表示曲线 457 的临界压力 p_c^{III}，以 46S 段表示的 p_{21}（即 p_{11}）始终大于 p_c^{III}，故第Ⅲ喷嘴组中流量始终小于临界流量。图 7-6（b）中斜线 LU 表示第Ⅲ汽门开大，流量增大。两椭圆曲线 UV 与 MN 之差表示第Ⅲ调节汽门全开后 p_0^{III} 不变，p_{11}升高，第Ⅲ喷嘴组中流量按椭圆曲线规律下降。

第Ⅳ喷嘴组前压力 p_0^{IV} 以曲线 67 表示，p_c^{IV} 以虚线 fg 表示，图 7-6（b）中的斜线 UQ 表示第Ⅳ调节汽门开大，流量增大。

若四个喷嘴组的喷嘴型线和尺寸都相同，则当四个调节汽门都全开，各喷嘴组前后压力都相同时，各喷嘴组的流量必正比于喷嘴口面积，故图 7-6（b）中的线段 AK、KN、NV，VQ 之比也就是各喷嘴组出口面积之比。VQ 的长度之所以比图 7-6（a）横轴末的（1.2G～G）大许多，是因为第Ⅳ喷嘴组所增大的流量必须弥补第Ⅰ、Ⅱ、Ⅲ喷嘴组在亚临界工况下由于背压升高而减少的流量。

现分析调节级理想比焓降的变化规律。当第Ⅳ调节汽门逐渐关小时，随着流量减小，p_{21}沿线段 $S6$ 下降，$p_0^{\mathrm{I}}=p_0^{\mathrm{II}}=p_0^{\mathrm{III}}=p_0'$不变，故第Ⅰ、Ⅱ、Ⅲ喷嘴组与动叶的理想比焓降 $\Delta h_t^{\mathrm{I}}=\Delta h_t^{\mathrm{II}}=\Delta h_t^{\mathrm{III}}$ 都增大，只有第Ⅳ喷嘴组与动叶的 Δh_t^{IV} 减小，一直减到 0。同理，第Ⅲ调节汽门关小时，$\Delta h_t^{\mathrm{I}}=\Delta h_t^{\mathrm{II}}$ 增大，而 $\Delta h_t^{\mathrm{III}}$ 减小，直至减到 0。显然，Ⅱ、Ⅲ、Ⅳ调节汽门都关闭而第Ⅰ调节汽门全开时，p_0^{I} 与 p_{21}之差最大，Δh_t^{I} 达最大值，当第Ⅰ调节汽门关小时，p_0^{I} 与 p_{21}都下降，但由图 7-6（a）可见，$\dfrac{p_{21}}{p_0^{\mathrm{I}}}=\dfrac{\overline{28}}{\overline{18}}=\dfrac{\overline{yx}}{\overline{xz}}=$常数，且第Ⅰ调节汽门中是节流过程，第Ⅰ组喷嘴前 t_0^{I} 基本不变，因此第Ⅰ调节汽门关小时，Δh_t^{I} 也基本不变，当只有第Ⅰ调节汽门全开而其他调节汽门关闭时，非但 Δh_t^{I} 最大，而且流过第Ⅰ喷嘴组的流量是 $p_0^{\mathrm{I}}=p_0'$时的临界流量，是第Ⅰ组喷嘴的最大流量，这股流量集中在第Ⅰ喷嘴组后的少数动叶上，使每片动叶分摊的蒸汽流量最大。动叶的蒸汽作用力正比于流量和比焓降之积，因此当第Ⅰ调节汽门全开而其地调节汽门都关闭时，调节级动叶受力最大，是危险工况，则调节级动叶强度应以这一工况核算。

3. 喷嘴调节的优缺点

由前面的讨论可知，喷嘴调节汽轮机在工况变动时，调节级始终为部分进汽。因此，调节级存在部分进汽损失。尽管如此，由于在任一工况下，只有通过尚未完全开启调节汽门的那部分蒸汽才有节流作用，所以在部分负荷时喷嘴调节的效率仍较高。

但喷嘴调节使机组的高压部分（尤其是调节汽室中）在工况变动时温度变化较大，从而引起较大的热应力。因此，这种机组在调节级汽室处的汽缸壁可能产生的较大热应力常常成为限制这种机组迅速改变负荷的重要因素。

由前面的讨论知，调节级动叶最危险工况不是在最大负荷，而是在当第一调节阀刚全开时。

（二）节流配汽

进入汽轮机的所有蒸汽都通过一个调节汽门（在大容量机组上，为避免这个汽门尺寸太大，可通过几个同时启闭的汽门）然后流进汽轮机，如图 7 - 7（a）所示。最大负荷时，调节汽门全开，蒸汽流量最大，全机扣除进汽机构节流损失后的理想比焓降 $\Delta H_t'$[见图 7 - 7（b）] 最大，故功率最大。

部分负荷时，调节汽门关小，因蒸汽流量减小，且蒸汽受到节流，全机扣除进汽机构节流损失后的理想比焓降减为 $\Delta H_t''$，故功率减小。图 7 - 7（b）中 p_0'表示调节汽门全开时第一级级前压力，p_0''表示调节汽门部分开启时第一级级前压力。

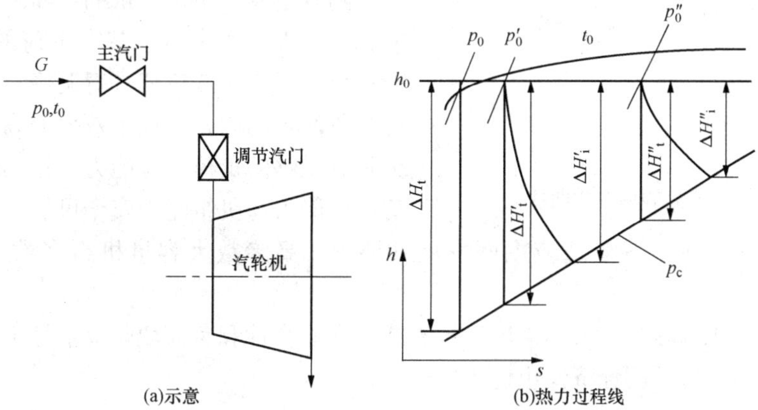

图 7 - 7　节流配汽汽轮机的示拿图和热力过程线

节流配汽汽轮机定压运行时的主要缺点是，低负荷时调节汽门中节流损失较大，使扣除进汽机构节流损失后的理想比焓降减小较多。通常用节流效率 η_{th}表示节流损失对汽轮机经济性的影响，即

$$\eta_{th} = \frac{\Delta H_t''}{\Delta H_t} \tag{7 - 29}$$

根据全机相对内效率的定义，可得

$$\eta_{ri} = \frac{\Delta H_i''}{\Delta H_t} = \frac{\Delta H_i''}{\Delta H_t''}\frac{\Delta H_t''}{\Delta H_t} = \eta_{ri}'\eta_{th} \tag{7 - 30}$$

$$\eta_{ri}' = \frac{\Delta H_i''}{\Delta H_t''}$$

式中：η_{th}为节流效率，它为调节阀门开启时的理想比焓降与全开时的理想比焓降之比；η_{ri}'为未包括进汽机构的通流部分相对内效率。

节流效率是蒸汽初、终参数和流量的函数。图 7 - 8 所示为初压 p_0=12.75MPa、初温 t_0=565℃时，节流效率 η_{th}与背压 p_g、流量比 G_1/G 的关系曲线。只要求出 G_1/G 下的 p_0''，若是再热机组还需知道再热压力 p_{r1}、再热压损 Δp_{r1}、再热温度 t_r，就可查水蒸气图表求出 η_{th}。由图可见，在同一背压下，蒸汽流量比设计值小得越多，调节汽门中的节流越大，节流效率就越低。

在同一流量下，背压越高，节流效率就越低。因此，全机理想比焓降较小的背压式汽轮机不宜采用节流配汽。但背压很低的凝汽式汽轮机，即使流量下降较多，节流效率仍降得

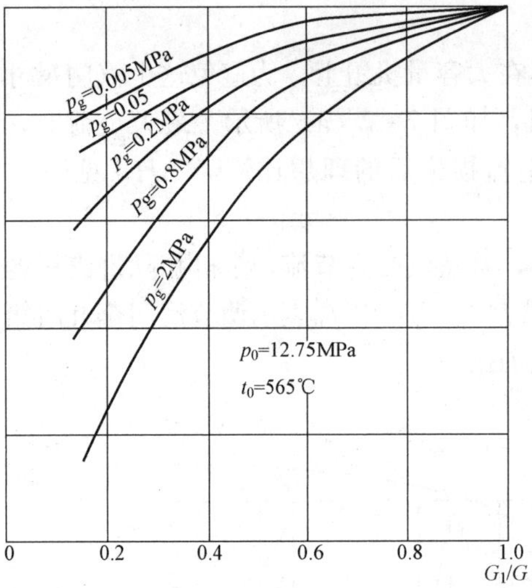

图 7-8 节流效率变化曲线

很少。

与喷嘴配汽相比，节流配汽的优点是没有调节级，结构比较简单，制造成本较低；在工况变动时，各级比焓降（除最末级）变化不大；其过程线可在 h-s 图上水平移动，故级前温度变化较小，从而减小了热变形及热应力，提高了机组运行的可靠性和对负荷变化的适应性。

（三）滑压运行的经济性与安全性

随着电网和单机容量的不断增大，用电峰谷差越来越大，原来承担基本负荷的大容量机组，现在也要承担尖峰负荷进行调峰。因此，汽轮机运行所注意的问题不仅是效率的高低，还应使机组具有足够的负荷适应能力。在实际运行中，负荷适应能力与机组能否安全可靠运行有着直接关系，因而显得更重要。为了适应电网发展的要求，高参数大容量机组多数采用滑压运行方式。

大容量汽轮机调峰时，采用滑压运行方式，在安全性和负荷变化灵活性上，都优于定压运行方式，一定条件下的经济性也优于定压运行方式。

1. 滑压运行方式

滑压运行又称变压运行，是相对于传统的定压运行而言的。汽轮机滑压运行时，调节汽门全开或开度不变。根据负荷大小调节进入锅炉的燃料量、给水量和空气量，使锅炉出口汽压和流量随负荷升降而变化，但出口汽温不变，因此汽轮机的进汽温度 t_0 维持额定值不变，而进汽压力与流量随负荷升降而变化，可借以调节汽轮机的功率。汽轮机的进汽压力随外界负荷增减沿等温线上下“滑动”，故称滑压运行。

滑压运行方式最早是由联邦德国在 20 世纪 50 年代开始研究并首先应用到机组上的。20 世纪 60 年代以来，美、日、苏联（俄罗斯）和欧洲其他各国也先后应用在机组上。目前国内外新设计的 300MW 以上机组都把滑压运行作为推荐的运行方式。

滑压运行又可分为三种方式。

(1) 纯滑压运行方式。在整个负荷变化范围内，调节阀均处在全开位置，完全靠锅炉调节燃烧改变锅炉出口蒸汽压力和流量以适应负荷变化。这种方法操作简单，维护方便，具有较高的经济性。但是，从汽轮机负荷变化信号输入锅炉，到新蒸汽压力改变有一个时滞，即不能对负荷变化快速响应。对于中间再热机组，由于再热器和冷段导汽管的热惯性，负荷变动时，低压缸有明显的功率延迟现象，通常依靠高压调速汽门动态过开的方法来补偿。但此时调速汽门已全开，没有调节手段，故此方法难适用于负荷频繁变动的工况。另外，调速汽门长期处于全开状态，易于结垢卡涩，故需要定期手动活动调节阀门。

(2) 节流滑压运行方式。为了弥补纯滑压运行时负荷调整速度慢的缺点，可采用节流滑压运行方式，即在运行情况下，汽轮机调速汽门不全开。当负荷急剧升高时，开大节流调节汽门应急调节；负荷突降时，先关小调节汽门，待锅炉燃烧状况跟上后，再将调节汽门开度恢复到原位，这就可避免锅炉热惯性对负荷迅速变化的限制。显然，这种运行方式由于调速汽门经常处于节流状态，存在一定的节流损失，降低了机组的经济性。

（3）复合滑压运行方式。汽轮机采用喷嘴配汽，高负荷区域内（如 80%～95%额定负荷以上）进行定压运行，用启闭调节汽门来调节负荷，汽轮机初压较高，循环热效率较高，且负荷偏离设计值不远，相对内效率也较高。较低负荷区域内（如在 80%额定负荷以上与 25%～50%额定负荷之间）仅全关最后一个、两个或三个调节汽门，进行滑压运行，这时没有部分开启汽门，节流损失相对最小，全机相对内效率接近设计值，负荷急剧增减时，可启闭调节汽门进行应急调节。在滑压运行的最低负荷点之下（如 25%额定负荷之下）又进行初压水平较低的定压运行，以免经济性降低太多。这是滑压与定压结合的一种运行方式，是目前调峰机组最常用的一种方式，它使机组在所有变负荷区域内都有较高的热经济性。

2. 机组滑压运行的热经济性

滑压运行机组高压缸在部分负荷时的相对内效率高于定压运行机组，这是因为滑压运行时主蒸汽温度不变，虽然主蒸汽质量和压力都随负荷减小而减小，但各种负荷下新蒸汽容积流量 $G_1 v_0$ 基本不变，如 50%额定负荷时的 $G_1 v_{01}$ 与设计值只相差 2%左右。容积流量不变就使各级喷嘴、动叶出口的流速不变，比焓降和内效率都不变，而喷嘴配汽定压运行机组在部分负荷下调节级效率下降较多，节流配汽定压运行机组在部分负荷下节流损失较大。

滑压运行机组在部分负荷下的锅炉给水压力降低，用变速给水泵就可降低给水泵耗功。这是一个不小的数值，因为随着机组初压设计值升高，给水泵功率越来越大，超高压机组给水泵功率占主机发电功率的 2%左右，亚临界压力机组占 3%～4%，超临界压力机组占 5%～7%。因此，低负荷时给水泵耗功的减少将给滑压运行机组的热经济性带来明显益处。

滑压运行机组在部分负荷下运行的不利因素是循环热效率 η_{t1} 低于定压运行机组，因滑压运行机组部分负荷下的锅炉内平均吸热温度 $\overline{T_1}$ 随吸热压力下降而下降，而冷源平均放热温度 $\overline{T_2}$ 基本不变，这就必然使其循环热效率低于定压运行机组的循环热效率。

再热机组变工况时，中压缸进汽参数只取决于蒸汽流量和再热温度，与汽轮机运行方式无关，因此讨论滑压运行经济性时，只需进行相同流量下高压缸工作过程的比较即可。这是因为当滑压运行与定压运行机组的设计值（如 p_0、t_0、t_r、p_r、p_c、G 等）相同时，且在变负荷工况下设再热后的蒸汽温度 t_{r1} 等于设计值，各级再热压损 Δp_{r1} 也基本相等，只要各级流量 G_1 相同，以中低压缸为一级组，则 $\frac{p_{r1}}{p_r}=\frac{G_1}{G}\sqrt{\frac{T_{r1}}{T_r}}$，中压缸进汽压力 p_{r1} 也必然相同，那么在同一 G_1 下，不同运行方式的中低压缸热力过程线都一样，经济性比较就只需比较高压缸的热经济性了。

但喷嘴配汽定压运行机组在负荷较低时，因高压缸排汽温度降低，进入中压缸的再热蒸汽温度也有所降低，根据我国三大汽轮机厂生产的 300、600MW 机组 50%额定负荷的数据来看，约降低 20℃或更低。

第二节　涡轮变工况时各级比焓降、反动度的变化

一、工况变动时各级比焓降的变化

工况变动时，汽轮机各级压力的变化使级内比焓降发生相应的变化。若将蒸汽视为理想气体，则任意一级的理想比焓降可近似表示为

$$\Delta h_t=\frac{\kappa}{\kappa-1}\frac{p_0}{\rho_0}\left[1-\left(\frac{p_2}{p_0}\right)^{\frac{\kappa-1}{\kappa}}\right]=\frac{\kappa}{\kappa-1}RT_0\left[1-\left(\frac{p_2}{p_0}\right)^{\frac{\kappa-1}{\kappa}}\right] \tag{7-31}$$

汽轮机各级前温度在工况变动时一般变化不大，可略去不计，故各级理想比焓降仅与级前、后压比有关。下面分别讨论工况变动时不同级比焓降的改变情况。

（一）凝汽式汽轮机中间级的情况

由前面的分析可知，凝汽式汽轮机的中间级，无论级内是否达到临界状态，其流量均与级前压力 p_0 成正比（忽略温度及湿度的变化），即

$$\frac{G_1}{G}=\frac{p_{21}}{p_2}$$

由此得

$$\frac{p_{01}}{p_0}=\frac{p_{21}}{p_2}$$

故

$$\frac{p_{21}}{p_{01}}=\frac{p_2}{p_0} \tag{7-32}$$

上式表明，工况变动时，凝汽式汽轮机各中间级的压比不变，故级的理想比焓降近似不变，级的速度比与反动度也不变。级中的摩擦、鼓风损失以及漏汽损失的相对值也几乎不变，因此，级的效率基本不变，而级的功率与流量成正比变化，即

$$P_i=G\Delta h_t\eta_{ri}=BG \tag{7-33}$$

若考虑调节级后蒸汽温度的影响，则各中间级的级前压力与流量不再按正比变化，见图7-9。但由于各级的 p_e-G 曲线偏离其辐射线的程度基本相同，所以中间级的压力比和绝对比焓降基本上保持常数而不随流量的变化而变化。因此，在对凝汽式汽轮机进行变工况计算时就不需要逐级进行详细计算，只需利用公式（7-21）或公式（7-23）求得不同流量下的各级级前压力。然后根据设计工况的热力过程线逐级推平行线的方法就可求得变工况后各级的热力过程线。

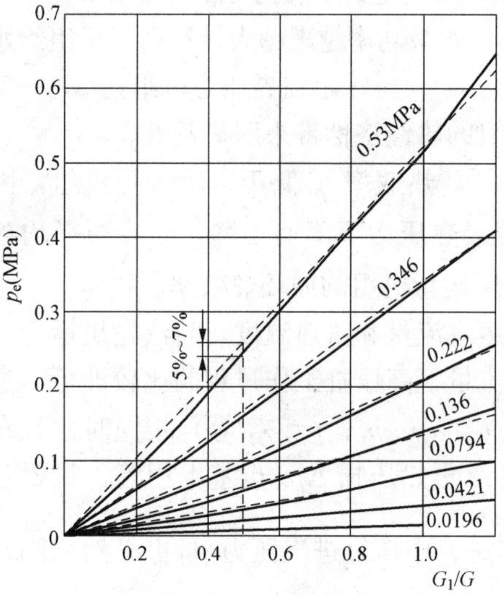

图7-9　调节级后温度对中间级组 p_e-G 曲线的影响

但是，当负荷偏离设计值较大时，由于调节级比焓降变化较大，必然会使中间级比焓降发生变化，此时才需对级进行详细核算。

（二）背压式汽轮机各中间级的情况

如果背压式汽轮机的最后一级在工况变动前后达到临界状态，则各级级前压力与流量成正比。在此情况下，这些级（除末级外）的比焓降、反动度、级效率及功率的变化规律，就与凝汽式汽轮机的中间级一样。但在一般情况下，即使是最后一级也不会达到临界状态。故其压力与流量的关系只能用弗留格尔公式表示，若不考虑温度的影响，则有

$$\frac{G_1}{G}=\sqrt{\frac{p_{01}^2-p_{z1}^2}{p_0^2-p_z^2}}$$

或

$$p_{01}^2=\left(\frac{G_1}{G}\right)^2(p_0^2-p_z^2)+p_{z1}^2$$

同理有

$$p_{21}^2=\left(\frac{G_1}{G}\right)^2(p_2^2-p_z^2)+p_{z1}^2$$

上两式中：p_0、p_2 为背压式汽轮机某一中间级的级前、后压力；p_z 为背压式汽轮机的背压。

上式表明，背压式汽轮机各级级前压力与流量按双曲线变化。图 7-10 所示为某背压式汽轮机在变工况时压力与流量关系的试验值。可以看出，试验点都落在理论计算的双曲线附近。

将以上二式相比得到

$$\left(\frac{p_{21}}{p_{01}}\right)^2=\frac{p_2^2-p_z^2+p_{z1}^2\left(\frac{G}{G_1}\right)^2}{p_0^2-p_z^2+p_{z1}^2\left(\frac{G}{G_1}\right)^2} \tag{7-34}$$

在大多数情况下，可以认为背压不随流量变化，即 $p_z=p_{z1}$，于是式（7-34）可表示为

$$\left(\frac{p_{21}}{p_{01}}\right)^2=\frac{\left(\frac{p_2}{p_0}\right)^2-\left(\frac{p_z}{p_0}\right)^2\left[1-\left(\frac{G}{G_1}\right)^2\right]}{1-\left(\frac{p_z}{p_0}\right)^2\left[1-\left(\frac{G}{G_1}\right)^2\right]} \tag{7-35}$$

由式（7-35）可知：

（1）背压汽轮机接近末级的那些级，级组的压力比 p_z/p_0 较大，当流量变化时，级前、后的压力比 p_z/p_0 变化越大，这些级的理想比焓降变化也越大；而背压式汽轮机的最初几级，因 p_z/p_0 很小，流量变化时，级前、后压力很小，故这些级的比焓降可近似认为不变。

（2）当蒸汽流量在设计值（图 7-10 所示为背压式汽轮机，设计值为 300t/h）附近变化时，背压式汽轮机最初几级的级前压力几乎按直线规律变化，这些级的压力比和比焓降近似不变或变化很小。

（3）当蒸汽流量变化较大时，最后几级的压力比和比焓降首先变化，而最初几级的比焓降在相当大的负荷变化范围内是变化不大的，只有在蒸汽流量偏离设计值很远时，最初几级的比焓降才发生急剧变化，如图 7-11 所示。

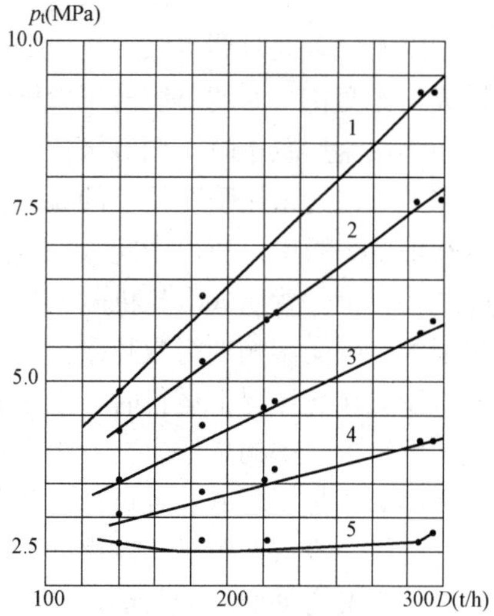

图 7-10　背压式汽轮机变工况时压力与流量关系的试验值

背压式汽轮机一般用于供热，热负荷比较稳定且很少在低负荷下长期运行。因此，背压式汽轮机通常只需对调节级和最后二、三级进行变工况核算，而其他各级比焓降及效率都可认为不变。

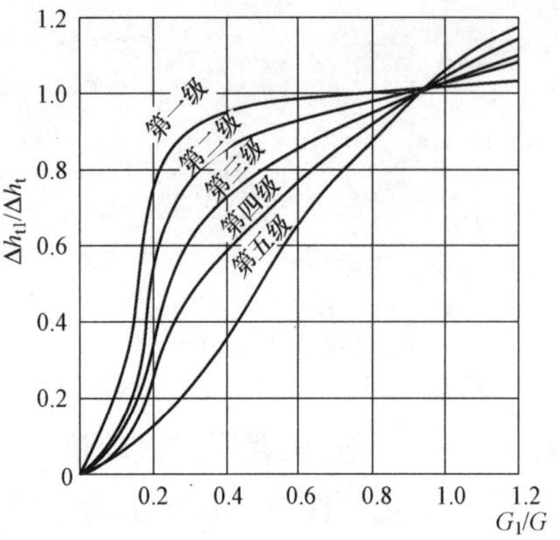

图 7-11　背压式汽轮机在变工况时各级比焓降与流量的关系曲线

（三）最末级的比焓降变化特性

图 7-12 所示为当级后压力 p_z 为常数时，超临界压力与亚临界压力两种工况下最末级的级前、后压力与流量的关系曲线。一般背压式机组的最后一级产生图中（a）的情况，而凝汽式机组的最后一级常发生图中（b）的情况（当流量自设计值减小很多时，流动状态将由超临界压力转为临界压力）。由图可知，不论最后一级中是否达到临界状态，在不同的蒸汽流量下，级前后压力比 p/p_z 并不是常数，而是随着流量变化而改变的。当流量增大时，压力比减少，级的比焓降增大，而当流量减少时，压力比增大，级的比焓降就减少。因此最末级的反动度、级效率不再保持为常数。

（四）变工况时调节级的比焓降变化

由上节讨论可知，采用节流调节的汽轮机没有调节级，所以第一级可作为中间级进行分析。只有采用喷嘴调节的汽轮机才具有调节级，且变工况特性比较复杂，在蒸汽流量变化过程中，调节阀开启程度不同的喷嘴组的比焓降是不同的。单就调节阀全开而言，因流量改变时调节级后压力与流量成正比变化，而调节级前压力则变化很小。因此，当蒸汽流量增加时，调节级比焓降减小，而蒸汽流量减小时，调节级比焓降增大。

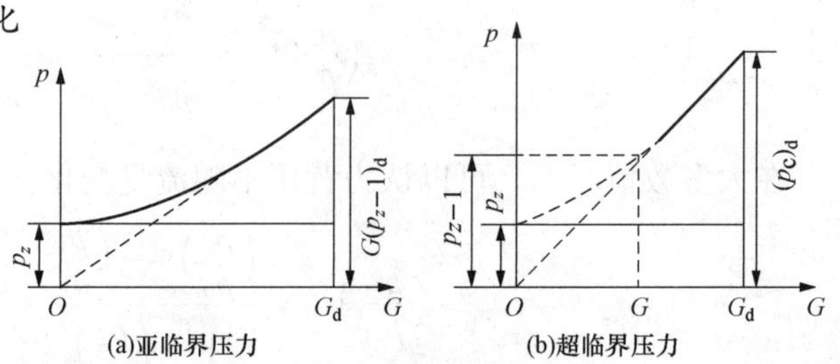

图 7-12　末级级前、后压力与流量的关系曲线

综上所述，采用喷嘴调节的凝汽式汽轮机，当流量改变时，比焓降的变化主要发生在调节级和最后一级中。所以中间级在流量变化时，比焓降近乎不变，但在低负荷时，中间级比焓降也会变小。背压式汽轮机除调节级比焓降变化外，最后几级的比焓降也发生变化，负荷变化越大，则受影响的级数越多。

汽轮机在变工况下运行时，效率要降低，且负荷变化越大，效率下降越多；喷嘴调节的凝汽式汽轮机效率的降低主要发生在调节级与最后一级；背压式汽轮机，除了调节级外，最后几级的效率都要降低，且负荷变化范围越大，效率发生变化的级数也就越多；采用节流调节的汽轮机，没有调节级，效率的降低主要是由于节流损失及最末级效率的降低。

二、工况变动时级的反动度变化规律

工况变动时，如果级内的比焓降发生变化，则比焓降在喷嘴和动叶中的分配比例也会发生变化，也就是级的反动度要发生变化。工况变动时，利用弗留格尔公式虽然可以求出变工况时级前后蒸汽压力的变化，但要了解级的全部热力过程，还必须知道级内反动度的变化。同时，为了计算工况变动时汽轮机某些零件强度以及轴向推力的变化，也必须知道级内反动度的变化规律。

在工况变动时，通流部分的几何尺寸是不会改变的，即喷嘴与动叶出口面积比不会变，因此级的反动度变化主要是速度比变化引起的，也受级的压比 ε_2 变化的影响。对定转速运行的汽轮机，圆周速度不变，只有级的比焓降变化，才会引起速度比变化，因此定转速汽轮机的反动度变化主要是由级的比焓降变化引起的。

当 Δh_t 减小即速度比 x_a 增大时，$c_{11}<c_1$，如图 7 - 13（a）中虚线所示，由于 u 不变，故 $\beta_{11}>\beta_1$，w_1 减小为 w_{11}，动叶进口实际有效相对速度为 $w_{11}\cos(\beta_{11}-\beta_1)$。由图明显地可以看出，$\dfrac{w_{11}\cos(\beta_{11}-\beta_1)}{w_1}<\dfrac{c_{11}}{c_1}$。因 $w_{21}=\sqrt{2\Delta h_{b1}+[w_{11}\cos(\beta_{11}-\beta_1)]^2}$ 是由动叶进口有效相对速度 $w_{11}\cos(\beta_{11}-\beta_1)$ 与动叶比焓降 Δh_{b1} 共同产生的，若反动度不变，则上述不等式关系将使 $w_{21}/w_2<c_{11}/c_1$。但喷嘴出口面积 A_n 与动叶出口面积 A_b 都未变，故喷嘴叶栅中以 c_{11} 流出的汽流来不及以 w_{21} 的速度流出动叶栅，就在动叶汽道内形成阻塞，造成动叶通道与叶栅轴向间隙中压力升高，也就是使反动度增大。

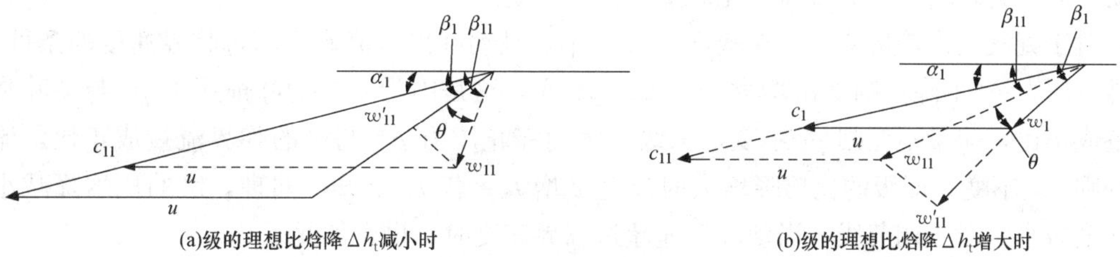

图 7 - 13　Δh_t 变化对动叶栅进口速度三角形的影响

反动度增大将使 c_{11} 减小，使 w_{21} 增大，从而减轻动叶栅汽道的阻塞。反动度增大还将使 ρ_{11} 比 Ω_m 不变时减小，抵消了 c_{11} 减小的部分作用。但当 c_{11} 小于临界速度时，ρ_{11} 的变化率小于 c_{11} 的变化率，仍使 $c_{11}\rho_{11}$ 减小；若 c_{11} 大于临界速度不多，则 ρ_{11} 的变化率虽然略大于 c_{11} 的变化率，但两者差不多。然而反动度变化对 ρ_{21} 基本上没有影响，故 w_{21} 增大的影响未被抵消，仍可减轻 $w_{21}/w_2<c_{11}/c_1$ 所引起的矛盾。当反动度增大到一定程度，使得

$$A_n c_{11}\rho_{11}=A_b w_{21}\rho_{21}=G \tag{7-36}$$

则反动度不再增大。达到了平衡。

同理，Δh_t 增大即 x_a 减小时，由图 7 - 13（b）可见，$\dfrac{w_{11}\cos(\beta_{11}-\beta_1)}{w_{11}}<\dfrac{c_{11}}{c_1}$，因而 $w_{21}/w_2<c_{11}/c_1$，故反动度必然降低。

以上分析表明，在工况变动时，当级的比焓降减小，即速度比增大时，级的反动度要增加。反之，当级的比焓降增大时，则级的反动度就减小。如该级为纯冲动级或反动度很小的级时，则有可能在工况变动比焓降增大时产生负反动度，从而在动叶中产生压缩流，造成较大的附加损失。当然，反动度变大后，将使喷嘴与动叶间的间隙中漏汽量增大，也会使损失增大。

实际计算表明，比焓降变化所引起的反动度变化的大小取决于设计工况下反动度本身的大小。从本书第一章可知，当面积比 f 一定、因 Δh_t 变化使 x_a 变化时，Ω 设计值较小的级，Ω 变化较大；Ω 设计值较大的级，Ω 变化较小。其原因在于级的设计反动度很小时，w_2 主要取决于 w_1，Δh_b 对 w_2 的影响很小，当 Δh_t 变小时，汽流进入动叶的实际有效相对速度减小，这就必须靠反动度增大较多才能使 w_{21} 增大到满足式（7 - 36）的程度。当级的设计反动

度接近 0.5 时，w_2 主要取决于 Δh_b，受 w_1 的影响比较小，$w_{11}\cos(\beta_{11}-\beta_1)/w_1$ 与 c_{11}/c_1 虽仍相差较大，但 w_{21}/w_2 与 c_{11}/c_1 比较接近。故反动度变化微小就能满足式（7-36）。因此，在工况变动时级内比焓降改变所引起反动度的变化主要发生在冲动级内。

一般情况下当比焓降变化不大，即速度比 x_a 变化不大时$\left(-0.1<\dfrac{\Delta x_a}{x_a}<0.2\right)$，可采用下列近似公式来计算反动度的变化，即

$$\frac{\Delta\Omega}{\Omega_m}=0.4\frac{\Delta x_a}{x_a} \tag{7-37}$$

若动叶出口汽流速度大于临界速度，则上式不能使用。其原因在于这时动叶后压力会降低，使级的比焓降 Δh_t 增大，速度比 x_a 减小，按上式计算，Ω_m 也应减小。但是实际情况相反，即反动度反而要增大，这是因为此时动叶前的压力不随背压改变而变化，背压的降低只使动叶的比焓降增大，而喷嘴的比焓降却保持不变。

对于凝汽式汽轮机末级，在蒸汽流量 G 不变且动叶出口流速已超过临界速度的条件下，若排汽压力 p_c 下降，则 Δh_b 增大，而 Δh_n^* 不变，这是因为末级动叶前压力 p_1 与动叶临界流量成正比，流量不变则 p_1 不变，末级喷嘴前滞止压力 p_0^* 与级的临界流量成正比，流量不变则 p_0^* 不变，即级的比焓降增大时反动度增大。若 p_c 上升，同理，级的比焓降减小而反动度减小。对于调节级，当动叶流速超过临界速度时，也会如此。

第三节 凝汽式汽轮机的工况图

汽轮机的功率与汽耗量之间的关系称为汽轮机的汽耗特性，表示这种关系的曲线称为汽轮机的工况图。凝汽式汽轮机的汽耗特性随其调节方式不同而有不同的特点。实际汽轮机的汽耗特性可通过汽轮机的变工况计算或汽轮机的热力试验确定。

一、节流配汽凝汽式汽轮机工况图

试验表明，蒸汽流量在设计值的 30%～100%变化时，节流配汽凝汽式汽轮机的蒸汽流量 D 与电功率 P_{el} 之间的关系如图 7-14（a）所示，用一根直线表示，误差不超过 1%。虚线部分为小功率区域，无实际意义。汽耗特性方程可表示为

$$D=D_{nl}+d_1P_{el} \tag{7-38}$$

式中：D_{nl} 为汽轮发电机组的空载消耗，即汽轮发电机组保持空转时，为克服机械损失所消耗的蒸汽量（一般是设计流量的 3%～10%，机组容量越大，D_{nl} 所占的百分比就越小）；d_1 为汽耗微增率，是图中直线 D 的斜率，表示每增加单位功率所需增加的汽耗量。

初终参数相同的同类型机组并列运行时，应让 d_1 较小的机组多带负荷，才能使总的汽耗量最小，这是因为机组已在运行，空载汽耗已不可避免，多带负荷所增加的汽耗量，由式（7-38）可见，与汽耗微增率 d_1 成正比。对节流配汽凝汽式汽轮机进行变工况核算，可得各种功率下的汽耗量 D、汽耗率 d 及相对电效率 η_{el}。它们与 P_{el} 的关系曲线都画在图 7-14（a）中。

二、喷嘴配汽凝汽式汽轮机工况图

图 7-14（b）所示为某喷嘴配汽凝汽式汽轮机的汽耗量 D、汽耗率 d、相对电效率 η_{el} 与电功率 P_{el} 的关系曲线。在 P_{el} 等于经济功率 $P_{el,e}$ 时，η_{el} 最高，如点 a 所示。这时前三个调节汽门刚全开，节流损失最小，因此相应的汽耗率 d 最小，蒸汽流量 D 处在波浪线低谷点 J。

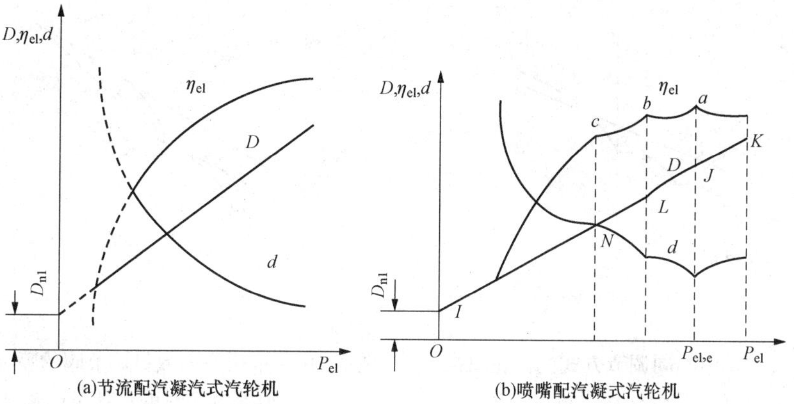

图 7-14　凝汽式汽轮机 D、η_{el}、d 与 P_{el} 的关系曲线

点 b 与点 c 表示前两个或第一个调节汽门全开，节流损失很小，η_{el} 较高，a、b 之间，b、c 之间，点 a 之右侧，都相应有一个调节汽门部分开启，节流损失较大，故效率 η_{el} 较低。因此 D、η_{el}、d 三根曲线都呈波浪形。

图 7-14（b）中所画的汽耗线 D 的波动是很小的，可用折线 IJK 近似代替，该折线的 IJ 段和 JK 段都可视为直线，则汽耗特性方程在小于经济功率 $P_{el,e}$ 时为

$$D = D_{nl} + d_1 P_{el,e} \tag{7-39}$$

在大于经济功率 $P_{el,e}$ 时为

$$D = D_{nl} + d_1 P_{el,e} + d_1 (P_{el} - P_{el,e}) \tag{7-40}$$

式中：d_1 与 d_1' 为小于 $P_{el,e}$ 与大于 $P_{el,e}$ 时的汽耗微增率。

三、蒸汽量调节方式的比较与选择

图 7-15 所示为不同调节方式的汽轮机特性曲线，由图可知，节流调节在最大工况下具有最好的经济性，因为此时，节流阀全部开启，几乎没有节流损失，但是在经济功率和部分负荷时，由于节流损失，其经济性较差。

喷嘴调节在经济功率下比节流调节好，超过经济负荷或在部分负荷下，经济性虽降低，但下降程度比较平缓。

喷嘴调节的经济性与调节阀的数目有关，如图 7-16 所示。图中 AB 线为节流调节汽耗线，AC 为采用理想喷嘴调节（假定调节阀有无限多个，即在任何负荷下均无节流损失，$\eta_{th}=1$）的汽耗线，曲线 DEA 及 $HGEFA$ 分别为采用两只及四只调节阀时汽耗线。由图可见，喷嘴数目越多，调节阀的节流损失越小，经济性就越高；但调节阀数目的增加，必然使汽轮机的结构复杂，从而增加了制造成本，总的经济效益相对减少。

采用喷嘴调节时，设计工况下调节比焓降的大小对汽轮机运行时的经济性有很大影响。图 7-17 所示为两台参数、功率相同的汽轮机，当调节级设计比焓降不同时，调节级汽室内压力与流量的关系曲线，图 7-18 所示为设计比焓降不同时，调节级效率与流量的关系曲线。由图可知，设计工况下，调节级比焓降越小（$\Delta h_t < \Delta h_{t1}$），则汽轮机流量减小时，调节级比焓降的变化就越大 $\Delta(\Delta h_t) < \Delta(\Delta h_{t1})$，因此，效率的降低就越多。在这种情况下，喷嘴调节几乎与节流调节没什么区别；相反，在经济功率下调节级的比焓降选得越大，变工况下比焓降的变化就越小，因而效率就比较稳定。

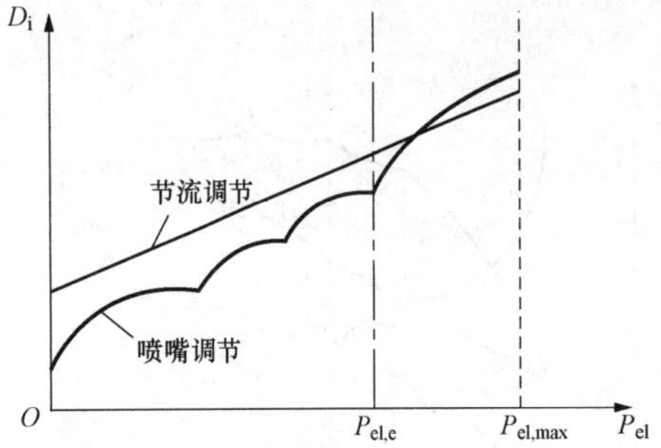

图 7-15　采用不同调节方式的汽轮机的特性曲线

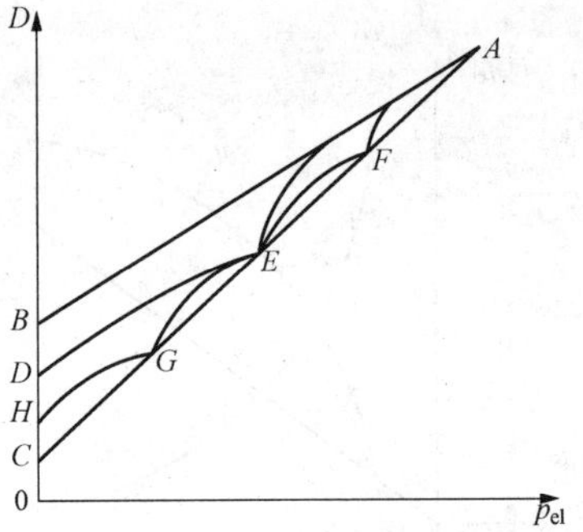

图 7-16　采用不同数目调节阀的喷嘴调节与节流调节时的汽耗量比较

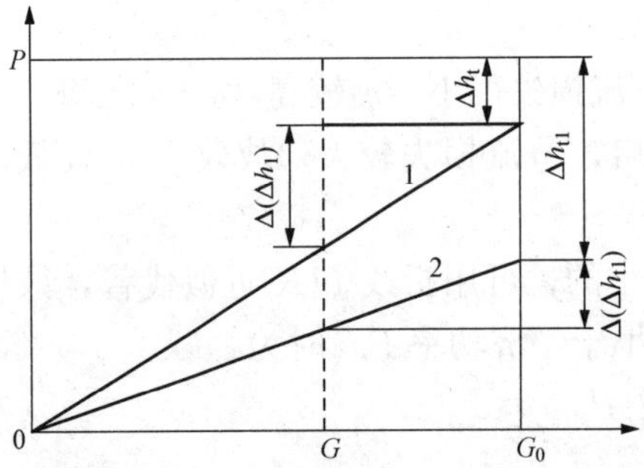

图 7-17　调节级汽室内压力与流量关系曲线

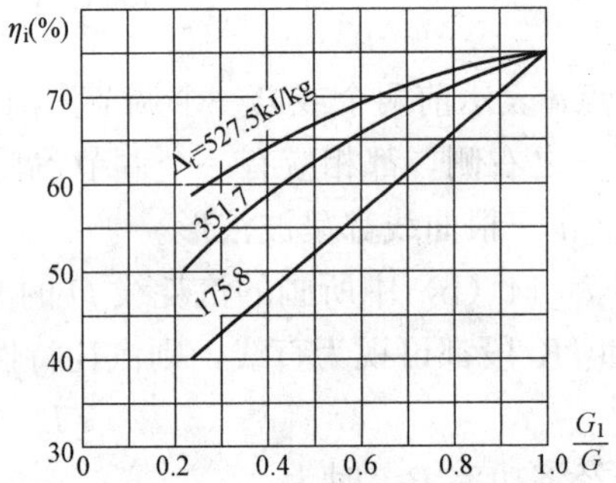

图 7-18　调节级效率与流量的关系曲线

可见，喷嘴调节只有当调节级的比焓降很大时才显示出它的优越性，故担负尖峰负荷的机组宜采用具有双列调节级的喷嘴调节，而担负基本负荷的机组，由于负荷比较稳定，为了保证其有较高的效率，常采用节流或具有单列调节级的喷嘴调节，背压汽轮机由于背压高，节流损失影响大，应采用喷嘴调节。

思考题

7-1　试分析流量变化时，喷嘴调节凝汽式蒸汽轮机的调节级、中间各级和最末级比焓降变化的情况。

7-2　什么工况下调节级动叶受力最大？最末级在什么工况时最危险？

7-3　汽轮机的调节方式主要有哪些？各有何优缺点？

7-4　怎样划分级组？通过级组的流量与级组前后参数有何关系？

7-5　为什么背压式蒸汽轮机不宜采用节流调节？

7-6　说明在凝汽式蒸汽轮机工况图上空载汽耗、汽耗微增率的意义。

7-7　什么是弗留格尔公式？其使用条件是什么？

7-8　机组中级前后压力不变时，机组前后温度的变化对流量有何影响？

7-9　什么是喷嘴调节？什么是节流调节？

7-10　末级在亚临界情况下工作时，若背压不变流量增加，末级效率如何变化？

7-11　工况变动的情况下，当级的焓降减小时，速度比如何变化？反过来又如何？

7-12　具有四个调节阀的蒸汽轮机，在各个阀关闭过程中，对应喷嘴的比焓降如何变化？

第八章 燃气轮机的变工况工作

第一节 燃气轮机部件的共同工作

对于一台在设计调试过程中的燃气轮机，各个部件都有其具体的工作特性，当它们装配在一起工作的时候，可能会发生性能故障甚至无法正常工作。产生这些问题的原因多半在于各部件装配在一起工作时的相互制约，不能使它们处在各自的特性图所示合理工作点的位置上。研究燃气轮机工作时各部件之间的相互制约关系，有助于燃气轮机的性能调整、控制规律的制订、特性的分析以及改善启动和加速过程等。燃气发生器是指可以产生具有一定压力及温度的燃烧气体作为涡轮工质的装置，是燃气轮机的核心部分。目前，广泛使用的燃气发生器有单轴和双轴的两种，个别的也有三轴的。本节将对单轴和双轴燃气发生器中部件的共同工作进行介绍，为本章中燃气轮机的变工况工作打下基础。

一、单轴燃气发生器

1. 共同工作条件

在非设计点下燃气轮机稳定工作时各部件必须满足如下相互制约条件即共同工作条件：①气流质量流量的平衡关系；②压力平衡关系；③透平与压气机的功率平衡，如果认为通过透平和压气机的气流质量流量相等，则功率平衡即是功平衡；④透平与压气机的物理转速相等。

下面逐一讨论这些条件：

(1) 压气机进口的空气质量流量 W_a 与透平导向器进口的燃气质量流量 W_g 有如下的关系；

$$W_a - W_{col} + W_f = W_g$$

式中：W_{col} 为透平冷却空气质量流量；W_f 为燃油质量流量。

这两个流量较小，为简化起见略去不计，这对讨论共同工作概念没有影响，于是上式变为

$$W_a = W_g$$

用气动函数 $q(\lambda)$ 表示气流的质量流量，则上式可写为

$$A_2 K \frac{p_{t2}}{\sqrt{T_{t2}}} q(\lambda_2) = A_{nb} K_g \frac{p_{tnb}}{\sqrt{T_{t4}}} q(\lambda_{nb})$$

式中：A_2 为压气机进口截面积；K、K_g 为常数；p_{t2} 为压气机进口压力；T_{t2}、T_{t4} 分别为压气机进口和透平进口温度；A_{nb} 为透平导向器临界截面积；p_{tnb} 为透平导向器喉部压力，根据压力平衡关系，$p_{tnb}=p_{t3}\sigma_b\sigma_{nb}$（$p_{t3}$ 为压气机出口压力，σ_b、σ_{nb} 分别为燃烧室和透平导向器进口至喉部的总压恢复系数，可认为等于常数）；$q(\lambda_{nb})$ 为透平导向器喉部质量流量，$q(\lambda_{nb})=1.0$。

整理之后流量平衡方程变成

$$\pi_c = \text{const}\sqrt{\frac{T_{t4}}{T_{t2}}} \cdot q(\lambda_2) \tag{8-1}$$

式中
$$\text{const}=\frac{K}{K_{\mathrm{g}}}\frac{A_2}{A_{\mathrm{nb}}}\frac{1}{\sigma_{\mathrm{b}}\sigma_{\mathrm{nb}}q(\lambda_{\mathrm{nb}})} \tag{8-2}$$

式（8-1）表示压气机与透平流量的平衡关系，由（8-1）式可以看出：

1）若令 $T_{t4}/T_{t2}=\text{const}$，则式（8-1）在压气机的特性图上为一束直线，如图 8-1 所示。

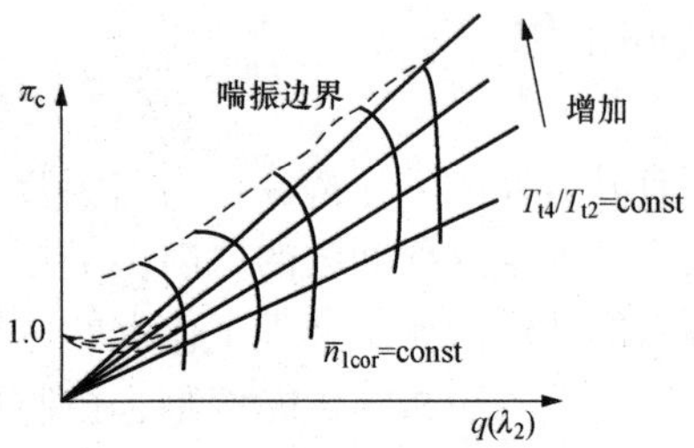

图 8-1 压气机/透平流量方程表示在压气机特性上

2）在图 8-1 的折合转速 $\overline{n}_{1cor}=\text{const}$ 线上，$T_{t4}/T_{t2}=\text{const}$ 的值越大，就越靠近喘振边界。其物理意义是，作为燃气轮机部件的压气机，虽然后面的透平导向器喉部截面不变，但燃烧室出口总温度 T_4 增加时，气流比热容加大，相当于压气机的后面节流阀门关小，通过的气流质量流量减小，故工作点沿 $\overline{n}_{1cor}=\text{const}$ 线上移。

3）当工作条件不变，燃气轮机的物理转速 n 减小使 $\overline{n}_{1cor}$ 很小时，压气机增压比很低，透平导向器为亚临界状态，$q(\lambda_{nb})<1.0$ 而不再是常数，$T_{t4}/T_{t2}=\text{const}$ 线不能保持为直线而变成曲线，并趋近 $\pi_c=1.0$。

（2）透平压气机功率平衡。稳定工作时，透平与压气机功率相等，忽略空气与燃气质量流量的差别即功相等。写出功率平衡方程

$$c_{pg}T_{t4}\left(1-\frac{1}{\mathrm{e_T}}\right)\eta_{\mathrm{T}}=c_pT_{t2}\frac{\mathrm{e_c}-1}{\eta_c}$$

或
$$\frac{T_{t4}}{T_{t2}}=\text{const}\frac{\mathrm{e_c}-1}{\eta_c}\times\frac{1}{\left(1-\frac{1}{\mathrm{e_T}}\right)\eta_{\mathrm{T}}} \tag{8-3}$$

式中
$$\mathrm{e_c}=\pi_c^{\frac{\kappa-1}{\kappa}}，\mathrm{e_T}=\pi_{\mathrm{T}}^{\frac{\kappa_g-1}{\kappa_g}}$$

对式 8-3 作如下讨论：

1）假定第一级透平导向器处于临界或超临界状态，则透平膨胀比 $\pi_{\mathrm{T}}=\text{const}$。

这一结论可由透平导向器临界截面和动力透平导向器临界截面的流量相等来证明：

$$A_{\mathrm{nb}}\frac{p_{t4}\sigma_{\mathrm{nb}}}{\sqrt{T_{t4}}}q(\lambda_{\mathrm{nb}})=A_{\mathrm{cr}}\frac{p_{t5}\sigma_{\mathrm{cr}}}{\sqrt{T_{t5}}}q(\lambda_{\mathrm{cr}}) \tag{8-4}$$

注意式中的两个临界截面的面积 A_{nb} 和 A_{cr} 分别为常数；$q(\lambda_{nb})=q(\lambda_{cr})=1.0$；总压恢复系数 σ_{nb} 和 σ_{cr} 认为等于常数不变，则式（8-4）变为

$$\frac{p_{t4}}{p_{t5}}\sqrt{\frac{T_{t5}}{T_{t4}}}=\text{const}$$

假定透平的膨胀过程中的等熵指数为 κ_{T}，则

$$\frac{T_{t5}}{T_{t4}}=\left(\frac{p_{t5}}{p_{t4}}\right)^{\frac{\kappa_{\mathrm{T}}-1}{\kappa_{\mathrm{T}}}}$$

代入式（8-4）得

$$\pi_{\mathrm{T}}\equiv\frac{p_{t4}}{p_{t5}}=\left[\frac{A_{\mathrm{cr}}\sigma_{\mathrm{cr}}q(\lambda_{\mathrm{cr}})}{A_{\mathrm{nb}}\sigma_{\mathrm{nb}}q(\lambda_{\mathrm{nb}})}\right]^{\frac{2\kappa_{\mathrm{T}}}{\kappa_{\mathrm{T}}+1}}$$

假定κ_T、σ_{cr}和σ_{nb}等于常数不变，透平导向器和动力透平导向器临界或超临界情况下，上式的右边为常数，所以透平落压比等于常数：

$$\pi_T = \text{const}$$

$$\text{const} = \left[\frac{A_{cr}\sigma_{cr}q(\lambda_{cr})}{A_{nb}\sigma_{nb}q(\lambda_{nb})}\right]^{\frac{2\kappa_T}{\kappa_T+1}} \quad (8-5)$$

另外，燃气轮机中透平效率η_T也变化不大，近似可认为等于常数，$\eta_T=\text{const}$。则式（8-3）成为

$$\frac{T_{t4}}{T_{t2}} = \text{const}\,\frac{e_c - 1}{\eta_c} \quad (8-6)$$

2）式（8-3）表示透平与压气机的功率平衡，没有考虑透平效率的变化，这样在定性讨论共同工作概念时比较简单。如果考虑透平效率的变化，则可应用透平与压气机转速n相等的条件：

$$\frac{n}{\sqrt{T_{t4}}} = \frac{n}{\sqrt{T_{t2}}}\sqrt{\frac{T_{t2}}{T_{t4}}} \quad (8-7)$$

根据$\frac{n}{\sqrt{T_{t4}}}$和π_T从透平特性上查得η_T。

2. 共同工作方程

燃气轮机部件的共同工作必须同时满足透平-压气机流量平衡关系式（8-1）和功率平衡式（8-6），将两式合并，消去T_{t4}/T_{t2}，得

$$\frac{q(\lambda_2)}{\pi_c}\sqrt{\frac{e_c - 1}{\eta_c}} = \text{const} \quad (8-8)$$

上式主要体现了燃气轮机中透平与压气机的相互约束，所以称为透平压气机共同工作方程。这个方程是单轴燃气轮机在透平导向器和动力透平导向器临界或超临界情况下的共同工作方程。式（8-8）中所包含的参数都是压气机特性图上的参数，可以把该方程表示在压气机特性图上，从而得到共同工作线。

3. 共同工作线

共同工作线是共同工作方程在压气机特性图上的表示，共同工作线（见图8-2）的具体求法需要试凑，步骤大致如下：

（1）因为共同工作方程在燃气轮机设计点也成立，而在此点式（8-8）左边的参数是已知的，所以可根据燃气轮机设计点的参数π_{cd}、η_{cd}、$[q(\lambda_2)]_d$计算式（8-8）右边的常数值：

$$\text{const} = \left[\frac{q(\lambda_2)}{\pi_c}\sqrt{\frac{e_c - 1}{\eta_c}}\right]_d$$

设计点上参数自然满足共同工作方程，假定在图8-2上对应d点，相对换算转速为

$$\bar{n}_{cor} = \frac{n/\sqrt{T_{t2}}}{(n/\sqrt{T_{t2}})_d} = 100\%$$

（2）在图8-2上任取一条$\bar{n}_{cor}=\text{const}$曲线（例

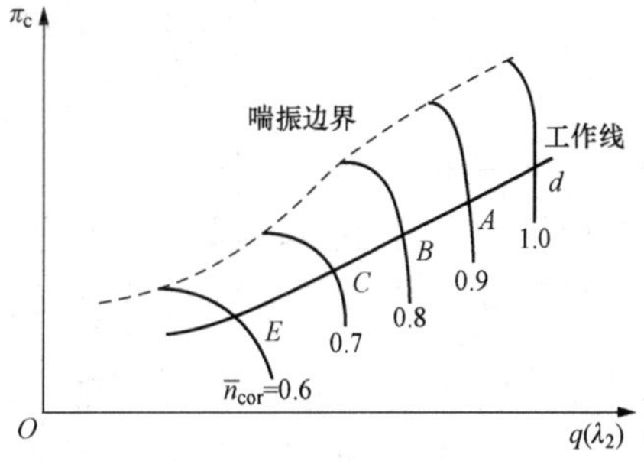

图8-2　单轴燃气轮机透平导向器和动力透平导向器临界或超临界下的共同工作线

如$\bar{n}_{cor}=0.9$）。

(3) 在这条$\bar{n}_{cor}=0.9$线上任意取一点A，并查得相应的压气机增压比、效率和进口相对密流：π_c、η_c、$q(\lambda_2)$。

(4) 代入式（8-8）计算其左边的值。

(5) 比较第（4）步计算的值与第（1）步计算的常数值是否相等。若相等则表明A点是共同工作点；若不相等，则在同一条等换算转速上重新取一点，重复（2）～（5）步，直到满足一定的误差要求。

(6) 在另一条等换算转速线（例如$\bar{n}_{cor}=0.8$）上以上述相同的方法求得共同工作点B。以此类推，在所有等换算转速线上都可找到共同工作点。

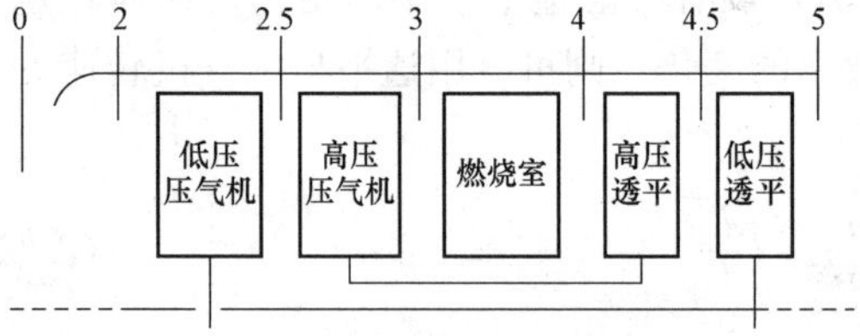

图 8-3 双轴燃气发生器截面符号

二、双轴燃气发生器

1. 高压转子共同工作

双轴燃气发生器的结构如图 8-3 所示。高压压气机和高压透平连在一根轴上组成高压转子。稳定工作时高压压气机和高压透平的流量平衡、功率相等、转速相同。只要把低压透平导向器视作动力透平导向器，而低压压气机出口截面视作进气道的出口，高压转子就完全等同于一个单轴燃气轮机。因此仿照单轴燃气轮机，很容易写出高压转子的共同工作方程，即

$$\frac{q(\lambda_{2.5})}{\pi_{cH}}\sqrt{\frac{e_{cH}-1}{\eta_{cH}}}=\text{const} \tag{8-9}$$

式中：$q(\lambda_{2.5})$为高压压气机进口的$q(\lambda)$；π_{cH}、η_{cH}为高压压气机的增压比和效率；$e_{cH}=\pi_{cH}^{\frac{\kappa-1}{\kappa}}$。

由式（8-9）可作出高压转子共同工作线，如图 8-4（a）所示。

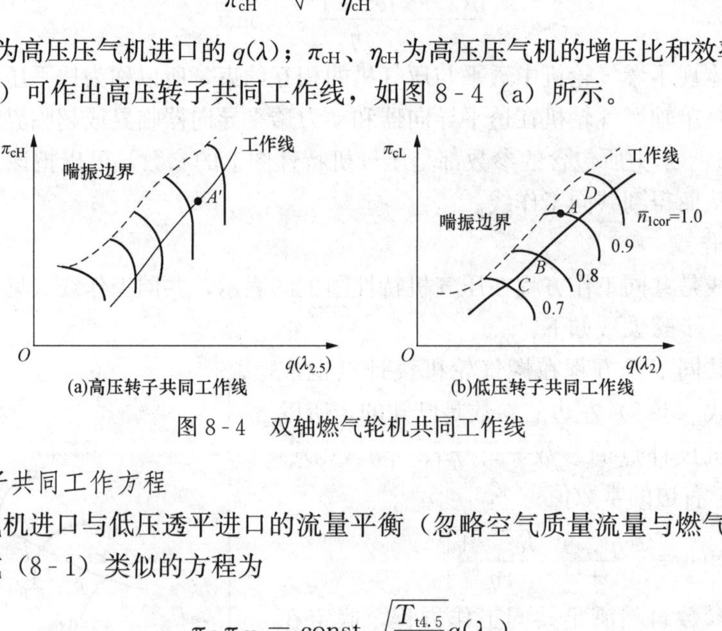

图 8-4 双轴燃气轮机共同工作线

2. 低压转子共同工作方程

由低压压气机进口与低压透平进口的流量平衡（忽略空气质量流量与燃气质量流量的差别）可得出与式（8-1）类似的方程为

$$\pi_{cL}\pi_{cH}=\text{const}\sqrt{\frac{T_{t4.5}}{T_{t2}}}q(\lambda_2) \tag{8-10}$$

式中：π_{cL}、π_{cH}为低压和高压压气机增压比；$T_{t4.5}$、T_{t2}为高压透平和低压压气机进口总温；$q(\lambda_2)$为低压压气机进口的流量气动函数。

$$\frac{T_{t4.5}}{T_{t2}}=\text{const}\,\frac{e_{cL}-1}{\eta_{cL}} \tag{8-11}$$

式中：$e_{cL}=\pi_{cL}^{\frac{\kappa-1}{\kappa}}$；$\eta_{cL}$为低压压气机效率。

将式（8-10）和式（8-11）联立，消去 $T_{t4,5}/T_{t2}$，得低压转子共同工作方程为

$$\frac{q(\lambda_2)}{\pi_{cL}\pi_{cH}}\sqrt{\frac{e_{cL}}{\eta_{cL}}}=\text{const} \tag{8-12}$$

式（8-12）是燃气轮机高压透平、低压透平导向器和动力透平导向器临界或超临界情况下低压转子的共同工作方程。该方程中除了低压压气机特性图上的参数外，还包含高压压气机的增压比 π_{cH}。由此可知，高压和低压转子的共同工作点存在着关联。

第二节　燃气轮机的变工况性能

一、单轴燃气轮机的变工况性能

（一）性能曲线网

以 P_e 和 n（或 $\overline{P}_e$ 和 $\overline{n}$）为坐标轴，画出一系列等 T_3^* 线与等 q_f 线等，即性能曲线网，图 8-5 所示为一示例。图中的喘振边界即压气机的喘振边界，受其限制使燃气轮机不能在喘振边界左侧运行。这样的性能曲线网全面表达了单轴燃气轮机的变工况性能。

图中的最佳工况线是每条等 q_f 线上最高点的连线，因而是最经济的运行线，在变工况下燃气轮机沿最佳工况线附近运行是较理想的。

可将图 8-5 转换到压气机性能曲线上，如图 8-6 所示为单轴燃气轮机的平衡运行区与平衡运行曲线，其中的等 P_e 线只画了一条 $P_e=0$ 的零功率线。图中还示有燃烧室熄火极限，由燃烧室试验得到。此为贫油熄火极限，它位于零功率线的下方，不影响机组在平衡工况下的运行。通常，要求熄火极限尽可能低些，以便在快速减载与甩负荷的过程中不会熄火。

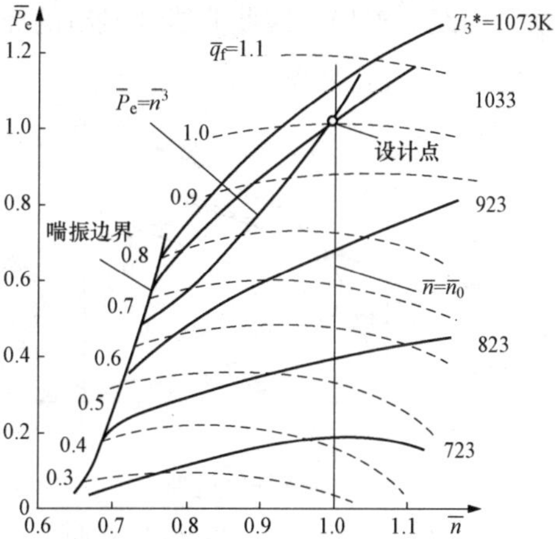

图 8-5　单轴燃气轮机的性能曲线网

从图 8-5 和图 8-6 上还可得到燃气轮机在不超温、不超速、不喘振和 $P_e \geqslant 0$ 时的可能运行范围，此即平衡运行区或运行区。图 8-7 所示为单独表达的运行区，图中的 T_{3max}^* 和 $\overline{n}_{max}$ 均大于设计值，也可以是设计值 T_{30}^* 和 n_0，具体的由制造厂确定。从图看出，单轴燃气轮机的转速变化范围较小，通常 $\overline{n}_{min} \geqslant 0.65 \sim 0.7$。

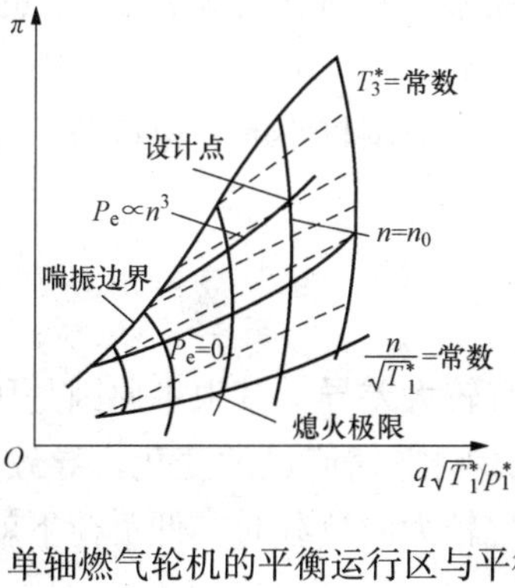

图 8-6　单轴燃气轮机的平衡运行区与平衡运行线

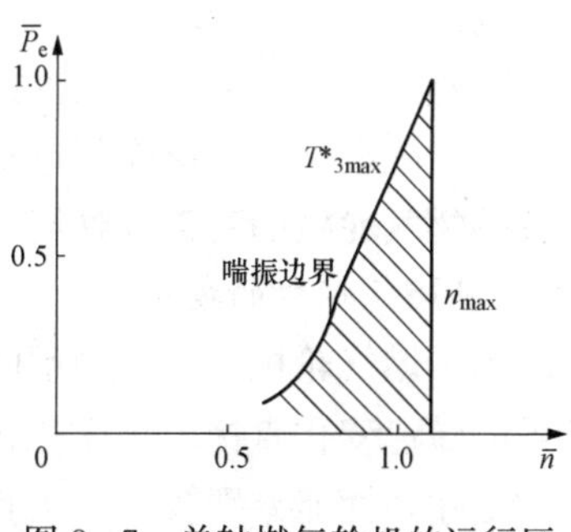

图 8-7　单轴燃气轮机的运行区

将负载规律画在图 8-5 和图 8-6 上后，就得到了带动该负载规律时的参数变化。该两图中示例地画了 $n=n_0$ 与 $\overline{P}_e=\overline{n}^3$ 两种典型负载。通常，将表达在图 8-6 上的负载规律线称为机组带动该负载规律时的平衡运行线。

（二）带动具体负载时的性能

1. 恒速负载

恒速负载的特点是始终在设计转速 n_0 下运行，部分负荷下运行点远离喘振边界（见图 8-7），喘振裕度增加，机组从空载至设计工况的范围内都能良好地运行；空气流量 q 随着功率 P_e 的降低略有增加，由于增加量很小，可将 q 视为不变来对待。图 8-8 所示为燃气轮机参数的变化，T_3^* 随 P_e 降低而下降较快，原因是 q 不变，q_f 减少导致 T_3^* 下降很快。在低负荷下由于偏离最佳工况较远（见图 8-5），经济性差，使空载时燃料流量 q_{f1} 较大，通常 $\overline{q}_{f1}=0.3\sim0.45$。

提高机组的 T_{30}^*，不仅能提高 η_{e0}，且能使部分负荷下的 η_e 下降趋缓，从而改善低负荷下的经济性。图 8-9 所示为三台电站单轴燃气轮机的热耗率随功率变化的比较曲线，其中曲线 1 机组 $T_{30}^*=620℃$，$\pi_0=5$；曲线 2 机组 $T_{30}^*=871℃$，$\pi_0=9$；曲线 3 机组 $T_{30}^*=1104℃$，$\pi_0=11.8$。从图中看出，曲线 1 的热耗率随着功率下降而升高（即效率下降）最快，曲线 2 其次，曲线 3 最慢。因此曲线 3 机组的经济性最好，曲线 2 机组次之，曲线 1 机组最差。

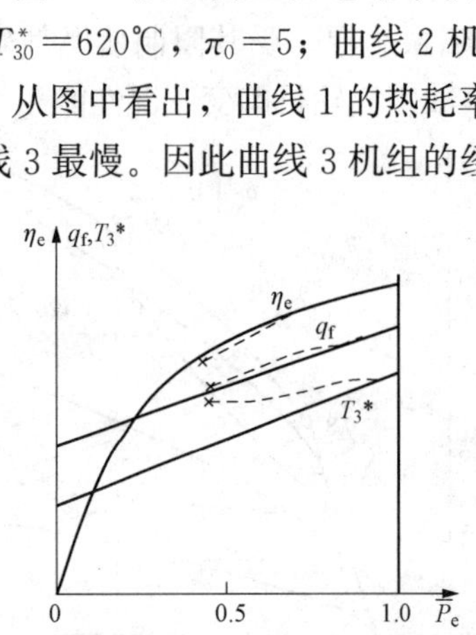

图 8-8　单轴燃气轮机带动负载时的性能

—— $n=n_0$；--- $\overline{P}\propto n^3$；× 喘振

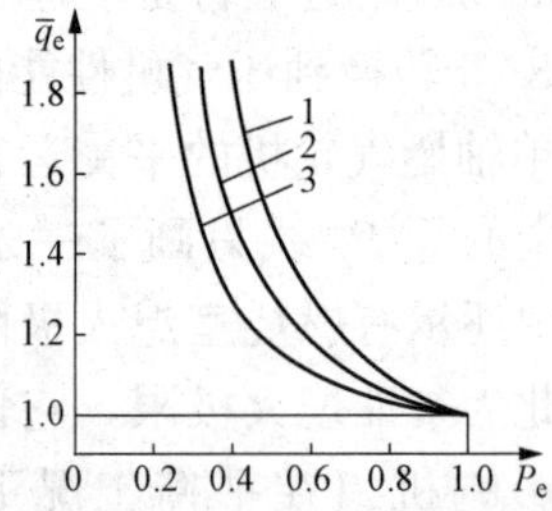

图 8-9　三台电站单轴燃气轮机的热耗率随功率变化的比较曲线

2. 变速负载

机组在部分负荷下 n 下降，q 下降，故 T_3^* 比带动恒速负载时下降得慢，不过两者的 η_e 变化相近，见图 8-8。带动变速负载时机组的一个主要问题是喘振问题，图 8-8 所示为带动 $P_e\propto n^3$ 负载时，约在 $40\%P_{e0}$ 时压气机就发生喘振了。只有在带动 $\overline{n}_{min}>0.65$ 的变速负载时才能避免喘振。

因此单轴燃气轮机适宜于带动恒速负载和转速变化范围较小的变速负载。前者典型的是用于电站发电，故电站中广泛应用单轴燃气轮机。

二、分轴燃气轮机的变工况性能

（一）分轴燃气轮机的提出

上述的单轴燃气轮机，在带动不同负载时性能有较大差异，其根本原因是压气机与负载共轴，负载的转速变化直接影响压气机转速，从而影响空气流量的变化，导致了 T_3^*、π 等参数的不同变化，性能差别较大。当其带动转速变化较大的负载时，低负荷下就可能因压气机喘振而不能运行。

当把透平分为两个时，一个驱动压气机，另一个驱动负载，于是压气机不与负载共轴，负载转速的变化不再直接影响压气机，只能通过各个部件间气流工作联系来间接控制压气机工况，影响大为削弱，有可能用于带动转速变化很大的负载。这种燃气轮机称为分轴燃气轮机，其中带动负载的透平称为动力透平。

由此可见，分轴燃气轮机是针对单轴燃气轮机不足而提出来的。可能的分轴方案有三种，但实用的仅 2/L 方案，下面我们叙述这种分轴燃气轮机的变工况性能。

2/L 型分轴燃气轮机，由燃气发生器（压气机、燃烧室与高压透平）与动力透平（低压透平）组成。图 8-10 所示为分轴机组性能曲线网示例，它以功率与动力透平转速为坐标来绘制。图中画了等 n_c（燃气发生器转速）线、等 T_3^* 线、等 η_e 线，以及最佳工况线。将变工况下的参数变化画在压气性能曲线上，得到如图 8-11 所示的狭长运行带。由于带很窄，只能画出一个窄带区域，与单轴燃气轮机有较大的不同。机组在低负荷下运行带靠近喘振边界，这时一般都用压气机可调静叶与放气来避免喘振，使机组仍能稳定地运行。

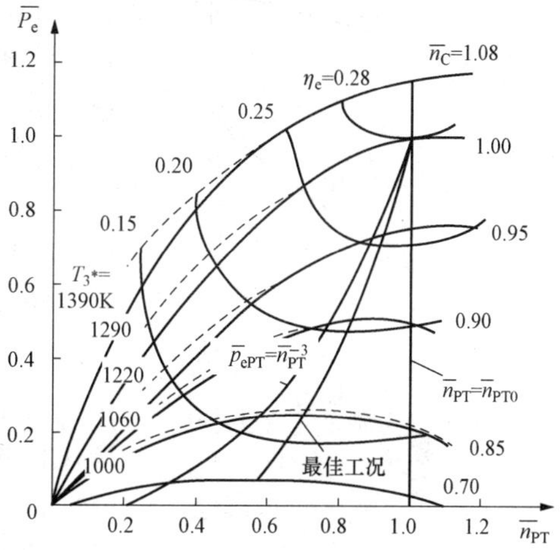

图 8-10　分轴燃气轮机的性能曲线网

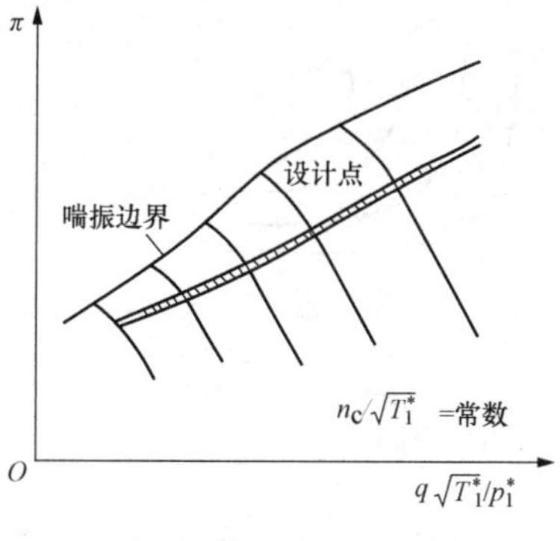

图 8-11　分轴燃气轮机的平衡运行带

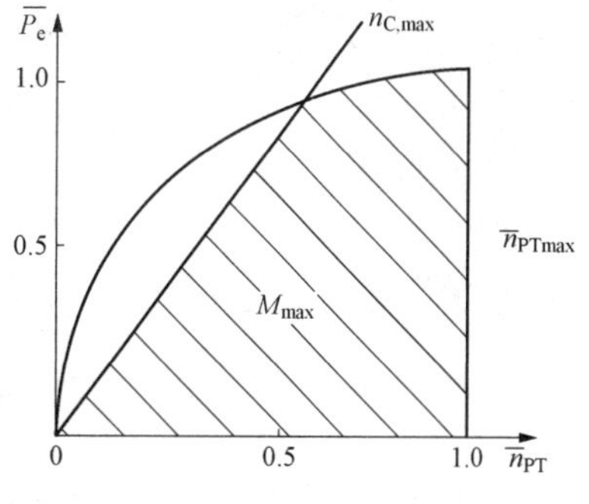

图 8-12　分轴燃气轮机的运行区

分轴燃气轮机运行区的限制为 $n_C \leqslant n_{Cmax}$，$n_{PT} \leqslant n_{PTmax}$ 与 $T_3^* \leqslant T_{3max}^*$，见图 8-12。图中未画 T_3^* 线，原因是满足 $n_C \leqslant n_{Cmax}$ 时，一般就能满足 $T_3^* \leqslant T_{3max}^*$。图中的 M_{max} 是动力透平轴与传动部件所能承受的最大扭矩限制。当机组用作车辆动力时，要求机组有良好的扭矩性能，动力透平轴与传动部件应能承受机组可输出的最大扭矩，因而运行区中无 M_{max} 限制线。

从图 8-12 看出，分轴机组的输出转速（即 n_{PT}）可从最大降至零，因而适宜带动转速变化范围很大的负载。

分轴燃气轮机带动不同的负载时，n_C 均随负荷的降低而下降，即 q 均降低，使 T_3^* 的变化都相近，见图 8-13。这说明机组带动不同负载时，除 n_{PT} 变化不同外，其余的参数变化相近。由于机组的平衡运行带很窄，使得带动不同负载时的平衡运行线极其靠近，基本一致。

但首先要指出，带动恒速负载时，分轴机组加减载过程因 n_C 在变，需克服燃气发生器转子惯性加速或减速，而单轴机组加减载时转速始终不变，故单轴机组的加减载性能优于分轴机组；其次是分轴机组的动力透平不与压气机共轴，压气机不能阻滞 n_{PT} 的变化，故负荷变化时 n_{PT} 易波动，甩负荷时 n_{PT} 超速问题较严重，不如单轴机组好。因此发电用燃气轮机大多是单轴方案，特别是大功率机组全是单轴方案。分轴燃气轮机主要用来带动变速负载，其次才是用于发电。

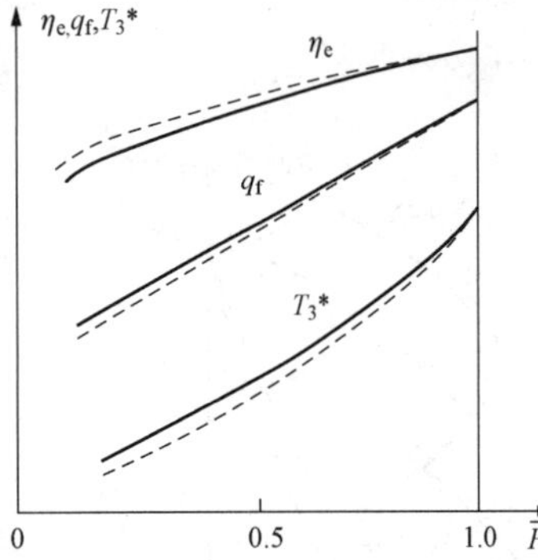

图 8-13 分轴燃气轮机带动负载时的性能

—— $n_{PT}=n_{PT0}$；--- $P_e \propto n_{PT}^3$

单个透平本身具有良好的扭矩性能，即扭矩随着转速下降而增加。这一性能在具有独立动力透平的分轴燃气轮机中得到体现，见图 8-14，可见分轴机组的扭矩性能良好。图 8-14（a）是在 $n_C=n_{C0}$ 的条件下得到，在 $n_{PT}=0$ 时达到的 $\overline{M}_{max}$ 称扭矩比，通常 $\overline{M}_{max} \geqslant 2$。这种良好的扭矩性能与车辆对驱动动力的要求相适应，用于车辆时可减少变速箱的变速挡数。单轴燃气轮机的扭矩则随转速下降而降低，扭矩性能差。因此，分轴燃气轮机还适宜于作车辆的驱动动力，表明分轴机组适用于带动多种变速负载。图 8-14（b）所示 为 n_C 变化时的扭矩性能。

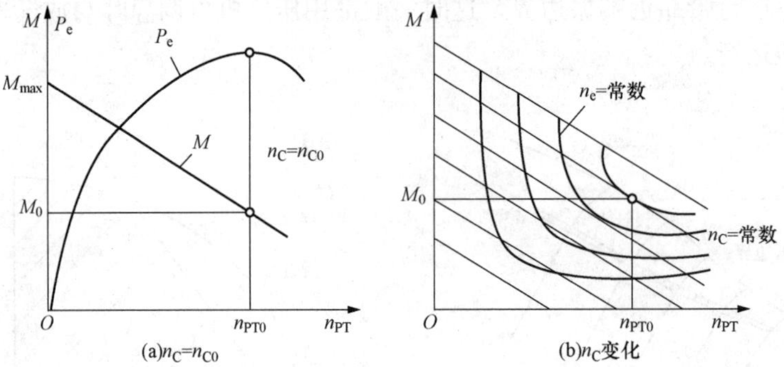

图 8-14 分轴燃气轮机的扭矩性能

对于透平，只要有一定量压力的气体流入，就可能有功率输出。分轴燃气轮机中的燃气发生器，在不采取措施时最低稳定工作转速往往较高，有较多的燃气流入动力透平中做功而无法降至空载工况。但负载往往要求机组能在空载工况下稳定运行，例如带动发电机时，不仅要求机组在空载下稳定运行，且能对输出转速进行微调，否则发电机将无法并网发电。

在压气机中采用可调静叶和放气阀，当机组降至低负荷时关小可调静叶和开启放气阀，就能有效地减少流入动力透平的燃气流量，使之降至空载工况。由图 8-11 可知，分轴机组在低工况下，运行带靠向喘振边界，为避免喘振压气机需采用可调静叶与放气，这时的动作也是关小可调静叶与开启放气阀放气，与减少动力透平输出至空载工况的动作一致。因此采用可调静叶与放气可看成是机组避免喘振与能降至空载工况两者的共同需要。因而，一般的分轴燃气轮机的压气机均采用可调静叶与放气阀，其动作设计为随 $n_C/\sqrt{T_1^*}$ 而变。具体的是随着负荷的降低，$n_C/\sqrt{T_1^*}$降至某一值后可调静叶开始关小，关至某一值后开始开启放气阀放气，两者共同动作至一定工况后，可调静叶关至最小，之后放气阀继续开大。也有的是可调静叶先关至最小后放气阀才开始开启放气。采用这样的运行方式，分轴机组在所有工况下都能稳定工作，经济性也较好。

（二）双轴燃气轮机的变工况性能

双转子压气机是指两个串联的压气机，转速 n_L 与 n_H 的变化各自独立，见图 8-15。比值 n_H/n_L 称为转差，变工况下该比值的变化对压气机的工作影响很大。当 n_H/n_L 在变工况下保持不变时，该两串联的压气机相对于未分开的一台压气机，前后级的工作不协调现象与一台压气机相同。当转速降低时，n_H/n_L 增加，n_L降得比 n_H 快，适应前几级流量系数下降而最后几级流量系数增加的变化，改善了压气机工作的不协调现象，使前几级脱离喘振工况。图 8-15 中的平衡运行线为压气机协调工作和未协调工作的比较。其中实线为 $n_H/n_L=$常数，而未协调压气机工作，致使在较高工况下因低压压气机喘振而不能运行。图中虚线为 n_H/n_L 增加的情况，该工况改善了压气机工作的不协调现象，使低压压气机避免喘振，从而扩大了运行范围。反之，若转速下降时，n_H/n_L 降低，即 n_H 下降得比 n_L 的快，将加剧压气机的不协调工作，这时低压压气机将比 $n_H/n_L=$常数时在更高的转速下喘振，运行范围更窄。

由上可见，采用双转子压气机后提供了实现协调压气机工作的可能，上述转速降低时使 n_H/n_L 增大的变化即是。

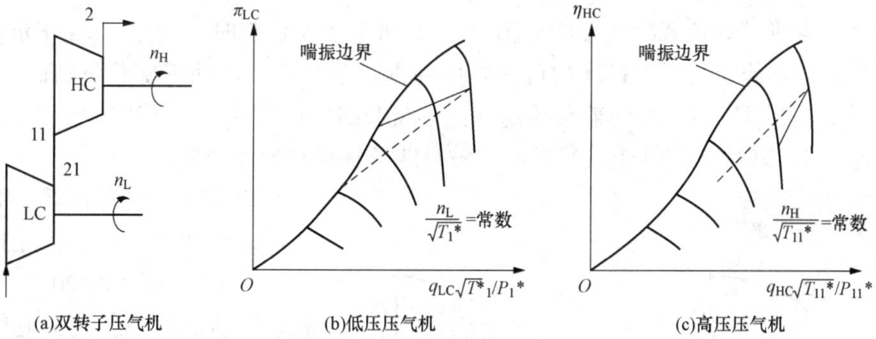

图 8-15　双转子压气机及平衡运行线

为使双转子压气机的转速 n_L 与 n_H 各自变化，需用两个透平来分别驱动两个压气机。这里用两个串联的透平来分别驱动两个串联的压气机，从而构成我们所称的双轴燃气轮机。这时有两种驱动方案 LC-LT、HC-HT 与 LC-HT、HC-LT，前者称为平行双轴，后者称为交叉双轴。从透平变工况可知，功率降低时两串联透平膨胀比的变化是 π_{HT}下降得比 π_{LT}慢，即 P_{HT}下降得比 P_{LT}慢，可以依此变化规律来分析上述两种双轴机组压气机的 n_H/n_L 变化。显然，平行双轴的 LC 由功率下降快的 LT 驱动而使 n_L 下降慢于 n_H，n_H/n_L 增大，能协调压气机工作。而交叉双轴的 LC 由功率下降慢的 HT 驱动，使 n_L 下降慢于 n_H，n_H/n_L 减少，加剧不协调现象。因此得到实用的是平行双轴燃气轮机，即 2/HH 与 2/LL 两种方案，下面所讨论的就是这两种燃气轮机。

图 8-16 所示为双轴燃气轮机的性能曲线网，画出了等 T_3^* 线、等 η_e 线与最佳工况线。图中示出，2/LL 与 2/HH 的运行范围均受低压压气机喘振的限制，2/LL 机组因此无法在

低负荷下运行，这种情况在高的输出转速下更突出，对 2/HH 机组，主要是限制了输出转速的降低。

从图 8-16 可看出，双轴燃气轮机的运行区，2/LL 受超温、低压压气机喘振和低压轴超速的限制，2/HH 由于低压压气机喘振线位于超温较多的区域，故其运行区仅受超温和高压轴超速的限制。由于超温的限制，使 2/HH 输出转速下降的范围很窄。

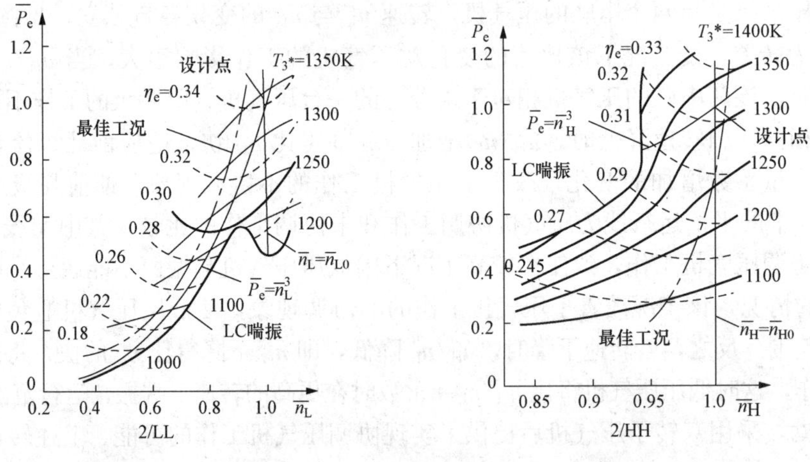

图 8-16 双轴燃气轮机的性能曲线网

双轴燃气轮机带动负载时的性能见图 8-17，带动恒速负载时，2/LL 约在半负荷时因低压压气机喘振而不能运行，2/HH 的负荷则可一直降至空载。带动螺旋桨负载时，2/LL 负荷可降至很低，2/HH 因 T_3^* 随着负荷的降低不断升高，很快落入低压压气机喘振区而不能运行。因此 2/LL 较适于带动螺旋桨负载，2/HH 适宜带动恒速负载。

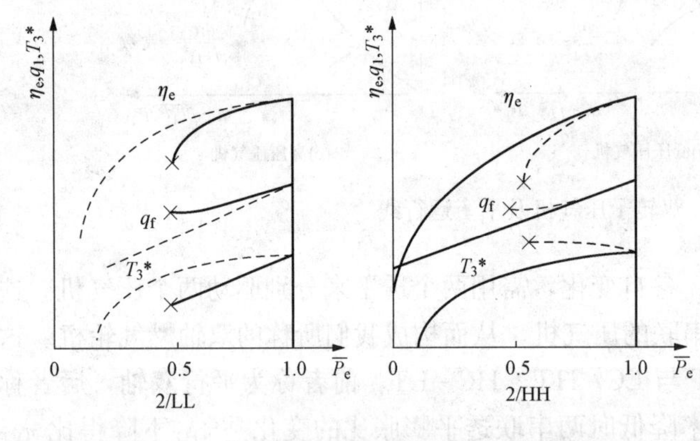

图 8-17 双轴燃气轮机带动负载时的性能

在采用一定措施后，上述状况是可以变化的，例如 2/LL 也可用于电站发电。LM6000 是从双转子涡扇发动机改型得到的套轴双转子 2/LL 型燃气轮机，它的低压压气机进口导叶可调，高压压气机前面级多级静叶可调，兼之两压气机之间设有放气阀，使之可用来带动恒速负载，现已大量用于发电。原则上来说，LM6000 还可用于机械驱动和船舶动力。在该机问世前，双转子航空发动机改型的主要方式是在其后加装动力透平，成为一台 3/L 型三轴燃气轮机。将其与改型为 2/LL 的途径相比较，改型为 2/LL 时不用加装动力透平，改型研制的周期较短，成本低，优点显著，已成为双转子航机改型的一条新途径。

三、其他燃气轮机的变工况性能

（一）3/L 型三轴燃气轮机

3/L 型三轴燃气轮机主要从双转子航机改型得到，具体的是将航机改型为双转子燃气发生器并加装动力透平。

机组燃气发生器的驱动方式为LC-LT与HC-HT，相当于平行双轴，能协调压气机工作，故机组能选用更高的设计压比来提高效率。图8-18所示为3/L型燃气轮机的性能曲线网，它与图8-10所示分轴机组的性能曲线网十分相似，不同的只是将等n_C线改为等q_f线。两者十分相似的原因是机组都由燃气发生器与动力透平组成，由此可以推论3/L机组的其他性能也与分轴机组相似，在此不多叙述。

图8-19所示为3/L型机组带动负载时的性能，它从图8-18恒速与螺旋桨两种负载规律线转换得到，由于两者的参数变化很相近，故图中各参数都只画了一条线。由此可见，3/L型与分轴机组一样，可用于驱动多种负载。

总之，3/L机组是一种变工况性能较好的燃气轮机，虽其燃气发生器是双转子套轴结构，比较复杂，但由于是从航机改型得到，能直接利用原航机的经验和生产设备，使制造成本比一般的重型燃气轮机高得不多，且可靠性也很高，并采用更换燃气发生器的检修方法，较为方便，因而发展较快，已广泛用于机械驱动、舰船动力和发电，以及用作坦克动力。

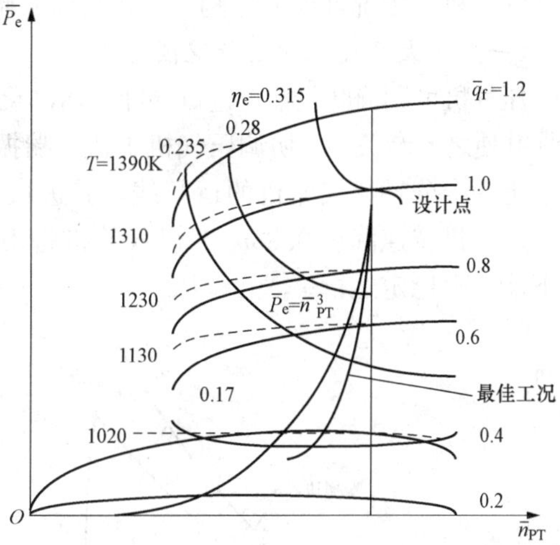

图8-18　3/L型燃气轮机的性能曲线网

（二）3/LL型与4/L型燃气轮机

航空发动机中还有套轴三转子方案，它由三个串联压气机和三个串联透平组成，能比双转子发动机更好地协调压气机工作。这种航机的改型有三种途径：一是去掉低压转子，保留原中压与高压转子成为双转子燃气发生器，再加装动力透平成为3/L型燃气轮机；二是将原低压转子改成输出功率的轴，成为3/LL型燃气轮机；三是将发动机改为三转子燃气发生器，再加装动力透平成为4/L型四轴燃气轮机。

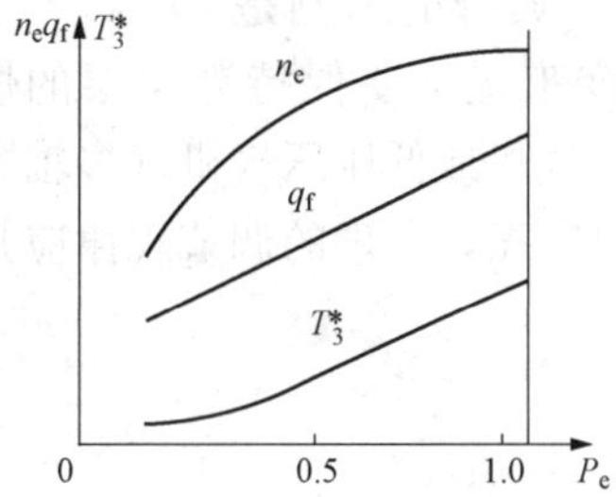

图8-19　3/L型燃气轮机带动负载时的性能

3/LL机组与2/LL机组都是低压轴输出功率，因而它们的变工况性能相近。但3/LL机组的高中压压气机的转差在负荷降低时增加，可协调压气机工作，使可调静叶应用的级数少于2/LL机组，以及放气阀只需设置在中压与低压压气机之间，放气压力较低，放气的能量损失减少。

4/L机组与3/L机组都是动力透平输出功率，故两者变工况性能相似。但4/L的燃气发生器是三转子，能更好地协调压气机工作，于是可不用或少用压气机可调静叶等。

由于3/LL与4/L方案均采用了三转子套轴结构，较为复杂，故应用少，现各仅有一种型号投运。

第三节　其他因素的影响

一、变几何的影响

几何形状可变化的结构称变几何，在燃气轮机中应用的是压气机可调静叶和透平可调喷嘴（静叶），还有燃烧室中用变几何旋流器等。本节中重点叙述广泛应用的压气机可调静叶对燃气轮机变工况性能的影响，透平可调喷嘴现仅用于少数机型中，故作简单介绍。

（一）扩大压气机的运行范围

压气机可调静叶包括仅进口导叶可调以及前几级静叶同时可调，它们都随着转速的降低旋转静叶使之逐渐关小，协调压气机工作，喘振边界左移，扩大压气机的运行范围。图 8 - 20 所示为一台分轴燃气轮机的运行线，其进口导叶和前四级静叶可调，图中示出若静叶不调节，压气机转速降至 $0.85n_0$ 时燃气轮机将因喘振而不能运行，当静叶调节时，机组在低负荷下能一直稳定运行。

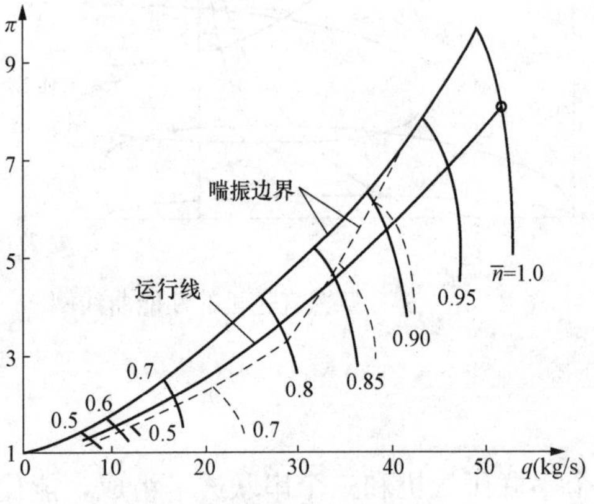

图 8 - 20　分轴燃气轮机运行线

——进口导叶调节；- - - 进口导叶不调节

（二）扩大燃气轮机的应用场所

压气机采用可调静叶后，可使某些燃气轮机能带动它原来不适宜于带动的负载。例如前述的 2/LL 燃气轮机原不宜于带动恒速负载，但 LM6000（2/LL 型）由于压气机采用可调静叶，并配合用压气机放气，已成功地用于电站发电。

（三）满足部件之间参数匹配的要求

变工况下，机组对压气机空气流量的变化有特定的要求时，往往需用压气机可调静叶来实现该要求，典型的示例是 PFBC - CC 中，PFBC 炉在变工况下要保持沸腾层的燃烧温度不变，供给燃烧用的空气流量应满足该要求，这时可用压气机或低压压气机（多轴方案时）可调静叶调节空气流量来适应。为使其同时能避免压气机喘振，合理的调节规律应是可调静叶随转速降低而逐渐关小。

（四）提高部分负荷下的经济性

在利用排气热量的机组中，压气机采用可调静叶并使其随负荷降低而关小，按保持排气温度不变，或按保持 T_3^* 不变而排气温度升高的规律来减少空气流量，从而改善机组的经济性。现广泛应用的余热锅炉型联合循环，就采用这样办法来提高部分负荷下联合循环发电机组效率 η_{CC}^{N}。图 8 - 21 所示为示例，它采用单轴燃气轮机，压气机进口导叶可调，负荷降低时先按 $t_3^* = t_{30}^*$，后按 $t_4^* = t_{4max}^*$ 来

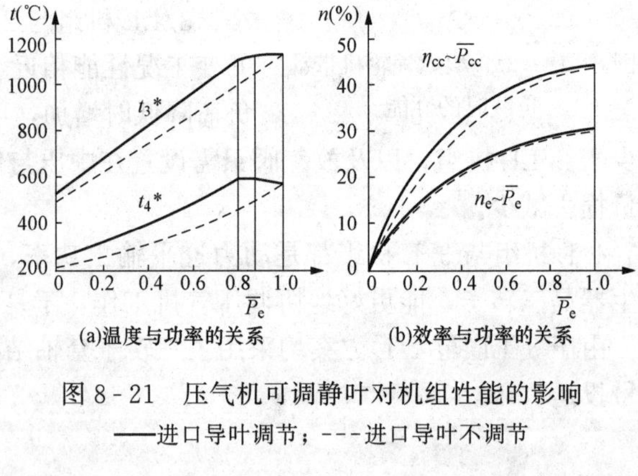

(a)温度与功率的关系　(b)效率与功率的关系

图 8 - 21　压气机可调静叶对机组性能的影响

——进口导叶调节；- - - 进口导叶不调节

调节关小进口导叶，至 80％P_{e0}时关至最小，之后不再关小，随着负荷进一步降低，t_3^* 与 t_4^* 均降低。从图看出，部分负荷下进口导叶调节时的 t_4^* 比不调节时高不少，结果使 η_{CC}^N 在（60％～80％）P_{CC0}时比导叶不调节的约高 2 个百分点。

图 8-21 中还示有不利用排气热量的简单循环燃气轮机，压气机进口导叶调节与不调节时的效率 η_e 变化基本相同，即导叶调节对 η_e 变化基本无影响。原因是导叶调节时 t_3^* 虽高，但由于 t_4^* 高，排热损失增大，抵消了 t_3^* 高对效率的提高。不过在低负荷下，关小导叶可减少空气流量，减少机组的空载燃料耗量 q_{fi}，改善低负荷与空载工况下的经济性。

（五）透平可调喷嘴的影响

可调喷嘴主要用在某些有动力透平的分轴和 3/L 型三轴燃气轮机中，其动力透平采用可调喷嘴，通过旋转喷嘴改变安装角来改变动力透平性能，进而影响燃气轮机性能。具体的体现为改变机组的运行点，改变平衡运行线使其符合运行的需要，例如在低负荷下避免压气机喘振。

此外，透平可调喷嘴也能满足部件之间参数匹配的要求，以及提高机组在部分负荷下的经济性等。

二、部件性能恶化与进排气压力损失的影响

（一）部件性能恶化的影响

部件性能恶化，必将使燃气轮机性能恶化，使机组出力与效率降低。下面叙述压气机与透平性能恶化后对机组性能的影响。

1. 压气机叶片积垢或磨损对性能的影响

由于大气中常含有带黏性的微小颗粒，空气流经过滤器时这些微粒不会被全部滤除，进入压气机后将在叶片上形成垢物。当压气机进口处轴承密封失效时，润滑油雾进入叶片通道后也会形成积垢。显然，叶片积垢后改变了叶片型线，流道面积变小，使压气机的空气流量、压比和效率都下降，性能曲线发生变化，见图 8-22，这时等转速线与喘振边界均下移，性能明显恶化。图中还示出了燃气轮机运行工况的变化，它是电站单轴燃气轮机，在 t_3^* 不变时，压气机叶片积垢机组的运行点从未积垢时的 a 点移至 b 点，流量与压比降低，同时 η_C 也下降，导致机组的 P_e 与 η_e 降低。此外，运行点的喘振裕度也减少了。

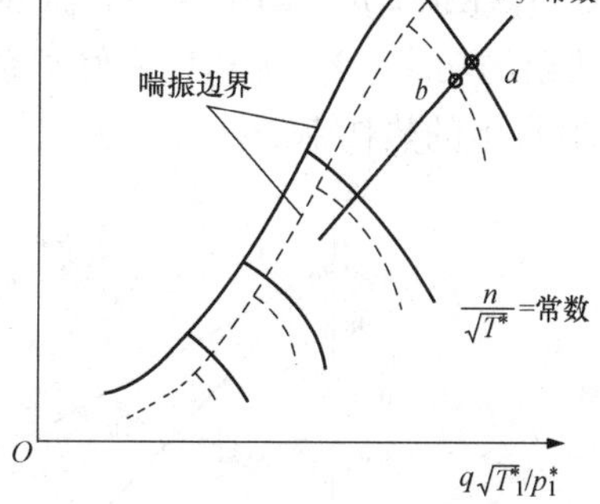

图 8-22　压气机叶片积垢对性能的影响
——压气机叶片未积垢；----压气机叶片积垢后

因此，一般的燃气轮机均设置有压气机清洗装置，在机组因压气机积垢导致出力和效率下降到一定程度后，清洗压气机以去除积垢，从而恢复出力和效率。

当空气过滤器效果差时，会有较多颗粒较大的尘粒进入压气机，这将冲刷叶片造成磨损。叶片磨损后也改变了叶片型线，使压比和效率下降。至于空气流量，在叶片磨损而通道面积加大时要增加，但由于压气机效率降低，做功情况变差，致使流量可能变化不大。可见这时压气机的性能曲线，主要是喘振边界下移，效率降低，等转速线的变化则可能较小。显然，这样的压气机性能变化也将使燃气轮机的出力和效率降低，喘

振裕度变小。

当空气中含有有害成分腐蚀压气机叶片后，对燃气轮机性能的影响与叶片磨损的影响相同。

2. 透平叶片积垢或磨损对性能的影响

燃气轮机燃用重油和原油时，透平叶片上将产生积垢，首先致使透平中气流状况变差，透平效率降低；其次是因流道面积减小而阻力加大。图 8-23 中所示为透平叶片积垢后，透平阻力增加，T_3^* 不变时，运行点从 a 移至 b，压比升高，运行点靠向了喘振边界。此外，机组的出力和效率都要降低。透平叶片积垢至一定厚度后也需清洗来去除垢物，恢复机组的出力和效率。

机组空气过滤器过滤效果差时，进入压气机的灰尘颗粒也要冲刷透平叶片，造成透平叶片磨损。这时透平效率下降，机组的出力和效率均降低。透平阻力由于叶片磨损后通道加大而降低，机组的运行点由 a 移至 c，见图 8-23。

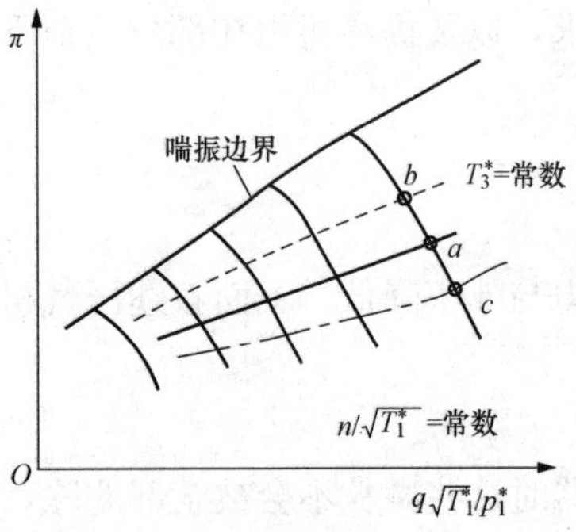

图 8-23 透平叶片积垢或磨损后对燃气轮机运行点的影响

——透平叶片未积垢或磨损；

---透平叶片积垢；—·—透平叶片磨损

粗看起来，运行点从 a 移至 c 喘振裕度增大，对安全运行有利。实际情况是叶片磨损后强度削弱，或改变了自振频率，对安全运行不利。曾有燃气轮机的透平叶片因磨损而造成断裂的重大事故。压气机叶片磨损同样有这一问题。

（二）进排气压力损失变化的影响

燃气轮机进气处有空气过滤器和消声器，排气处有消声器和烟囱，联合循环中还有余热锅炉，这些将对燃气轮机的进气和排气带来压力损失，降低机组的出力和效率。因此应计及进排气压力损失变化对燃气轮机性能的影响。

进气压力损失，使压气机的进口压力降低而低于大气压力，压气机耗功增加，透平的出功更多地消耗于压气机，导致机组的功率和效率降低。另外，进口压力降低使空气比体积增加，流量减少，机组功率降低。因此机组功率的降低是两方面的因素所致，其下降的相对量大于机组下降的相对量。

图 8-24 所示为一台发电用单轴燃气轮机的 K_p 和 K_q 随排气压损的变化。K_p 为功率修正系数，按压损 Δp 从图中查得 K_p，以 K_p 乘以无进气压力损失时的功率，就得到了该压损 Δp 时机组的功率。K_q 为热耗率修正系数，用它乘以无进气压损时的热耗率，就得到了该压损 Δp 时机组的热耗率。

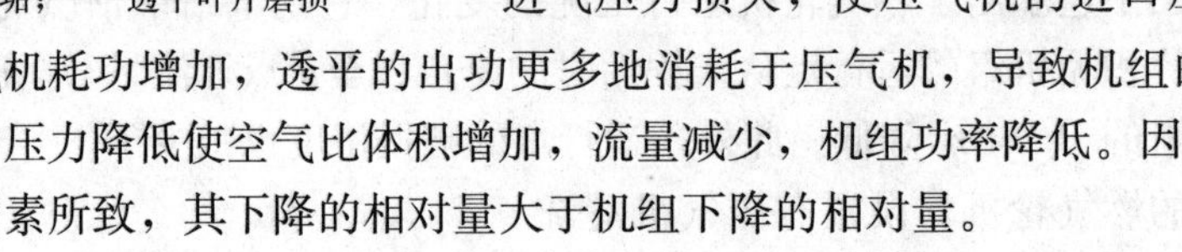

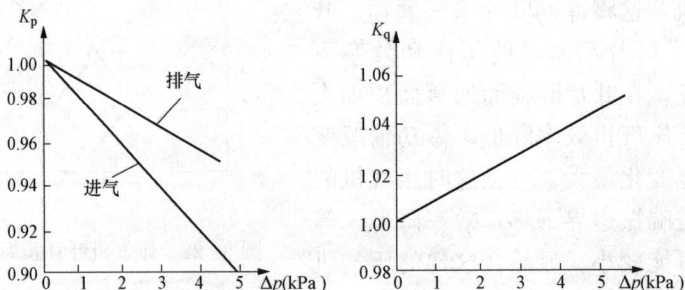

图 8-24 一台单轴燃气轮机的 K_p 和 K_q 随排气压损的变化

排气压力损失使透平排气压力升高，减少了透平的膨胀比，透平出力下降，导致机组的功率和效率下降。排气压损不影响压气机进口，对空气流量无影响，因而排气压损对功率的影响必然比进气压损的影响要小。由于排气压损使机组功率和效率降低均因透平出力下降所致，故两者降低的程度相同，即使有差别，差别也很小。同样以 K_p 和 K_q 来表达排气压损的影响，其用法与进气压损的相同。

图 8-24 中的 K_q 仅一条线，表明进气与排气压损对热耗率的影响相同，也有的机组两者影响有所不同，即进气与排气口压损的 K_q 线不重合，只是两者很靠近，差别较小。

由于进气与排气口压损同时存在，将共同影响机组功率与效率，这时修正系数的使用方法是先得到进气与排气口压损下的 K_p 与 K_q，分别将两压损下的 K_p 相乘和 K_q 相乘，得到总的 K_p 与 K_q，再用该两值乘以无进气排气压损时的功率和热耗率，就得到了该进气与排气口压损时的功率和热耗率。

K_p 与 K_q 随压损的变化一般为一条直线，如图 8-24 所示，因而也可以不用图而直接给出修正系数的数值。通常是给出相对压损 $\Delta p/p$ 每增加 1%时功率下降和热耗率增加的百分数，应用也很方便。

此外，对利用排气热量的燃气轮机，尚需知道排气流量与温度随进气排气压损的变化。上面已提及，仅进气压损影响进口空气流量，压损增加，流量减少，而排气流量的变化与进气流量一致，故排气流量随进气压损增加而减少。对于排气温度，在 $T_3^*=T_{30}^*$时，进气压损增加，空气流量减少，透平膨胀比减少，排气温度升高，而排气压损增加直接减少了透平膨胀比，排气温度升高。由此可见，进气与排气压损增加，排气温度均升高。

三、大气参数变化的影响

（一）影响情况

大气参数即周围环境的温度 T_a、压力 p_a 和湿度的变化将影响燃气轮机性能，其中以 T_a 的变化影响最大。

T_a 变化后将影响空气流量 q 和温度比 τ，T_a 升高时，q 和 τ 降低，P_e和 η_e均降低。T_a 降低时相反，P_e和 η_e均提高。

p_a 变化后影响 q，p_a 升高时 q 增大，P_e 增加，反之 P_e 降低。由于 p_a 变化不大时对 η_e 无影响，使 P_e 正比于 p_a 的变化。

燃气轮机使用地区的海拔高度升高时，T_a 和 p_a 均降低，空气逐渐稀薄，导致 q 和 P_e 下降。但这时由于 τ 升高使 η_e 升高，故减缓了 P_e 下降的幅度。而一般的活塞式内燃机在高海拔地区 η_e 要下降，使 P_e 下降幅度较大。故燃气轮机适用于高海拔地区。

大气湿度的影响是湿度增加时 P_e 和 η_e 略有降低，反之略有提高。但空气中水分含量少，T_a=30℃时饱和状态下的水分含量才 2.7%，作为设计工况条件的相对湿度为 60%，水分含量 0.64%，故水分变化对工质热物性影响很小，对燃气轮机性能影响很小，可略去不计。仅在大气温度很高和湿度很大时才考虑湿度变化的影响。下面不再叙述大气湿度的影响。

（二）通用性能曲线

与压气机和透平相同，一般的燃气轮机也有相似工况和相似参数。燃气轮机的相似参数除压气机和透平的相似参数外，还有 $P_e/(p_a/\sqrt{T_a})$、$q_f/(p_a/\sqrt{T_a})$、M/p_a（M 是扭矩）等，此外 τ 和 η_e 等也是相似参数。以相似参数来作图，就得到了燃气轮机的通用性能曲线，见图 8-25。应用该图，可方便地得到不同 T_a 和 p_a 下机组的性能。

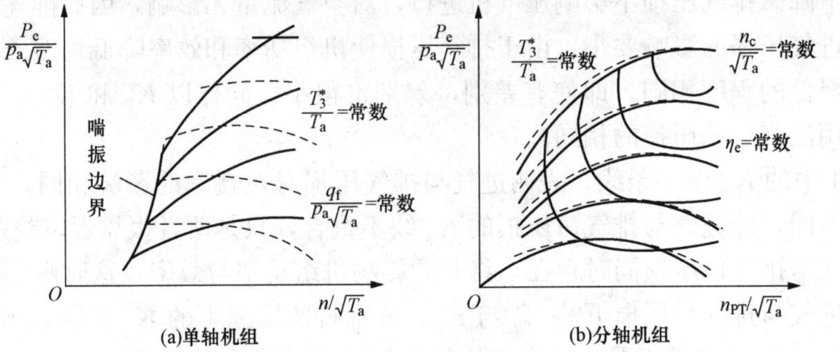

图 8-25 燃气轮机的通用性能曲线

令：$\theta=T_a/T_{a0}$，$\delta=p_a/p_{a0}$，T_{a0} 与 p_{a0} 为设计条件下的值。可将相似参数改写成 $P_e/(\delta\sqrt{\theta})$、$q_f/(\delta\sqrt{\theta})$、$M/\delta$、$q\sqrt{\theta}/\delta$ 和 $n/\sqrt{\theta}$ 等，称为折合参数，即将非设计大气参数下的物理参数量折算到设计大气参数下的数值。显然，可用折合参数取代图 8-25 中的相似参数来作图，这时同样是机组的通用性能曲线。

（三）修正曲线

由于 p_a 变化较小，仅影响功率且与之成正比，故仅叙述 T_a 变化时的修正曲线。通常由制造厂给出机组在不同 T_a 下最大出力的变化，以及 η_e 的变化等。图 8-26 所示为一台电站单轴燃气轮机的最大出力（即保持 $T_3^*=T_{30}^*$）和部分参数随 T_a 的变化，可看出 T_a 对 P_e 等参数的影响很大。其他发电用燃气轮机均有类似的曲线。

当燃气轮机用于机械驱动时，最大功率随 T_a 的变化还与输出转速有关。图 8-27 所示为一台分轴燃气轮机的最大出力和效率随 T_a 和 n_{PT} 的变化情况，它是一曲线网的形式。

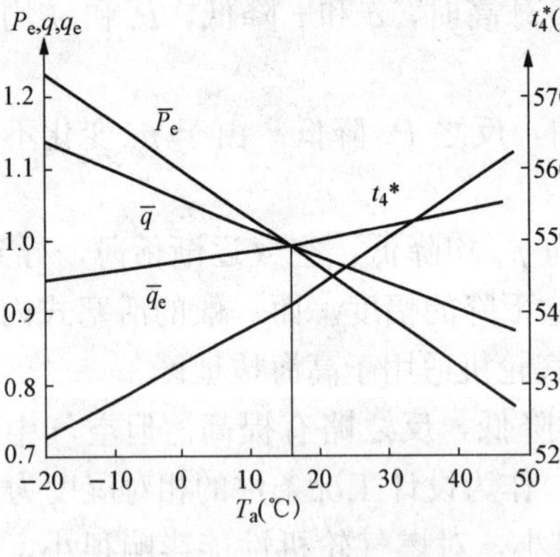

图 8-26 电站单轴燃气轮机最大出力和部分参数随 T_a 的变化

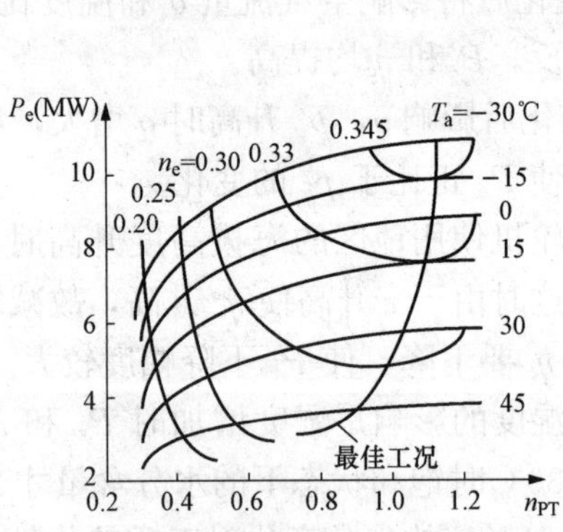

图 8-27 分轴燃气轮机的最大出力和效率随 T_a 和 η_{PT} 的变化

四、利用排气热量时燃气轮机的性能曲线

利用排气热量时应给出燃气轮机排气温度 T_d^* 与排气流量 q_d 随 T_a 的变化。图 8-28 所示为电站单轴和分轴燃气轮机的性能随 T_a 的变化曲线，图中还画有等 q_f 线，以便算得各工况下的机组效率 η_e。图中最大出力与图 8-26 所示的 P_e- T_a 线相同，其中在低 T_a 时的水平

线或接近水平的线，是受转动部件强度或其他因素限制所致。

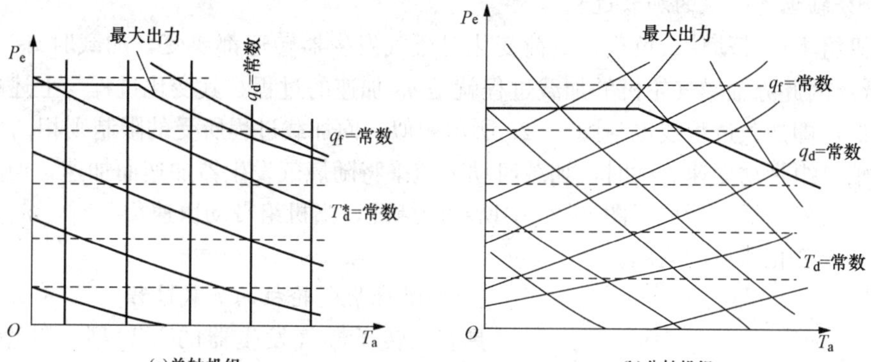

图 8-28　电站燃气轮机性能随 T_a 的变化曲线

第四节　燃气轮机的负载变化及启停机

一、加载过程

（一）单轴燃气轮机的加载过程

单轴燃气轮机带动变速负载时，加载过程即加速过程，需克服转子惯性加速。在平衡工况下有一燃料增量 Δq_f 时，则有 ΔT_3^* 和 ΔP_e，使 P_e 大于外界需求值，转子开始加速而进入加载过程。显然，转子的加速必然滞后于 T_3^* 的增加，使加载刚开始时运行点沿等 $n/\sqrt{T_1^*}$ 线向上移而靠向喘振边界，于是转子加速后就沿着比平衡运行线位置要高的线加速，过程中 q_f 继续增加直至新的平衡工况下的值，转子则不断加速至新的平衡工况。图 8-29 所示为从工况 1 加速至工况 2 的加速过程，a 和 b 是加速过程线，它们明显地靠向喘振边界，b 过程初始的 Δq_f 较大，即 ΔT_3^* 较大，故比 a 过程更靠向喘振边界，但比 a 过程加速得快。

显然，加速过程快到一定程度后，过程线将落入压气机喘振区而无法加速，此外还可能发生超温现象，图 8-29 中的 b 过程虽未喘振，但加速到后来出现 $T_3^*>T_{30}^*$ 而超温，这是不允许的。因此加速过程受喘振和 T_{30}^* 的限制而不能任意加快。机组加速的快慢还受热部件因燃气温度变化而产生的暂时热应力限制，应不超过允许值，重型燃气轮机该问题较突出，需充分重视。

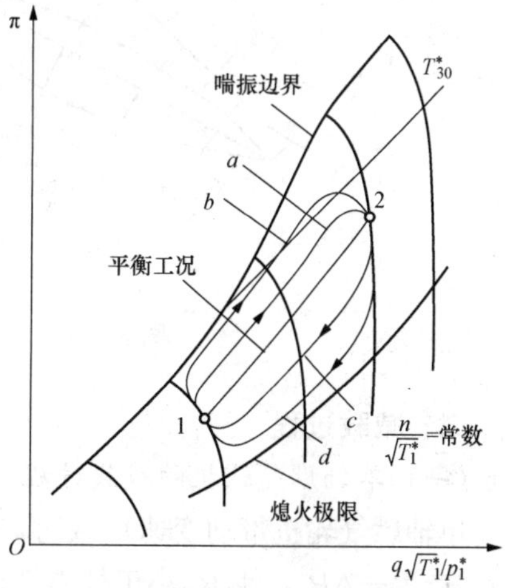

图 8-29　单轴燃气轮机的加速过程

单轴燃气轮机带动恒速负载时，加载过程转速不变，机组沿 $n_0/\sqrt{T_1^*}$ 线加载，无喘振和超温问题，理论上加载可在瞬间完成。但由于燃气温度变化产生的暂时热应力限制，仍需要一定的时间来完成加载过程，例如电站单轴重型燃气轮机，从空载加载至额定功率需时 5～15min。

（二）分轴燃气轮机的加载过程

分轴机组不论带动什么负载，负荷变化时燃气发生器转速都要变，加载时 n_C 升高，反之 n_C 降低。因此分轴燃气轮机的加载过程就是 n_C 加速的过程。其变化过程与上述单轴变速机组的相似，即加载过程线也与图 8-29 所示相似，而加载过程所受的限制则相同。

当分轴机组带动变速负载时，加载时动力透平将随燃气发生器加速而加速，但其变化必然滞后于燃气发生器，形成了图 8-30 中所示的情况，当机组带动恒速负载时，n_{PT} 不变，动力透平无转速变化滞后的问题。

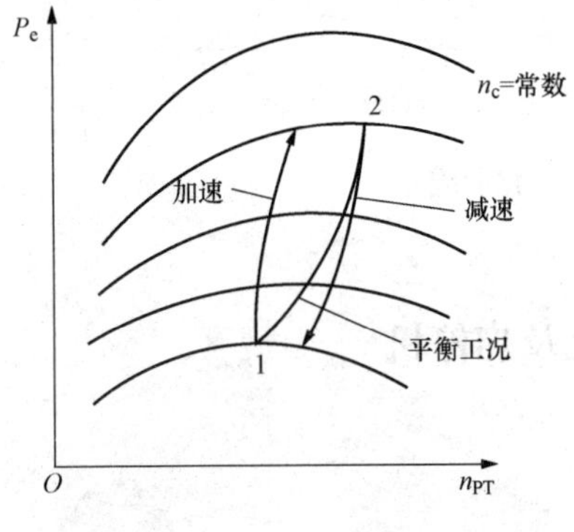

图 8-30　分轴燃气轮机的动力透平加速和减速过程

（三）其他燃气轮机的加载过程

具有双转子燃气发生器的 3/L 型三轴燃气轮机，加载时燃气发生器加速，开始时 n_H 加速的比 n_L 快，高压压气机加强了对低压压气机的抽吸作用，高压压气机耗功增大得较多，n_{HC} 增高而趋于喘振边界，故加载过程受高压压气机喘振的限制，见图 8-31。此外，同样有超温和暂时热应力的限制。3/L 机组的动力透平与分轴的相似，带动变速负载时有加速滞后问题，带动恒速负载时无滞后问题。

2/LL 型双轴燃气轮机带动变速负载时，加载即加速，且 n_H 比 n_L 加速的快，情况与 3/L 机组的燃气发生器类似。2/LL 机组带动恒速负载时，$n_L=n_{L0}$ 不变，n_H 因采取措施后变化较小，故加载过程与单轴恒速机组类似。2/HH 机组现仅用于发电，即带动恒速负载，加载过程仅 n_L 加速，存在低压压气机喘振问题，此外也有超温问题。在加载过程中，这些燃气轮机同样有暂时热应力的问题。

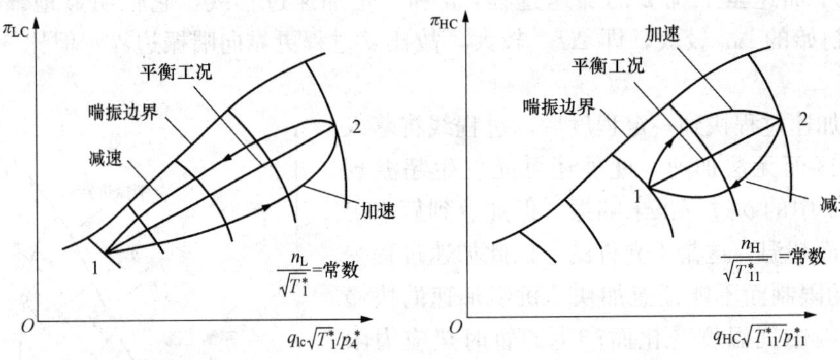

图 8-31　双转子燃气发生器的加速和减速过程

二、减载过程

（一）单轴燃气轮机的减载过程

单轴燃气轮机带动变速负载时，减载即减速过程。为使转子减速，要有一燃料减量 $-\Delta q_f$，产生 $-\Delta P_e$，使 P_e 小于外界需求功率，转子开始减速。由于转子的减速滞后于 T_3^* 的降低，使刚开始时运行点沿等 $n/\sqrt{T_1^*}$ 线向下移而靠向燃烧室的熄火极限，转子减速后就沿

着比平衡运行线位置要低的线减速，过程中 q 继续减少直至新的工况下的值，转子转速不断降低至新的平衡工况。图 8-32 所示为从工况 2 减速至工况 1 的减速过程，c 和 d 为减速过程线，d 过程的 $|-\Delta q_f|$ 较大，即 $|-\Delta T_3^*|$ 较大，故比 c 过程要靠向熄火极限，但比 c 过程减速得快。可见减速过程受熄火极限限制而不能过快。减速过程中，因燃气温度降低，在热部件中要产生与加速过程相反方向的暂时热应力，也限制了减速过程的速度。

单轴燃气轮机带动恒速负载时，减载过程转速不变，无熄火问题，只受暂时热应力的限制。

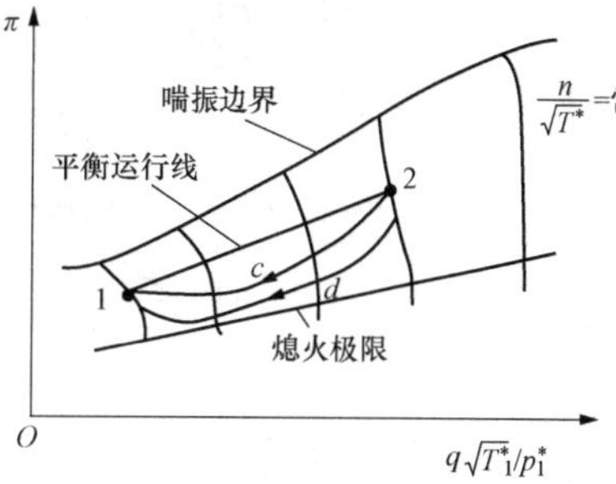

图 8-32　单轴燃气轮机的减速过程

（二）分轴燃气轮机的减载过程

不论带动何种负载，分轴燃气轮机减载时燃气发生器均减速，与加速过程一样，其减速过程与上述单轴变速机组相似，不多叙述。分轴燃气轮机带动变速负载时，动力透平的减速过程也滞后于燃气发生器的转速变化。分轴机组带动恒速负载时，动力透平无转速变化滞后问题。

（三）其他燃气轮机的减载过程

具有双转子燃气发生器的 3/L 型三轴燃气轮机，减载开始时 n_H 比 n_L 下降得快，高压压气机的抽吸能力降低，增加了对低压压气机的憋压作用，使低压压气机靠向喘振边界。由此可见，3/L 型燃气轮机减载时也有喘振问题，这是它与单轴和分轴机组明显不同之处。该问题在机组突甩负荷时甚为突出，低压压气机必须有防喘振装置并在突甩负荷时迅速动作来使低压压气机避免喘振。

2/LL 双轴燃气轮机的减载过程，带动变速负载时的情况与图 8-32 相类似，带动恒速负载时低压压气机趋于喘振，要采取防喘振措施来避免喘振。2/HH 燃气轮机仅用来带动恒速负载，减载时低压压气机无喘振问题。

三、单轴燃气轮机的启动过程

（一）启动过程

燃气轮机必须用启动机带动它旋转加速，在气体通道中建立起气流，至燃烧室中达到能稳定燃烧的条件后，喷入燃料，点火燃烧。之后透平出力迅速增大，当它增至大于压气机和摩擦耗功后，燃气轮机具备了独立运行的条件，启动机脱扣，燃气轮机靠自身加速至空载（或慢车）工况，各种燃气轮机的启动过程均同此。

图 8-33 所示为一台发电的单轴燃气轮机启动过程中的参数变化，燃用轻柴油，用柴油机加液力变扭器作启动装置来启动。图中 VCE 为电压信号，它与机组转速的乘积代表燃料流量 q_f 的大小。按下自动启动按钮后，过 0.5min 柴油机开始带动机组旋转加速，至 $18\%n_0$（1min23s）时开始点火，$20\%n_0$ 时点火完毕，至 $60\%n_0$（4min40s）时柴油机脱扣，至 5min25s 时加速至额定转速，过 5s 后即开始并网，至 5min55s 时并网成功开始发电，再经过 4min 加载至额定工况。启动过程中点火时 VCE 值较高，即 q_f 较高以利点燃，点火成功后 VCE 降至暖机值保持 1min 不变，之后逐渐升高。为限制启动过程中的暂时热应力，排气温度 t_4^* 的升高率不超过 2.8℃/s，转子转速加速率不超过每秒 $1\%n_0$。机组启动至 $95\%n_0$ 时压气机可调进口导叶由关转至开的位置，同时转速调节系统投入工作。

图 8-34 所示为一台电站单轴燃气轮机启动过程中参数的变化，燃用天然气，用交流电

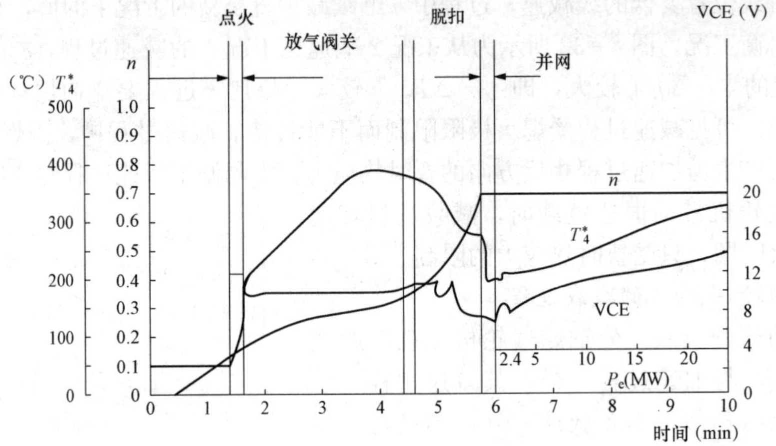

图 8-33 一台电站单轴燃气轮机启动和加载过程中参数变化

动机加液力变扭器作启动装置来启动。与上面一台燃油机组的一个不同点是在点火前，机组由启动机带转数分钟清吹，以吹走燃烧室和透平中可能积有的天然气，避免点火时发生爆燃而损坏机组。燃用气体燃料的机组，启动时均有此清吹过程。该机组的点火转速为 $15\%n_0$，清吹转速较高（增大清吹效果），约 $27\%n_0$，故清吹结束后要将转速降下来再点火。图中 FSR 为燃料冲程基准，FSR 与 n 的乘积代表了 q_f 的大小，故 FSR 与上述 VCE 类似。从图中看出，机组在启动 5min 后才点火，点燃后 FSR 值降下来保持暖机值 1min 不变，之后再增加。机组加速至 $60\%n_0$ 时启动电动机脱扣。从点火开始至加速到额定转速的时间为 5min，故整个启动时间为 10min。机组的压气机进口导叶在 $85\%n_0$ 开始开大，至 $91.5\%n_0$ 时开至最大。压气机放气，在额定转速下发电机断路器闭合时关闭压气机放气。在机组并网发电后，由转速调节系统控制运行。

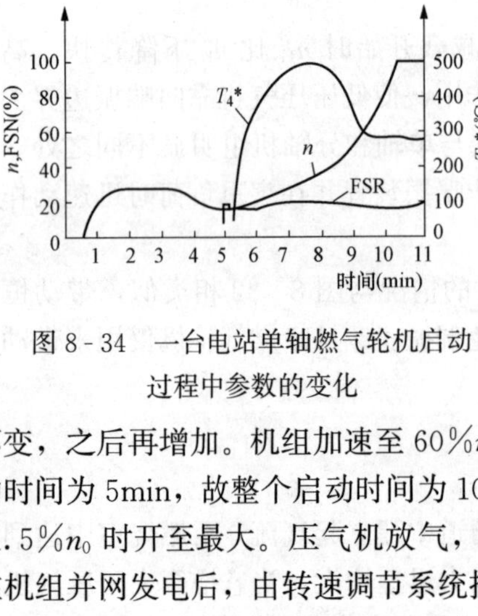

图 8-34 一台电站单轴燃气轮机启动过程中参数的变化

从上面两例可看出，启动过程中 T_0^* 有一峰值。原因是 q_f 在点火时有较大的突增量，而后 q_f 随 n 升高的增量基本不变，空气流量 q 的变化与压气机性能有关，n 较低时 q 随 n 升高的增量较小，n 较高时 q 随 n 升高的增量较大，且在点火之后到脱扣之前，随着转速的增加，燃料的供给量增加较小，从而形成启动过程中 T_4^* 先升高而后降低的现象，在此过程中 T_3^* 温度也是先升后降，有一峰值。应指出，启动过程中燃气温度变化出现峰值是各种燃气轮机都有的普遍现象。

将机组的启动过程画到压气机性能曲线上就得到了图 8-35。图中 $\bar{n}_{ig}$ 为点火转速，n_s 为自持转速，$\bar{n}_b$ 为启动机脱扣转速。在 $\bar{n}_{ig}$ 由于刚点燃时 T_3^* 有一突升，使启动过程线向上弯曲一段。放气阀关后，压气机性能曲线从图中虚线变为实线，运行点从 a 变到 a'。该图表明，若压气机无放气阀，启动过程线在低于一定转速时就处于喘振区，机组无法启动。

采用可调静叶的压气机，启动时可调静叶处于关的位置，除使启动避免喘振外，还可因减少空气流量、减少压气机的耗功、降低了压气机阻力而有利于启动。可调静叶动作对启动过程的影响，对于静叶在动作转速时一下就全程开大的情况（图 8 - 33 所示的机组即是），启动过程的变化与图 8 - 35 所示类似，运行点也出现突跳变化。对于静叶在一定转速范围内连续调节的情况，静叶由关至开时压气机性能曲线连续变化，运行点无图 8 - 34 所示的突跳现象。

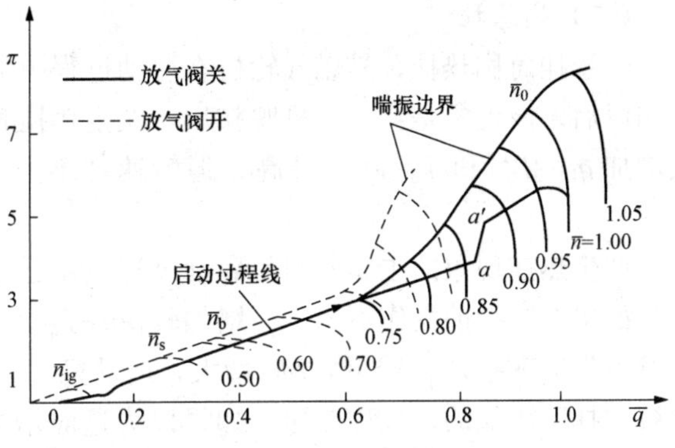

图 8 - 35　电站单轴燃气轮机的启动过程线

（二）*启动过程的三个阶段*

从上面的叙述可看出，启动过程可分为为三个阶段。

阶段Ⅰ：冷加速，燃气轮机靠启动机带动从静止状态加速至 $\overline{n}_{ig}$，通常 $\overline{n}_{ig}=$（15%～20%）n_0，对于燃用气体燃料的机组，中间包括清吹过程以吹走机体内可能存有的燃料。

阶段Ⅱ：热加速，机组从 $\overline{n}_{ig}$ 加速至 $\overline{n}_b$。过程中燃气温度显著升高，透平出力不断增大，机组靠启动机和透平的力矩来共同克服阻力矩加速。加速至自持转速 n_s 后，就为启动机脱扣创造了条件。通常 $\overline{n}_b>\overline{n}_s$ 一定数值，以确保可靠地启动，$\overline{n}_b=$（45%～60%）$\overline{n}_0$。

阶段Ⅲ：继续热加速，机组转速 $\overline{n}_b$ 加速至 $\overline{n}_0$，这时全靠透平的力矩克服阻力矩来加速。下一段当单轴燃气轮机带动变速负载时，启动过程仍与上述一样分为三个阶段，只是启动的终了不是额定转速，而是空载（慢车）转速 $\overline{n}_i$，其他的特征转速相应地可能低一些，即 $\overline{n}_{ig}=$（10%～20%）$\overline{n}_0$，$\overline{n}_b=$（40%～60%）n_0。

启动过程中的一个关键参数是 T_4^*，在点火后 T_4^* 突增量大，该增量大时启动得快，但这时不仅机组易于喘振，且热部件的暂时热应力大，热冲击现象严重，对机组寿命影响很大。因此，在启动过程中要限制 T_4^* 的增量，使其在允许范围内，达到限制暂时热应力的目的。

为使启动时点火可靠，初始喷入的燃料量较大，在点燃且稳定燃烧后再适当减少 q_f 以暖机，见图 8 - 33 中的 VCE 和图 8 - 30 中的 FSR 的变化。之后随着转速的升高而增加，加速至接近空载工况时，由控制系统将 q_f 减至空载值。图 8 - 36 所示为 q_f 在启动过程中的变化。

启动过程中扭矩的变化见图 8 - 37，图中 M_{st} 为启动机扭矩，它在机组转速为零时达到最大值，用于克服较大的静摩擦力矩而启动机组。$M_T=M_C+M_m$ 时的转速为自持转速 n_s。M_{ex} 为主动力矩减去阻力矩后的剩余力矩，靠它将燃气轮机启动加速至空载工况，达到空载工况后，M_{ex} 减小至零。

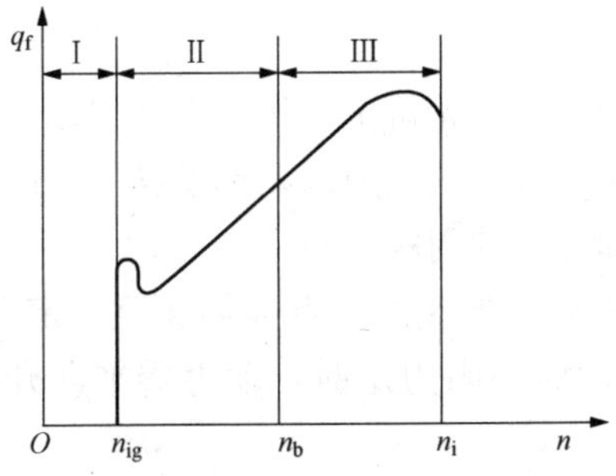

图 8 - 36　启动过程中燃料量的变化

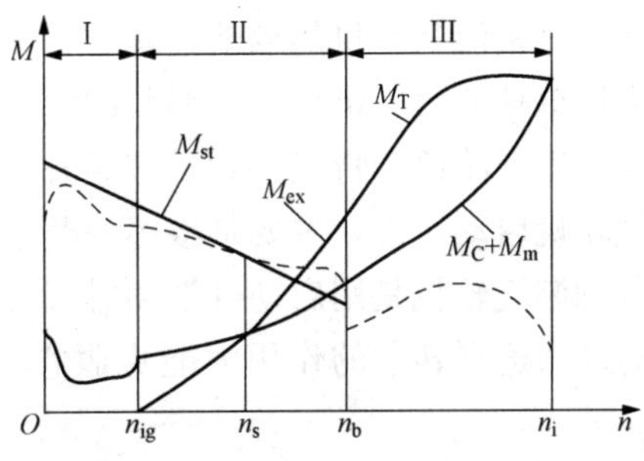

图 8 - 37　单轴燃气轮机在启动过程中扭矩的变化

（三）热悬挂

热悬挂简称热挂，是燃气轮机在启动过程中可能发生的一种故障，它主要发生在启动机脱扣以后。该现象是：启动机脱扣后，发生热挂时机组转速停止上升，运行声音异常，若继续增加 q_f，T_4^* 和 T_3^* 随之升高，但转速却不上升，反而呈现下降的趋势，最终导致启动失败。

产生热挂现象的主要原因是启动过程线靠近压气机喘振边界。启动机脱扣后 M_{ex} 显著减少，如果在脱扣前操作不当，q_f 增加较快，T_3^* 比预定的高，运行点靠向喘振边界，压气机中发生失速现象，η_C 降低，M_C 增大，启动机脱扣后 M_{ex} 就可能变为零，转子停止升速，就像被“挂”住似的，故称热挂。如果以为这时增加 q_f 就能使转子加速而脱离被“挂”的状态就错了，结果可能适得其反。原因是 q_f 增加以后，T_3^* 增高，M_T 虽增加，但运行点更靠向喘振边界，η_C 进一步降低使 M_c 比 M_T 增加得快，M_{ex} 变为负的，导致转速下降而启动失败。因此，发生热挂时的正确措施是适当减少 q_f，使运行点下降离开喘振边界，压气机脱离失速工况，消除因热挂而产生的异常声音，然后再增加 q_f，这时若处理得好，就可以使机组脱离而重新升速，使启动成功。曾有机组采用这样的方法对付热挂现象。

靠人工手动操作来启动燃气轮机时，q_f 往往不能严格按照预定的规律变化，易发生热挂问题。而现在的燃气轮机均采用自动程序控制来启动，q_f 能严格按照规律变化，一般不会发生热挂问题。只有分轴燃气轮机在试验时曾出现该问题，压气机性能在运行中恶化后，启动过程 M_C 加大，至一定程度后就有可能发生热挂现象。

此外，分轴燃气轮机在加载过程中，燃气发生器在较低转速范围内也可能发生热挂问题。例如，一台分轴燃气轮机在试验时曾出现该问题，原因是在开始时 q_f 增加过快，后来减慢了 q_f 增加的速率，热挂现象随之消除。该问题的实质是喘振对加载过程的限制。

（四）启动机

对启动机的要求是有足够的功率和良好的扭矩性能。当启动机自身的扭矩性能差时，需用变扭设备来改善，图 8 - 33 与图 8 - 34 两例即是，它们都用液力变扭器来改善启动机的扭矩性能，对于电站单轴燃气轮机，启动机功率 $P_{sM}=(3\%\sim5\%)P_{e0}$，当驱动压缩机时，由于压缩机要消耗较大的功率，启动机功率可能达到 $20\%P_{e0}$ 以上。

燃气轮机用的启动机有多种形式，他们是直流电动机、交流电动机、柴油机、膨胀透平等，还可用小燃气轮机来启动大燃气轮机。交流电动机除用液力变扭器来改善扭矩性能外，还用液压泵和液压马达或变频调速等来改善扭矩性能。对于大功率燃气轮机发电机组，由于是单独机组，在启动时将发电机作为启动电动机，由变频调速装置来控制，启动平稳可靠，还省去了功率极大的启动机，已得到广泛应用。

四、分轴燃气轮机的启动过程

上述单轴燃气轮机启动过程及问题，很多对其他的燃气轮机也适用，例如启动过程分三个阶段，每个阶段中特点、对燃气温升的限制以限制暂时的热应力以及热悬挂等。故对其他的燃气轮机启动过程，主要是叙述一些不同的特点和特殊的问题。

分轴燃气轮机是用启动机带动燃气发生器转子来启动加速的，点火加速至一定工况后，燃气对动力透平转子的作用力能克服它与带动负载的摩擦阻力矩时，动力透平即开始旋转加速。

图 8 - 38 所示为一台分轴燃气轮机的启动过程中参数的变化。该机组带动天然气压缩

机，燃用天然气，机组的压气机采用可调进口导叶，动力透平采用可调喷嘴，图中 T_5^* 为动力透平进口燃气温度。启动过程中，进口导叶角度 γ_C 处于关的位置，可调喷嘴角度开度 $\Delta\gamma_T$ 最大以减小动力透平阻力，降低高压透平出口压力以增加其膨胀比 π_{HT}，有利于燃气发生器的启动加速。燃气发生器由启动机带至 $20\%n_{C0}$ 时稳定旋转 2min 清吹，吹走机组内可能存有的天然气。其动力透平在点火后 1min 开始旋转加速。整个启动过程约 6min，启动结束后压缩机即带负荷运行。

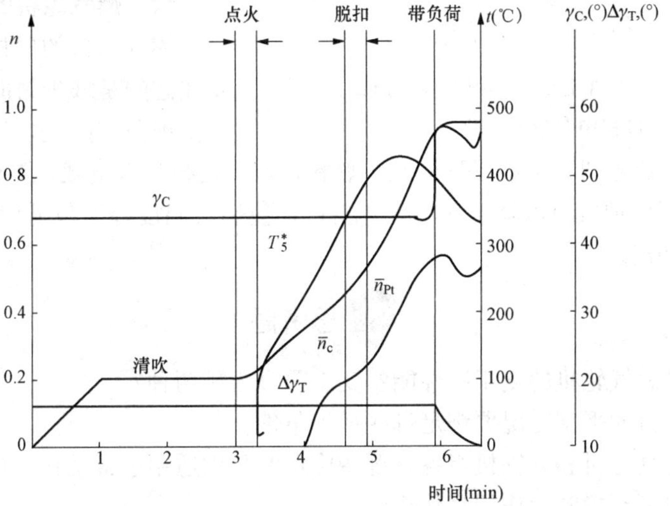

图 8-38　一台分轴燃气轮机启动过程中参数的变化

分轴燃气轮机在启动过程中的几个特征转速为

$$n_{Cig} = (10\% \sim 20\%)n_{c0}，n_{Cb} = (40\% \sim 50\%)n_{C0}$$

启动机由于只带动燃气发生器转子，与所带负载无关，故所需功率较小，这时 $P_{sM} = (0.5\% \sim 3\%)\ P_{e0}$，航机改型的燃气轮机有的 P_{sM} 还低于 $0.5\%P_{e0}$。

五、其他燃气轮机的启动过程

与分轴燃气轮机一样，3/L 型三轴燃气轮机也是通过启动燃气发生器来启动的。但这时燃气发生器是双转子，启动机该怎样来带动呢？实践证明，用一个启动机带动高压转子就可把机组启动起来。原因是高压转子旋转后，高压压气机对低压压气机有抽吸作用，以及气流在低压透平中要做功，当高压转子加速后不久，低压转子就会自行旋转加速。如果是用启动机带动低压转子，启动后就会因高压转子不旋转，对低压压气机形成憋压状况，导致低压压气机喘振而无法启动。图 8-39 所示为一台航机改型的 3/L 型燃气轮机的启动过程，图中 T_6^* 为动力透平进口燃气温度。机组燃用天然气，动力透平为重型结构，驱动发电机发电。它用交流电动机驱动液压泵产生高压油，流入液压马达来启动高压转子。按下自动启动按钮后 17s，高压转子开始旋转加速，再过 5s 低压转子自行旋转加速。接着进入清吹阶段，持续 1min5s 后，向燃烧室喷入燃料点火燃烧，n_H 和 n_L 迅速升高。点火后 40s 动力透平自行旋转加速，在这之前启动机脱扣。当启动至 4min30s 时，动力透平达到额定转速稳定运行，机组等待并网发电。该机组的点火转速约为 $30\%n_H$ 和 $9.5\%n_L$。

2/HH 双轴燃气轮机，与 3/L 机组的双转子燃气发生器一样，用启动机带动高压转子

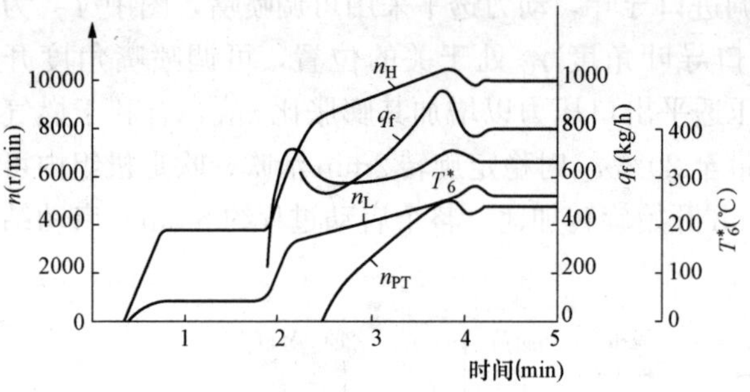

图 8-39 一台 3/L 型三轴燃气轮机启动过程中参数的变化

启动即可。2/LL 双轴燃气轮机，由于低压转子带动负载，转动惯量大，且一般用滑动轴承而摩擦阻力矩较大，故除高压转子用启动机带动外，低压转子也需用启动机同时带动来启动。

六、燃气轮机的停机过程

燃气轮机的停机过程较简单，主要注意的是减少暂时热应力，减轻热冲击现象。因此，停机时不能立即切断燃料供应使之熄火停机，而应是逐渐减少燃料，减少负荷直至空载，然后再降低机组转速至较低值（发电用单轴机组可降至 $50\%n_0$ 左右），使燃气温度降至较低值，这时熄火停机，可有效地减轻热冲击。

思考题

8-1 什么是燃气轮机的变工况性能？变工况分为哪两种？

8-2 燃气轮机的平衡工况要满足哪些平衡条件？

8-3 单轴燃气轮机和分轴机组各有哪些优点？分别适用于带动什么样的负载？

8-4 压气机可调静叶的作用是什么？

8-5 大气参数对燃气轮机性能是否有影响？

8-6 压气机、透平叶片结垢对燃气轮机性能有哪些影响？

8-7 为什么要使用双轴和三轴燃气轮机？与单轴燃气轮机相比有哪些优点？

参 考 文 献

[1] 沈维道，童钧耕．工程热力学．5 版．北京：高等教育出版社，2016.
[2] 张也影．流体力学．2 版．北京：高等教育出版社，2010.
[3] 陶文铨．传热学．西安：西北工业大学出版社，2006.
[4] 童钧耕．热工基础．3 版．上海：上海交通大学出版社，2016.
[5] STEPHN R T. 燃烧学导论：概念与应用．3 版．姚强，李水清，王宇，译．北京：清华大学出版社，2015.
[6] 黄树红．汽轮机原理．北京：中国电力出版社，2008.
[7] 国电太原第一热电厂．汽轮机及辅助设备．北京：中国电力出版社，2005.
[8] 刘海力．汽轮机原理及运行．北京：中国水利水电出版社，2019.
[9] 清华大学热能工程系动力机械与工程研究所．燃气轮机与燃气—蒸汽联合循环装置．北京：中国电力出版社，2017.
[10] 焦树建．燃气—蒸汽联合循环．北京：机械工业出版社，2003.
[11] 焦树建．燃气—蒸汽联合循环的理论基础．北京：清华大学出版社，2003.
[12] 黄庆宏．汽轮机与燃气轮机原理及应用．南京：东南大学出版社，2005.
[13] 赵洪滨．热力涡轮机械装置．北京：清华大学出版社，2014.
[14] 李孝堂，侯凌云，杨敏，等．现代燃气轮机技术．北京：航空工业出版社，2006.
[15] 忻建华，钟芳源．燃气轮机设计基础．上海：上海交通大学出版社，2015.
[16] 韩昭沧．燃料及燃烧．2 版．北京：冶金工业出版社，1994.
[17] 梅赫湾·博伊斯．燃气轮机工程手册．马丽敏，等译．北京：石油工业出版社，2012.
[18] 李孝堂．航机改型燃气轮机设计及试验技术．北京：航空工业出版社出版，2017.
[19] 李孝堂．世界航改燃气轮机的发展．北京：航空工业出版社出版，2017.
[20]《世界燃气轮机手册》编委会．世界燃气轮机手册．北京：航空工业出版社，2011.
[21] 林宇震，许全宏，刘高恩．燃气轮机燃烧室．北京：国防工业出版社，2008.
[22] 沈阳黎明航空发动机（集团）有限公司．燃气轮机原理、结构与应用．北京：科学出版社，2002.
[23] 翁史烈．燃气轮机与蒸汽轮机．上海：上海交通大学出版社，1996.
[24] 翁史烈．现代燃气轮机装置．上海：上海交通大学出版社，2015.
[25] 郑体宽．热力发电厂．2 版．北京：中国电力出版社，2008.
[26] 付忠广．电厂燃气轮机概论．北京：机械工业出版社，2013.
[27] 姚秀平．燃气轮机与联合循环．2 版．北京：中国电力出版社，2017.
[28] 任其智．PG9351FA 燃气轮机原理与应用教程．北京：电子工业出版社，2014.
[29] 刘惠明．燃气轮机及其联合循环发电技术的实践与探索．广州：华南理工大学出版社，2018.
[30] 李磊．燃气轮机涡轮冷却叶片设计及优化．北京：科学出版社，2018.
[31] 李淑英．燃气轮机性能分析．哈尔滨：哈尔滨工程大学出版社，2017.